도시에
살기 위해
진화 중입니다

Darwin Comes to Town :
How the Urban Jungle Drives Evolution

도시에 살기 위해 진화 중입니다

초판 1쇄 발행 2019년 1월 30일

지은이 | 메노 스힐트하위전
옮긴이 | 제효영
펴낸이 | 조미현

편집주간 | 김현림
책임편집 | 정예인
디자인 | 나윤영

펴낸곳 | (주)현암사
등록 | 1951년 12월 24일 · 제10-126호
주소 | 04029 서울시 마포구 동교로12안길 35
전화 | 02-365-5051
팩스 | 02-313-2729
전자우편 | editor@hyeonamsa.com
홈페이지 | www.hyeonamsa.com

ISBN 978-89-323-1971-1 03470

이 도서의 국립중앙도서관 출판예정도서목록(CIP)은 서지정보유통지원시스템 홈페이지(http://seoji.nl.go.kr)와 국가자료공동목록시스템(http://www.nl.go.kr/kolisnet)에서 이용하실 수 있습니다.(CIP제어번호 CIP2019001962)

책값은 뒤표지에 있습니다. 잘못된 책은 바꾸어 드립니다.

DARWIN
COMES TO
TOWN

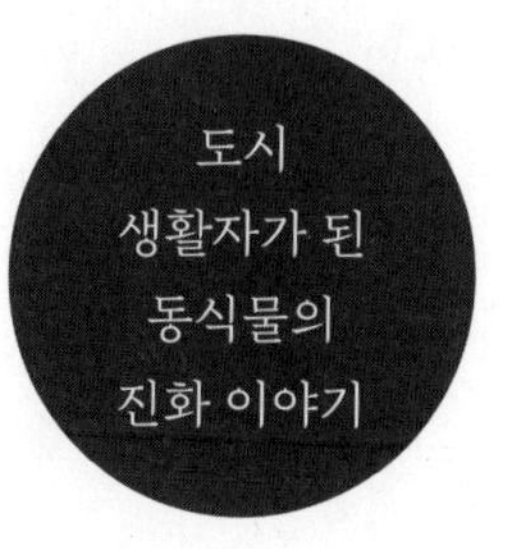

도시에 살기 위해 진화 중입니다

메노 스힐트하위전 Menno Schilthuizen
제효영 옮김

현암사

차례

3부.
도시에서의
조우

4부.
도시로 온
다윈

일러두기

1. 인 · 지명 등의 외래어는 국립국어원 외래어표기법을 따랐다.
2. 원서에 학명으로 제시된 동식물 명칭은 최대한 우리말 이름을 찾아 옮기고 학명을 병기했으며, 우리말 명칭을 찾을 수 없는 경우 음역하였다. 원서에 학명 없이 영문명만 제시된 명칭은 필요하다고 판단된 경우에 한해 영문명을 병기하였다.
3. 본문의 각주는 모두 옮긴이의 주이다.
4. 본문에 사용한 기호의 쓰임새는 다음과 같다.

『 』: 단행본, 장편

「 」: 논문, 단편, 시

《 》: 신문, 잡지, 방송 매체

〈 〉: 노래, 영화, 프로그램명

도시로 입장합니다

완벽한 형태다. 이제 미세 구조의 탄생이라는 기적이 이 세상에 내려올 때가 되었다. 거미줄처럼 얇디얇은 날개는 아직 완전히 분리되지 않고 고이 접혀서 보일 듯 말 듯 숨 쉬는 배 위에 올라가 있다. 여섯 개의 민첩한 다리는 갓 완성된 형태 그대로 먼지투성이인 벽에 버티고 서 있다. 다리 하나는 아홉 개의 분절로 이루어져 있는데, 아직 환기구의 위험한 연결부나 와락 달려드는 거미와 만난 적이 없어서 잘려나간 부분 없이 원형 그대로다. 빳빳한 금빛 털이 덮인 흉부에는 비행 근육이 사용할 에너지가 똘똘 뭉쳐 담겨 있다. 이 가슴팍이 워낙 넓적해서 그 뒤에 자리한 평온한 얼굴은 거의 보이지 않을 정도다. 정보가 오가는 더듬이와 촉수, 어느 쪽이든 볼 수 있는 눈, 그리고 기생 활동에 필요한, 여덟 겹이 서로 맞물린 주둥이의 움직임을 그 자그마한 뇌가 조정한다.

나는 런던 리버풀 스트리트 역의 덥고 혼잡한 지하 통로에서 한 손에 안경을 들고 비스듬한 벽에 코를 바짝 갖다 댄 채 집모기Culex molestus가 번데기에서 막 벗어나 섬세한 형태를 갖추는 모습을 감탄하며 지켜보는 중이다. 하지만 곤충학적인 몽상에서 서서히 벗어나야 한다. 바쁘게 오가는 행인들이 걷던 방향을 갑자기 바꾸려다 나와 부딪히지 않으려고 '잠시만요'라며 웅얼대는데, 그 음성이 양해보다는 비난에 더 가깝게 들린다. 게다가 역사 천장에 설치된 CCTV 카메라도 그렇고, 수상한 행동을 하는 사람을 보면 역무원에게 신고하라는 런던 교통공사의 안내 방송이 반복해서 들리는 게 영 신경 쓰인다.

생물학자에게 도심은 어떠한 연구 활동을 하기에도 녹록하지 않은 곳이다. 도시는 필요악일 뿐이며 진정한 생물학자라면 도시에서 보내는 시간이 최대한 짧아야 한다는 것은 일종의 불문율이 되었다. 누군가 생물학자에게 의견을 물으면 이런 대답이 무뚝뚝하게 돌아올 것이다. 진짜 세상은 도시의 테두리를 벗어난 곳, 숲과 계곡, 들판에 존재하며 자연은 바로 그곳에 있다고 말이다.

하지만 솔직히 말하면, 나는 도시를 은근히 좋아한다. 질서정연하고 번드르르한 모습, 척척 잘 돌아가는 부분보다는 도시의 때 묻고 자연스러운 부분, 기억에서 지워진 곳들, 올이 다 풀린 카펫처럼 해어진 곳, 인공물과 자연물이 만나 생태학적인 관계를 맺는 도시의 취약한 부분이 좋다. 생물학자의 눈으로 볼 때 도심의 혼잡함과 부산스러움, 그리고 철저히 부자연스러운 겉모습은 수많은 생태계가 모인 축소판 같다. 런던 비숍스게이트Bishopsgate 지역처럼 벽돌과 콘크리트로 가득 차 생명이라곤 전혀 살 수 없을 것 같은 환경에서도 나는 고집스럽게 저항하며 버티는 생명체를 발견하곤 한다. 고가도로의 회반죽벽에 눈에 보이지도 않는 금이 생기면 금어초가 그 틈에서 맹렬한 기세로 자라난다. 새어 나온 하수가 시멘트벽과 형용할 수 없는 밀접한 상호작용을 거쳐 칙칙하고 허연 고드름이 되면, 흔히 볼 수 있는 무당거미는 그것을 기둥으로 활용하여 그을음 잔뜩 낀 거미줄을 만든다. 유리가 끼워진 틈 사이로 에메랄드빛 혈관처럼 뻗어 나오는 이끼, 녹 방지용 페인트를 뚫고 기어코 작은 거품처럼 생겨나는 녹에서도 서로 우위를 점하려는 치열한 다툼을 엿볼 수 있다. 절벽 끄트머리에 놓인 바위까지 연결된 조립식 플라스틱 구조물 위에는 집비둘기가 다친 발로 균형을 잡고 서 있다. (가끔 그 옆에 잔뜩 화가 난 비둘기가 날개를 주먹처럼 쥐고 휘두르는 모습을 그린 스티커가 붙어 있다. '이런 플라스틱 꼬챙이를 설치한 것은 우리가 자유롭게 한데 모일 수 있는 권리를 앗아간 이기적인 처사다. 끝까지 싸울 것이다!'라는 문구와 함께.) 기차역 지하도 벽에 서식하는 모기의 심정도 마찬가지리라.

내가 본 건 그냥 아무 모기가 아니다. 집모기는 '런던 지하철 모기'로도 불린다. 1940년 독일이 런던에 폭격을 가했을 때 지하철 센트럴 라인의 리버풀 스트리트 역 승강장과 철로로 피신한 시민들을 맹렬히 공격한 뒤에 붙여진 이름이다. 이후 1990년대에 이르러 런던 대학교의 유전학자 캐서린 번Katharine Byrne이 런던 지하철 모기에 관심을 갖기 시작했다. 번은 런던의 지하 네트워크를 돌아다니며 점검하는 지하철 유지 보수 담당자들을 매일 따라나섰다. 터널 속 사람 손목만큼 굵은 전선 뭉치를 지탱하고 있는 벽돌 벽이 보이는 곳까지 들어가서 지하철 브레이크가 작동할 때 제동자에서 나온 먼지에 시커멓게 변한 전선도 보았다. 현 위치를 알 수 있는 표식이라곤 분필이나 스프레이 페인트로 적힌 알쏭달쏭한 암호나 먼 옛날에 설치된 에나멜 판이 전부인 지점까지 깊숙이 들어갔다. 런던 지하철 모기는 그런 곳에 살면서 번식한다. 출퇴근하는 사람들의 피를 몰래 빨아 먹고 구정물 가득한 웅덩이와 수직 갱도에 알을 낳는 것이다. 번은 그곳에서 모기의 유충을 수집했다.

번은 센트럴 라인, 버커루 라인, 빅토리아 라인까지 총 세 개 노선에 포함된 일곱 군데의 지하 터널에서 물과 함께 유충을 수집했고 실험실로 가져와서 유충이 모기 성체로 자라도록 기다렸다(내가 지하철 역사 벽에서 본 바로 그 과정이 일어나길 기다린 것이다). 그리고 성체가 된 모기에서 단백질을 추출하여 유전학적으로 분석했다.

20년 전, 에든버러에서 열린 한 학회에서 번이 이 연구 결과를 발표할 때 나도 그 자리에 있었다. 청중은 노련한 진화생물학자들이었지만 번의 발표 내용을 듣고 다들 전율했다. 번이 첫 번째로 밝힌 내용은 지하철 세 개 노선에서 채취한 모기가 유전적으로 제각기 달랐다는 사실이다. 노선마다 지하 환경이 거의 분리된 상황에서 차량 크기에 거의 딱 맞는 터널 속으로 지하철이 지나다니는 것은 피스톤 운동과 흡사한 운동이 계속해서 일어나는 것과 같다. 이 과정에서 각 터널에 서식하는 모기 떼가 뒤섞인다고 번은 설명했다. 이어 번은 센트럴, 버커루, 빅토리아 라인에 서식하는 모기들의 유전적인 특징이 섞이는 방법은 단 한 가지, 바로 '옥스포드 서커스 역에서 환승하는 것'뿐이라고 짚었다.

그런데 지하철 모기들은 서식하는 노선마다 다를 뿐만 아니라 지상에 사는 같은 종의 모기들과도 다른 것으로 밝혀졌다. 단백질 조성과 더불어 생활 방식도 달랐다. 런던 거리에 사는 모기들은 사람이 아닌 새의 피를 먹고 산다. 알을 낳기 전에 피를 구해서 먹고, 거대한 무리를 이뤄 짝짓기를 하며 동면을 한다. 이와 달리 저 아래 지하 터널에 사는 모기는 통근자들의 피를 빨아 먹고, 피를 찾기 전에 알부터 낳는다. 또한 떼를 지어 짝짓기를 하지 않고 막힌 공간에서 성적인 즐거움을 위해 짝짓기를 한다. 그리고 일 년 내내 활동한다.

번의 연구 결과가 발표된 후 이 '지하철 모기'가 런던에만 존재하는 것이 아니라는 사실이 확인됐다. 이들은 세계 곳곳의 지하 저장고와 지하실, 지하철에 서식하며 인간이 만들어놓은 환경에 적응한 것으로 밝혀졌다. 자동차나 비행기 안에 들어갔다가 갇힌 모기들을 통해 유전자가 이 도시에서 저 도시로 전해지고, 각 지역에서 지상에 서식하는 모기들 간에 교차 교배가 일어나 외부에서 유입된 유전자가 흡수되는 일도 동시에 벌어졌다. 이러한 변화는 거의 최근에 이루어졌다. 인간이 지하에 구조물을 만들기 시작한 이후부터 모기는 런던 지하철에서도 살 수 있게끔 진화한 것이다.

북적이는 리버풀 스트리트 역 통로에 서서 런던 지하철 모기를 마지막으로 다시 자세히 들여다보면서, 나는 그 작고 연약한 몸속에서 이루어졌을, 눈에 보이지 않는 진화 과정을 상상해본다. 더듬이 단백질은 새의 냄새가 아닌 사람 냄새를 감지하고 반응할 수 있도록 형태가 변화했다. 지하철역에서는 언제든 인간의 피를 구할 수 있고 날씨가 극도로 추워지는 일도 없기 때문에 모기의 생물학적 시계를 관리하는 유전자가 재설정되거나 아예 불활성되어 동면에 들어가지 않게 되었다. 성적 행동 변화를 일으킨 복합적이고 다채로운 변화는 또 얼마나 놀라운지! 원래 이 모기는 수컷들이 구름 떼처럼 몰려다니면 수정하려는 암컷들이 그 속을 들락날락하며 교미를 하던 종이었는데 지하 공간에서는 점점이 흩어져서 살다가 어쩌다 마주친 상대와 작은 공간에서 일대일로 짝짓기를 하는 종으로 바뀌었다.

런던 지하철 모기의 진화는 우리의 총체적인 상상력을 자극한다. 모기의 이런 변화는 왜 흥미로울까? 캐서린 번의 발표 내용이 오랜 시간이 지난 뒤에도 내 머릿속에 생생하게 떠오른 이유는 무엇일까? 우선 우리는 진화란 느리게 진행되며, 수백만 년에 걸쳐서 감지할 수 없을 정도로 서서히 생물 종을 변화시키는 과정이라고 배웠다. 인간이 만든 도시의 역사처럼 짧은 시간에 일어날 수 있는 일이 아니라고 말이다. 그러나 런던 지하철 모기는 진화가 그저 공룡시대나 지질시대에 한정되지 않는다는 사실을 알려준다. 진화는 바로 지금 눈앞에서 벌어지는 일이다! 두 번째로, 인간이 환경에 끼치는 영향이 엄청나다는 사실도 알려준다. '야생'에 살던 동식물이 인간이 자신을 위해 만들어낸 환경을 서식지로 삼아 적응하는 것을 보면, 우리가 지구에 일으킨 변화 중에는 두 번 다시 되돌릴 수 없는 것도 있음을 깨닫게 된다.

런던 지하철 모기의 이야기에 귀를 쫑긋 세우고 주목하게 되는 세 번째 이유는 일반적으로 우리가 진화의 산물로 떠올리는 것들에

이 모기가 더해지면서 어딘가 친근한 느낌을 자아내기 때문이다. 머나먼 정글에서 극락조의 깃털이 완벽한 형태를 갖추거나 산꼭대기 가장 높은 곳에도 피어난 난초 꽃의 형태가 모두 진화의 작품이라는 사실을 우리는 잘 알고 있다. 그 모든 따분한 과정을 뒤로하고, 진화의 입김은 저 높은 곳이 아닌 우리 발아래, 도심 전철의 지저분한 전선 사이사이까지 불어 왔다. 얼마나 멋지고, 독특하고, 우리 생활과 밀착된 사례인가! 생물 교과서에서나 볼 법한 일이 바로 곁에서 일어났으니 말이다.

그런데 런던 지하철 모기의 변화가 더 이상 이례적인 일이 아니라면 어떨까? 이 모기가 인간과 인간이 만들어낸 환경에 가까이 다가온 동식물의 진화를 보여주는 대표적인 사례라면? 지구 생태계를 쥐고 흔드는 인간의 힘이 너무나도 막강한 나머지 지구상에 존재하는 생물들도 철저히 도시화된 지구 환경에 적응하려고 진화해왔다면? 이 책에서는 바로 이와 같은 궁금증을 풀어본다.

이례적인 일이 아닐 뿐만 아니라 그리 오래된 일도 아니다. 2007년에 세계는 중대한 전환점을 지났다. 이 해에 역사상 최초로 도시에 거주하는 인구가 시골에 거주하는 인구를 넘어섰다. 이후 양쪽 지역의 인구 격차는 더 빠르게 벌어졌고 21세기 중반에는 전 세계 인구의 3분의 2인 93억 명이 도시에 거주할 것으로 추정된다. 이 통계가 지구 전체를 의미한다는 점에 유념해야 한다. 서유럽의 경우 1870년부터 시골 인구보다 도시 인구가 더 많았고 미국도 1915년을 기점으로 두 지역의 인구가 역전됐다. 유럽과 북미 대륙에 속한 지역은 이미 100년도 더 전부터 도시 대륙으로 변화해왔다. 최근 미국에서 실시된 한 연구 결과에 따르면 지도상에 특정 지점을 찍고 가장 가까운 숲과의 거리를 측정하면 매년 약 1.5퍼센트씩 더 멀어지고 있다.

지구 역사에서 단일한 생물이 이렇게 지배적인 위치에 오른 적은 한 번도 없었다. '공룡도 그렇지 않았나요?' 이렇게 생각하는 분들도 있으리라. 하지만 공룡은 동물 분류상 더 큰 카테고리에 해당되는 명칭이며 세부적으로 들어가면 다시 수천 종으로 나뉜다. 따라서 공룡과 '호모사피엔스'라는 단일한 생물 종을 비교하는 것은 전 세계 모든 청과물 가게를 테스코Tesco 체인점과 비교하는 것이나 다름없다. 생태학적인 관점에서, 오늘날 우리가 두 눈으로 확인할 수 있는 이런 상황이 벌어진 적은 없었다. 엄청난 수의 단일한 생물 종이 지구를 완전히, 공간을 아예 덮어씌우다시피 다 차지하고 자신들에게 유리한 쪽으로 이용하는 일은 처음이다. 현재를 기준으로 인간은 지구상의 모든 식물에서 생산된 식량의 4분의 1을 소비하고 전 세계에 흐르는 담수의 절반을 사용한다. 진화가 이루어진 생물 종 가운데 이렇게 전 지구적인 범위로 생태학적인 중심을 도맡은 종은 인간 말고는 없었다.

그러므로 세계는 철저히 인간 중심으로 바뀌고 있다. 2030년까지 지구 전체 땅덩어리의 약 10퍼센트가 도시화되고 나머지 땅도 인간이 만든 농장과 목초지, 조림지로 덮일 전망이다. 이 모든 변화는 자연에서 이전까지 볼 수 없었던, 완전히 새로운 형태의 서식지를 만들어낼 것이다. 이런 상황임에도 생태학과 진화, 생태계와 자연을 논할 때 우리는 인간이라는 요소를 고집스레 배제하고, 사라지는 서식지 중에서도 인간의 영향력이 아직 미미한 쪽에 초점을 맞추는 근시안적인 태도를 보인다. 마찬가지로 자연을 인간이 일으킨 해로운 영향으로부터 최대한 격리시켜 보호하려고 하는 것도 오히려 비자연적인 세상을 만드는 길이 될 것이다.

더 이상 그러한 태도를 고수할 수는 없다. 이제는 인간의 행위가 생태계에 가장 큰 영향을 주는 단일 요인이라는 사실을 인정해야 한다. 싫든 좋든 인간은 지구상에서 벌어지는 모든 일에 전적으로 관련되어 있다. 자연을 인간이 만든 환경과 분리할 수 있다는 생각은 허황한 착각일 뿐이다. 실제 세상에서는 인간의 영향이 자연의 구성 요소 곳곳에 이미 단단히 뿌리내리고 있다. 인간은 유리와 철강으로 완전히 새로운 건축물을 만든다. 물길을 바꿔서 끌어오고, 물을 오염시키고, 댐을 짓는다. 밭을 갈고 농약과 비료를 뿌린다. 기후를 바꿔버리는 온실가스로 공기 중으로 뿜어낸다. 원산지가 아닌 곳으로 동식물을 옮기고 식량이나 다른 용도로 쓰기 위해 물고기와 야생동물을 잡아들이고 나무를 벤다. 인간 외에 지구상에 존재하는 모든 생물은 직접적으로 혹은 간접적으로 반드시 인간과 접촉하게 된다. 그리고 이 접촉은 결코 별것 아닌 일로 지나가지 않는다. 생물의 생존이나 생활 방식에 위협이 될 수도 있고, 또 다른 기회를 얻어 생존에 적합한 새로운 환경을 찾을 수도 있다. '런던 지하철 모기'의 조상들이 그랬던 것처럼 말이다.

이겨내야 할 과제와 살아남을 기회가 찾아오면 자연은 어떻게 반응할까? 진화한다. 가능성만 있다면 변화하고 적응한다. 맞닥뜨린 압력이 크면 클수록 진화의 속도는 더 빨라지고 진화가 침투하는 범위도 더욱 넓어진다. 도시에 기회가 많지만 그만큼 경쟁도 심하다는 사실은 리버풀 스트리트 역에서 넥타이를 매고 내 주변을 다급히 지나친 사람들도 아주 잘 알고 있으리라. 살아남으려면 매 순간 신중해야 한다. 나는 이 책에서 자연이 바로 그렇게 반응한다는 사실을 보여줄 생각이다. 지금까지 우리는 훼손되지 않은 자연이 얼마만큼 사라지고 있는가에만 초점을 맞춰왔지만, '도시 생태계'는 바로 우리 등 뒤에서 진화해왔다. 우리가 자연주의적 관점에서 전혀 관심을 두지 않았던 도시 한가운데서 벌어지는 일들이다. 도시가 형성되기 전에 존재했던 생태계가 붕괴되는 것을 염려하며 보존하려고 애쓰는 사이, 우리는 자연이 이미 미래를 내다보며 도시에 맞는 새로운 환경을 만들기 위한 작업에 착수해왔다는 사실을 간과한 것이다.

이 책에서 나는 도시 생태계가 자체적으로 조성된 다양한 방식을 보여주고 이것이 도시화된 지구에서 자연의 주된 형태로 어떻게 자리 잡게 될 것인지 밝히고자 한다. 하지만 시작하기 전에 먼저 여러분께 할 이야기가 있다.

자연을 지켜야 한다는 주장은 보편적인 공감을 얻는다. 야생 그대로의 자연을 파괴하는 개발 사업에는 비난이 쏟아지곤 한다. 개발을 방치하는 것은 곧 적과의 동침이며 자연 보존이라는 가치에 뒤에서 칼을 꽂는 행위라고 표현하기도 한다. 수년 전에 나는 암스테르담 대학교의 동료 학자 제프 하위스만Jef Huisman과 함께 네덜란드 신문《폴크스크란트De Volkskrant》에 사설을 기고한 적이 있다. 우리는 해당 사설에서 자연은 동적으로 변화하고 끊임없이 흘러가므로 네덜란드의 생태계를 수백 년 전 그림에 묘사된 풍경 그대로 보존하려고 해서는 안 된다고 주장했다. 더불어 외래종 생물과 도시 자연이 존재할 공간을 마련하는 것이 보다 현실적인 보존 방식이며, 생태계를 구성하는 개별 생물보다는 생태계 자체가 원만하게 흘러가도록 하는 데 더 중점을 두어야 한다고 밝혔다.

일부 사람들은 이와 같은 주장이 마음에 들지 않았던 것 같다. 우리 두 사람 앞으로 성난 동료 학자들이 보낸 이메일이 도착했다. 자연을 계속해서 마구잡이로 휩쓸어버리려는 의도를 품고 엉성한 핑계를 대려는 우익 정치인들의 손에 우리가 놀아나고 있다며 비난하는 내용들이었다. 격분한 독자들은 '잔뜩 불어난 수수두꺼비와 토끼가 자연을 휩쓴 호주와 뉴질랜드 사람들에게 어디 한번 그따위 소리를 해보라'고 비아냥대기도 했다.

이런 공격은 내게 깊은 상처가 되었다. 어릴 때부터 나는 곤충 잡기와 새 관찰이 취미였다. 쌍안경과 식물도감, 딱정벌레가 담긴 수집 통을 들고 하루 종일 동네 들판을 혼자 쏘다니곤 했다. 지금도 흑꼬리도요가 알을 품는 모습을 사진으로 담고, 갓 피어난 습지 난초가 카펫처럼 깔린 곳에 걸어 들어가 로테르담 주변으로 뻗어 나간 광역 도시권 환경에 적응한 커다란 물땡땡이를 채집하곤 한다. 내가 뛰어놀던 장소에 처음 불도저가 등장해서 땅을 갈아엎는 것을 보면서 분노하고 주먹만 불끈 쥔 채로 무력감에 잠겨 눈물짓기도

호주 정부가 1930년대에 사탕수수밭의 풍뎅이를 잡기 위해 하와이에서 들여 온 두꺼비로, 개체수가 엄청나게 불어나 생태계 질서를 어지럽혀 문제가 되었다.

했다. 열대 생태학자가 되어 보르네오섬에 살면서 연구하던 시절에는 맹그로브 숲이 주차장으로 바뀌고 오염되지 않은 열대우림이 팜유 하나만을 생산하기 위한 장소로 탈바꿈되는 과정을 바라보며 무기력함을 느꼈다.

자연을 사랑하고 아끼는 마음이 있었기에 나는 진화의 힘과 살아 있는 자연 세계의 확고한 적응력을 이해할 수 있었다. 인구 증가는 명확히 예정된 일이다. 전 지구적인 재앙이 일어나지 않고 강제적인 산아 제한 정책을 실시한다 하더라도 인간은 한 세기도 다 가기 전에 도시와 도시화된 환경으로 지구를 질식시킬 것이다. 이런 점을 감안할 때 파괴되지 않은 자연은 최대한 보존해야만 한다. 이 책이 그런 노력을 평가절하한다고 오해하지 않길 바란다. 동시에 때 묻지 않은 자연을 벗어난 곳에서는 전통적인 자연 보존 방식이 (외래종 생물을 모조리 '잡초'와 '해충'으로 여기고 다 없애려고 하는 것) 오히려 미래에 인류를 지켜줄 생태계를 파괴하는 행위가 될 수 있다는 사실을 인지해야 한다. 따라서 내가 이 책을 통해 주장하는 것은 바로 지금 이 땅에서 새로운 생태계를 형성하고 있는 진화의 힘을 받아들이고 활용해야 하며, 우리가 만든 도시 한가운데에서 자연이 성장할 수 있는 길을 만들기 위해 노력하자는 것이다.

1부

도시에 산다는 것

셀 수 없이 많은 길, 혼잡한 거리,
맑은 하늘을 향해 솟은 날씬하고,
튼튼하고, 가볍고, 웅장한 철제 건물들의 고속 성장

— 월트 휘트먼Walt Whitman의 시 「매나하타Mannahatta」
(1855년에 발표한 시집 『풀잎Leaves of Grass』) 중에서

1
생태계의 일류 엔지니어

로테르담에서 30킬로미터 정도 서쪽으로 가면 해안과 접한 모래언덕, 포르너Voorne가 나온다. 경사가 완만하고 초목이 자라는 드넓은(적어도 네덜란드식 작은 스케일 기준으로는) 이 지형은 로테르담 항구가 계속 확장되면서 북쪽에서부터 점점 좁아지고 있다. 땅을 푹신하게 덮은 이끼 위에 엉덩이를 대고 앉아 희귀 식물인 옐로워트yellow wort와 습지 금난초 사이에서 샌드위치를 한입 베어 물고 주변을 둘러보면 저 멀리 공중에 매달려 운반되는 어마어마한 양의 철광석과 석탄이 바람에 쉴 새 없이 흔들리는 모습을 볼 수 있다.

학창 시절 나는 수집 목록을 늘리는 재미로 딱정벌레를 채집하며 거의 매주 토요일을 이곳에서 보냈다. 꼬마 동식물 연구가였던 친구들, 그리고 도무지 지칠 줄 모르던 생물 선생님까지 가끔 합세하여 다 같이 뫼즈 강변을 따라 자전거로 달리다가 페리를 타고 강을 건너가기도 했다. 배에서 내리면 줄줄이 서 있는 유류 저장 탱크와 보기만 해도 압도되는 정제 공장의 거대한 화학 시설 사이사이를 지그재그로 통과하여 모래언덕으로 향했다. 그리고 하루 종일 식물과 곤충을 채집했다. 다음 날인 일요일에는 이렇게 획득한 성과를 분류하고, 핀으로 꽂은 뒤 이름을 써넣었다. 연필을 쥐고 새롭게 알아낸 모든 사실을 정성껏 기록하기도 했다. 다시 월요일 아침이 찾아와 따분한 학교생활이 시작되기 전 오아시스 같은 행복한 시간이었다.

네덜란드에는 약 4,000종의 딱정벌레가 서식한다. 나는 포르너에서 최대한 많은 종류를 수집하겠다는 목표를 세웠다. 그렇게 2~3년이 흐른 뒤 좀약을 넣어둔 내 방 곤충 저장소에는 무려 800종이 넘는 딱정벌레가 모였다. 네덜란드에서 이전까지 한 번도 발견된 적 없는 종류도 몇 가지 포함되어 있었다.

처음 몇백 종류는 어렵지 않게 수집했다. 길바닥을 기어가거나 나뭇잎 끝에 앉아 있는 모습을 발견하면 바로 봉지에 담으면 될 정도로 흔하고 널리 분포하는 종들이었기 때문이다. 그러나 '특수한 서식지'에 사는 보기 드문 종을 목록에 추가하려면 좀 더 발전된 수집 기술을 익혀야 했다. 자연적으로 개미집 안에서 함께 생활하는 곤충인 개미동물myrmecophile도 그러한 종이었다. 내가 갖고 있던 곤충학 관련 책에는 개미집에 모여 사는 생물들이 땅속 더 깊숙한 곳으로 파고들어 몸을 잔뜩 웅크리고 있는 한겨울이 개미동물을 찾기에 가장 좋은 때라고 나와 있었다. 무엇보다 이러한 시기에는 개미들의 체온도 떨어진 상태일 테니 물릴 일도 적을 것 같았다.

그리하여 어느 꽁꽁 언 겨울날 아침, 나는 큼직한 삽을 자전거에

끈으로 동여매고 집을 나섰다. 목적지는 모래언덕 안쪽에 소나무가 길게 늘어선 곳 중에서도 홍개미Formica rufa가 지은 돔 모양의 커다란 개미집이 자리한 장소였다. 도착하니 전에 봤던 개미집 둔덕이 아직 그대로 있고, 암모니아 함량이 높은 모래언덕 꼭대기에서 자라난 바짝 마른 쐐기풀 줄기가 둔덕 위를 덮고 있었다. 나는 개미집이 있는 쪽에 삽 끝을 깊이 찔러 넣었다. 흙을 떠내자 솔잎이 얼음 결정에 섞여 나왔다. 그렇게 몇 번을 퍼내고 난 뒤 마침내 흙이 얼지 않은 곳, 즉 개미가 숨어 있을 만한 깊이까지 팠다. 나는 손에 익은 딱정벌레 수집 용기를 꺼냈다. 독일에서 만든 이 유용하고 전통적인 수집 장비는 체와 튼튼한 천이 씌워진 깔때기 부분으로 나뉜다. 개미집에서 퍼낸 흙을 몇 움큼 부은 다음 통을 세게 흔들면 큼직한 모래는 빠져나가고 곤충만 남는다. 이렇게 한 뒤 굵은 잔해와 흙을 커다란 흰색 판에 쏟아붓고 가만히 앉아서 기다렸다.

그리 오래 지나지 않아 차가운 공기를 감지한 개미가 천천히 접힌 몸을 펴고 다리를 뻗더니 비틀대며 플라스틱 바닥 위를 걸어 다니기 시작했다. 지켜보고 있는 나에게는 아무런 관심도 보이지 않았다. 내가 찾는 것은 그 개미들 사이사이에 흩어져 있었다. 자그마한 갈색 광대딱정벌레clown beetle가 윤기 흐르는 둥근 몸에 다리를 찰싹 갖다 붙인 채로 누워 있는 모습은 누가 봐도 영락없는 씨앗 같았다. 반날개rove beetle도 놀라서 배를 잔뜩 둥글게 말았다. 바로 내가 찾던 곤충들이다! 개미동물은 개미집 바깥으로는 절대 모습을 드러내지 않는다. 나는 딱정벌레들을 집어서 수집 병(낡은 잼 병에 휴지를 깔고 그 위에 에테르를 몇 방울 떨어뜨린 것)에 넣고 집으로 가져왔다. 그리고 딱정벌레를 꺼내 조심스레 핀으로 고정하고, 옆에는 함께 있던 개미도 작은 종이에 접착제로 붙였다(내 믿음직한 딱정벌레 설명서에서 그렇게 하라고 했으니까). 그런 다음 분류군 검색표를 꺼내서 채집해 온 딱정벌레가 정말로 한겨울에 개미집을 파헤치는 수고를 불사하지 않았다면 결코 볼 수 없을 뻔했던 종류가 맞는지 확인했다.

개미 전문가로 사람들에게 인정받는 베르트 횔도블러Bert Hölldobler와 에드워드 윌슨Edward O. Wilson은 개미에 관한 모든 정보가 담긴 두툼한 저서 『개미The Ants』에서 한 장을 통째로 할애하여 개미와 함께 생활하는 벌레를 소개했다. 두 사람이 14쪽에 걸쳐 제시한 '요약' 표를 보면 딱정벌레뿐 아니라 진드기, 파리, 나비 애벌레, 거미 등이 등장하며 쥐며느리, 게벌레, 노래기, 톡토기, 귀뚜라미에 이르기까지, 스멀스멀 기어 다니는 벌레는 거의 다 개미 사회에 침입하여 속임수를 써가며 공생한다는 것을 알 수 있다.

이때 사용되는 속임수는 두 가지다. 첫 번째는 조화롭게 섞이는 것이다. 개미의 생활은 많은 부분이 화학적으로 이루어진다. 즉 개미 사회에서 의사소통 수단은 향과 냄새이다. 우리가 '안녕' 하고 주고받듯이 페로몬 신호를 통해 인사를 나누기도 하고 '좋아, 아무 문제없어'와 같이 안심하라는 메시지를 전하기도 한다. 혹은 깜짝 놀라 펄쩍 뛰면서 '얼른 피해! 어느 미친 녀석이 망할 삽을 집에다 내리꽂았어!'라고 외치기도 할 것이다.

개미들 사이에 오가는 화학 언어는 사회적인 면역 기능도 수행한다. '우리'와 '침입자'를 구분하는 것이다. 이에 따라 같은 집에 사는 개체들과 다른 냄새가 나는 존재가 나타나면 가차 없이 공격한다. 그러므로 개미동물이 개미집에 침입하기 위해서는(침입한다고 해서 개미에게 해를 끼친다는 의미는 아니다) 이와 같은 개미의 식별 암호를 해독할 수 있어야 한다. 개미동물들은 침입자로 감지되지 않기 위해 '개미 언어'를 할 수 있도록 진화했다. 이들의 몸에는 특수한 분비샘이 있고, 이 분비샘에서는 공존하고자 하는 생물들이 사용하는 신호 분자(특히 상대를 '안심시키는' 신호)가 만들어져서 털을 통해 공기 중으로 방출된다. 반날개류 딱정벌레인 로메추사Lomechusa는 심지어 두 가지 언어를 할 줄 안다. 겨울에는 침 쏘는 붉은 개미의 일종인 뿔개미Myrmica와 화학적으로 대화를 나누면서 잘 지내다가 봄이 되면 뿔개미를 떠나 홍개미가 사는 개미집을 별장마냥 찾아간다. 그리고 어떻게 하는지는 알 수 없지만 화학적인 언어가 자연스럽게 홍개미 언어로 바뀐다.

개미동물들이 개미 사회에 머무를 수 있도록 발달한 두 번째 속임수는 개미집 안에서 행복하고 안전하게 머무를 수 있는 최적의 위치를 찾아내는 것이다. 여기에는 개미 특유의 강박증이 한몫한다. 어쩌다 마당에서 바위를 들어 올리다가 그 아래 만들어진 개미집을 발견하고 내부를 들여다보면, 이리저리 움직이는 개미 떼와 무질서하게 흩뿌려진 알로 아주 혼란스러워 보이지만 사실 개미 사회는 고도로 체계적이다. 정해진 공간에서 각기 다른 업무가 이루어지면서 사회 전체가 움직인다. 중세 사회의 구조와 크게 다르지 않다. 개미집에서 나온 폐기물을 처리하는 쓰레기 처리 구역이 따로 있고, 집을 지키는 군대가 머무르며 보초를 서는 구역도 정해져 있다. 또 식량을 보관하는 저장고도 있다. 번데기, 유충, 알도 각각 분리된 공간에 보관한다. 심지어 여왕의 사적인 공간도 따로 있다.

일부 개미는 진액을 뽑아낼 진드기를 보관하는 일종의 축사도 만든다. 식량으로 쓸 곰팡이를 키우거나 단단한 씨앗을 발아시켜 먹을 수 있는 형태로 만드는 밭이 갖추어진 개미집도 있다. 개미집마다 연결된 수송 체계도 제각기 만들어진다. 먹이를 구하기 위해 오갈 때 이용하는 통로, 개미집 내부에 형성된 주 이동로, 간선도로에서 분리된 길, 그리고 개미집과 주변 지역을 잇는 무수히 갈라진 길까지. 개미는 공간 구조 계획을 세우거나 예산 편성을 하지 않고도 도시 설계 전문가들조차 따라 하지 못할 만큼 정교한 이동 네트워크를 구축할 수 있다.

개미집을 이루는 여러 가지 하위 구조와 그 주변에는 제각기 특수한 역할을 담당하는 개미동물들이 있다. 개미집을 드나드는 길목부터 이미 이 같은 분담이 시작된다. 풀개미Lasius fuliginosus의 경우 나무줄기를 타고 위아래로 이동하는 주된 이동 경로가 존재하는데 바로 이 길목에서 딱정벌레의 일종인 암포티스 마지나타Amphotis marginata와 마주치게 된다. 이 딱정벌레는 전형적인 노상강도다. 낮에는 이 길목 주변에 몸을 숨기고 있다가 밤이 되면 밖으로 나온다. 그리고 먹을 것을 가지고 집으로 돌아가는 개미 앞을 가로막은 뒤 짧고 단단한 더듬이로 개미를 톡톡 두드리고 재빨리 자기 머리를 탕탕 때린다. 이 행동은 개미들이 먹을 것을 달라고 구걸하는 행동을 따라 하는 것으로, 상당히 설득력이 있다. 당황한 개미가 몸속에 저장한 먹이를 배설하고 토해내면 딱정벌레는 냉큼 집어삼킨다. 곧

실수했다는 사실을 깨달은 개미는 그제야 이 깡패를 공격하려고 든다. 그러나 암포티스 마지나타는 몸이 넓적하고 커다란 데다 단단한 껍질에 둘러싸여 있어서 그저 몸을 웅크리고 다리를 쏙 집어넣기만 해도 탱크마냥 철벽 수비 태세를 갖출 수 있다. 속아 넘어가 먹이를 빼앗긴 일개미는 금세 포기하고 빈손으로 집에 돌아간다.

풀개미의 집 안을 들여다보면 그곳에서 제 몫을 다하는 또 다른 딱정벌레를 볼 수 있다. 반날개류에 속하는 펠라 푸네스타Pella funesta의 유충은 개미집에서 청소부로 일한다. 이들은 쓰레기더미 속에 살면서 죽은 개미를 몸 아래쪽에서부터 먹기 시작하므로 눈에 띄지 않는다. 심지어 죽은 개미 몸속에 들어가서 먹기도 한다. 일개미가 이들을 발견하고 공격하려고 하면, 유충은 배를 위로 들어올린다. 배에서 분비되는 화학물질은 일종의 '개미용 사탕'과 같아서 즉각 개미들을 안심시키거나 어리둥절하게 만든다. 펠라 푸네스타의 유충이 자라 성충이 되면 여전히 죽은 개미도 먹어치우지만 살아 있는 개미도 잡는다. 때때로 사자들처럼 무리 지어 사냥에 나서기도 한다. 동시에 개미 뒤를 쫓다가 한 마리가 개미 등에 올라타고 턱을 목에 꽂아 개미의 신경과 목을 절단해버린다. 이 공격은 실패하는 경우도 많다. 하지만 성공하면 무리 전체가 사냥한 먹이를 다 같이 먹어치운다.

그러나 개미집에서 가장 풍족한 공간은 육아실이다. 개미들은 막 태어난 유충을 위해 최상급 먹이(갓 잡은 곤충 등)를 이곳으로 가지고 온다. 수많은 개미동물은 이곳이야말로 꿈에 그리던 서식지임을 깨닫고, 화학적인 방법으로 개미 유충인 척 위장해서 일개미에게 먹을 것을 좀 달라고 구걸하거나 개미 유충을 잡아먹는다. 물론 육아실은 경비가 삼엄하다. 침입자는 발견되는 즉시 죽임을 당한다. 그러므로 육아실에서 서식할 수 있도록 진화한 개미동물에게는 개미들이 적을 탐지하는 감시망에서 벗어날 수 있는 아주 정교한 기술이 있다. 클라비거 테스타수스Claviger testaceus라는 독특한 종류의 딱정벌레에게도 바로 그와 같은 기술이 있다. 개미집 내부에서 생활할 수 있도록 수백만 년에 걸쳐 발달한 대표적인 특징이다. 몸 색깔이 희미하고 가슴부터 눈 없는 머리까지가 길쭉하니 특이한 모습의 이 딱정벌레에게는 곤봉처럼 생긴 더듬이가 있다. 등에는 금빛 털이 빽빽하게 다발처럼 자란다. 특별한 기술의 비밀은 이 털 뭉치 속에 있다. 털 아래에 자리한 분비샘에서는 상대가 죽었다고 인식하게 만드는 화학물질이 나온다. 즉 죽은 곤충의 냄새를 풍기는 것이다. 클라비거 테스타수스를 발견한 일개미는 갓 죽은 먹이로 여기고(이 딱정벌레가 죽은 척 연기도 하고 있으니 신빙성은 더욱 높아진다), 들기도 편한 길쭉한 몸통을 얼른 집어지고 육아실로 가져간다. 가장 맛있는 먹이는 늘 육아실 차지이므로 딱정벌레도 육아실에 둔다. 그 위에 부패한 다른 먹이가 추가로 쌓이는 경우도 있고, 먹이 더미 위에 개미가 소화효소가 포함된 침을 뱉어서 덮어놓기도 한다. 그런 다음 개미는 다른 일을 처리하러 간다. 한창 자라는 유충이 맛있게 잘 먹겠거니, 생각하면서 말이다. 그러나 클라비거 테스타수스는 죽은 곤충 더미에서 얼른 기어 나와 개미 알과 유충, 번데기를 먹기 시작한다.

과학자들은 개미동물이 1만 종가량 존재하고 무척추동물 분류 기준으로 최소 100가지 각기 다른 과family에 속할 것으로 추정한다. 위에서 살펴본 클라비거 테스타수스와 펠라 푸네스타, 암포티스 마지나타는 그중 단 세 가지에 불과하다. 개미동물에서 이처럼 엄청난 진화가 이루어진 기간은 개미 사회가 존재한 기간, 즉 최소 7500만여 년과 일치하는 것으로 보인다. 생태학자들이 개미를 생태계의 거물급 엘리트 집단으로 여기고 생태계 엔지니어ecosystem engineer라는 명칭을 붙인 이유이기도 하다.

'생태계 엔지니어'라는 용어는 1994년에 클라이브 존스Clive Jones와 존 로튼John Lawton, 모셰 샤차크Moshe Shachak까지 세 명의 생태학자가 학술지 《오이코스Oikos》에 발표한 논문에 처음 등장했다. 해당 논문에는 다음과 같은 설명이 나온다. "생태계 엔지니어란 생물 물질이나 무생물 물질을 이용하여 다른 생물 종의 몸 상태에 변화를 유발함으로써 자원의 가용성을 조정하는 생물을 일컫는다. 이들은 그와 같은 방법으로 서식지를 변화시키고, 유지하고, 새로 만들어낸다." 더 명확히 이야기하면, 생태계 엔지니어는 자체적인 생태계를 만드는 생물이다. 개미가 이런 정의에 얼마나 잘 들어맞는지는 금방 이해할 수 있다. 개미는 주변 환경으로 뻗어 나와 잘 발달된 자율적 조직 구성 능력을 활용하여 자원을 축적한다. 개미집 내부는 개미들이 운반해 오는 먹이로 에너지가 끊임없이 유입되는 새로운 생태계가 된다. 그리고 이 에너지는 다른 생물도 이용할 수 있다. 위에서 언급된 1만 종의 개미동물은 이처럼 개미가 설계하고 제작한 생태계에서 생긴 기회를 활용하도록 진화한 새로운 생물이다. 개미동물의 정의에 해당되지 않는 생물도 개미가 일궈놓은 주변 환경에 영향을 받을 수 있다. 내가 어릴 때 삽으로 파낸 홍개미집처럼 홍개미가 서식하는 환경, 즉 질소가 풍부한 땅에 쐐기풀이 자라는 것도 그런 경우에 해당된다.

생태계에서 엔지니어로 중요한 기능을 하는 생물은 많다. 흰개미나 산호처럼 자기 몸보다 훨씬 큰 구조물을 만드는 동물들을 떠올려보라. 덩치가 아주 작은 동물만 생태계 엔지니어가 되는 것은 아니다. 비버만 해도 그렇다. 수문학적인 엔지니어링에 있어서는 비버보다 솜씨가 탁월한 동물은 없다. 이들은 잘근잘근 씹은 나무와 바위를 재료로 삼아 수백 미터에 달하는 댐을 짓는다. 유속이 약한 곳에는 댐을 일자로 만들고 유속이 빠른 강에는 수압을 견딜 수 있도록 곡선으로 짓는다. 이렇게 댐을 지으면 하천이 더 천천히 넓게 흐르면서 습지가 생긴다. 늑대 등 비버의 포식자가 건너오기 힘들고, 동시에 비버의 먹이(수생식물, 어린 나무)도 안정적으로 확보할 수 있는 환경이 조성되는 것이다. 또한 비버는 땅 위로 끌고 오기에는 너무 무거운 나무를 쉽게 옮기기 위해 수로를 파고 나뭇가지와 잔가지, 풀을 재료로 이용하여 육지에 오두막도 짓는다. 나무조각, 나무껍질을 진흙으로 굳혀서 만드는 큼직한 주거 공간이다. 이처럼 비버는 주어진 여건을 극복하는 방법을 찾아서 환경의 영향을 이겨낸다. 또한 비버의 서식지는 다른 생물이 살 수 있는 새로운 환경이 된다. 심지어 비버가 만든 댐이 무너지거나 파괴되더라도 그로 인해 흘러넘친 물이 주변 목초지 발달을 촉진한다. 비버가 떠난 후에도 목초지는 수십 년간 존재한다.

북미 대륙 동부 해안 어느 커다란 섬 무헤칸턱Muhheakantuck의 강어귀도 과거 비버가 그와 같은 영향력을 발휘했던 장소 중 하나다. 길쭉한 형태의 이 섬에는 솟아오른 지형과 아래로 꺼진 지형이 완만하게 이어진다. 토착민인 라나페족 사람들이 지은 무헤칸턱이라는 이름도 '언덕이 많은 섬'이라는 의미다. 200년 전까지만 하더라도 섬 대부분의 땅에 밤나무와 오크, 히코리가 숲을 이뤄 풍성하게 자랐다. 숲이 빗물을 충분히 빨아들이고 그중 일부만 방출한 덕분에 섬 전체에 약 100킬로미터에 달하는 개울과 하천이 천천히 흘렀다. 비버 서식지로도 안성맞춤이라 수많은 비버가 이곳에서 살았다. 섬 남쪽에는 약간 아래로 가라앉은 골짜기가 있고 두 곳에서 흘러온 개울이 이 지점에서 하나로 합쳐졌다. 비버가 이곳에 댐을 지은 뒤부터는 골짜기가 붉은 단풍나무가 자라는 습지로 바뀌었다. 그러자 원앙과 청개구리, 갈색 메기 등 다른 동물들도 찾아와 서식지로 삼기 시작했다. 붉은 단풍나무 외에도 질경이택사와 제비꽃도 자랐다. 이 모든 사실은 뉴욕 야생동물 보호협회의 경관 생태학자 에릭 샌더슨Eric Sanderson이 실시한, 여러모로 획기적인 연구 덕분에 알려졌다. 그가 이끄는 연구진은 섬의 기후와 토양 유형, 지형 정보와 더불어 섬의 경관과 야생동물에 관한 과거 네덜란드, 영국의 초기 기록을 분석했다. 또한 북미 대륙에서 섬이 위치한 지역의 먹이사슬 전체를 컴퓨터로 모델링한 결과를 종합하여 400년 전에는 어떤 경관이었는지, 또 어떤 생물이 살았는지 재구성했다.

그 결과, 오늘날에는 그 당시에 있던 것들이 하나도 남아 있지 않은 것으로 나타났다. 사실 에릭 샌더슨이 연구한 그 섬은 맨해튼이고, 이 연구는 '매나하타 프로젝트'로도 불린다. 이 프로젝트의 목적은 현재 맨해튼을 나타낸 웹 사이트 지도를 만들고, 사용자가 어디든 선택하면 그곳에 위치한 인공 건축물을 모두 제거하고 유럽인들이 첫발을 딛기 전에 다양한 야생동물들이 서식하던 위치를 최대한 정확히 추정해서 총천연색으로 자세히 보여주는 것이다. (400년에 걸쳐) 오랫동안 이어진 개발로 이제는 과거의 풍성한 자연을 상상하기 힘든 것처럼, 유럽에서 건너와 이곳에 처음 발을 디디고 주민이 된 사람들과 당시 함께했을 북미 원주민들도 현대 맨해튼이 도로와 고층 건물, 부를 갖춘 곳이 되리라고는 상상하지 못했을 것이라고 앤더슨은 설명했다. 연구 목적은 2009년 9월 12월에 달성되었다. 헨리 허드슨Henry Hudson이 네덜란드 동인도회사의 배를 타고 항해하다 이 섬을 처음 눈여겨보고 '누군가 가서 밟아봐도 좋을 만한 땅'이라고 기록한 지 400년째 되는 날이었다.

이 프로젝트에서 제작된 인터랙티브 지도를 열어 보면(http://welikia.org) 마치 구글 어스Google Earth에서 이제 지구상에 거의 남지 않은 청정 자연을 찾은 것 같은 기분이 든다. 해변을 따라 빼곡하게 자리한 숲은 간간이 나타나는 목초지나 습지, 개울, 라나페족의 정착지 몇 군데에서만 간간이 끊어질 뿐이다. 해변과 바위투성이 절벽도 해안선을 따라 군데군데 위치한다. 그야말로 천국 같은 모습이다. 이 상태에서 '거리(STREETS)' 버튼을 클릭하면 이 푸르른 자연 위로 현대 맨해튼의 거리 지도가 나타난다. 조금 전까지 응시하던 수풀 우거진 개울이 오늘날 할렘가 혹은 그리니치 빌리지였다는 사실을 갑자기 알게 된다. 과거에 비버가 생태계 엔지니어로서 솜씨를 발휘하여 붉은 단풍나무 습지를 형성한 그 곳, 두 개의 개울이 합류하는 지점은 현재 타임스퀘어가 있는 곳으로 추정된다. 이 지도를 보면, 두 개울 중 하나는 뉴욕 우체국 건물로, 다른 하나는 재클린 케네디 오나시스 고등학교 아래로 흐르는 것을 볼 수 있다.

이쯤 되면 아마 여러분도 내 이야기가 어디로 향하고 있는지 눈치 챘으리라. 매나하타 프로젝트의 인터랙티브 지도를 펼쳐놓고 버튼을 클릭하면 과거의 생태계 엔지니어와 현대의 또 다른 엔지니어가 남긴 결과물을 번갈아가며 볼 수 있다. 즉 '매나하타'에 살던 비버는 이제 사라지고 그 자리를 자연의 최종적인 생태계 엔지니어, '호모사피엔스'가 차지했음을 알 수 있다. 개미가 개미집을 만들듯이 호모사피엔스는 오늘날 맨해튼 곳곳을 돌아다니며 스스로에게 알맞은 생태계를 만들어낸다. 그리고 훌륭한 생태계 엔지니어라면 모두 그렇듯, 이러한 행위는 다른 동식물이 공존할 수 있는 환경을 만들어낸다. 개미동물처럼 '인간과 공생하는 동물'이 생겨나는 것이다. 이 책에서는 이렇게 인간과 함께 사는 동물, 그리고 인간이 만든 생태계에서 이 동물들이 찾아낸 서식지를 살펴볼 것이다.

2
개미와 인간이 그렇게 다를까?

호모사피엔스를 자연의 최종 생태계 엔지니어라고 칭할 때, 나는 '자연'이라는 표현을 일부러 사용했다. 사람들로 인해 혼잡하고, 시끄럽고, 오염된 콘크리트 도시는 보통 우리가 '자연'이라는 단어를 쓸 때 떠올리는 곳이 아니기 때문이다. 흔히 자연의 모습으로 생각할 만한 장면이라면 마침 지금 내가 이 글을 쓰고 있는 곳에서 내려다보이는 광경일 것이다.

나는 말레이제도 보르네오에 위치한 현장 연구센터 베란다에 앉아 있다. 며칠째 여기에서 열대 생물학 강의를 준비하고 있다. 바로 5미터 앞에는 평온한 열대우림이 펼쳐져 있다. 직업적인 눈으로 볼 때 숲에는 100여 종의 식물이 있을 것으로 추정된다. 굵은 판근이 드러난 거대한 나무들과 나뭇가지의 푹 파인 구멍에 쌓인 각종 부스러기 속에서 솟아난 각종 양치식물, 덩굴을 비롯해 가시가 돋아난 야자나무도 있다. 일부 나무에는 미르미카리아Myrmicaria 개미의 집도 매달려 있다. 두 시간 동안 이 베란다에 앉아 글을 쓰면서 집중력이 흐트러질 때마다 나는 눈앞에 펼쳐진 초목을 응시했다. 꿀꿀대며 나란히 걸어가는 수염멧돼지와 커다란 다람쥐, 흰머리샤마까치울새, 최소 스무 종 이상의 나비와 녹색 광택이 금속처럼 번쩍이는 풍뎅이가 윙 소리를 내며 쏜살같이 날아가는 모습도 보았다. 긴꼬리코뿔새가 내는 게 분명한 울음소리도 들었고('우후!' 하며 빠르게 연달아 내지르며 미친 듯이 꽥꽥거리는 소리) 저 먼 곳에서는 몸집이 커다란 청란이 내는 소리('와우-와우!')도 들려왔다.

이 숲은 인간의 손길이 닿지 않은 곳이다. 기껏해야 학생들이 연구 중인 땅을 표시하기 위해 말뚝을 박거나 색깔 있는 깃발을 꽂은 것이 전부다. 멀찍이 떨어진 곳에는 나무가 빼곡한 경사면이 높이 1,600미터, 너비 25킬로미터로 펼쳐져 있다. 1948년까지만 해도 존재조차 알려지지 않았던 그곳은 윗부분이 분화구처럼 둥글게 파여 있다. 근처를 지나던 비행기가 가장자리에 치솟은 바위투성이 급경사면에 거의 부딪힐 뻔했던 일을 계기로 세상에 알려졌다. 이 '잃어버린 세계'는 내가 앉아 있는 현장 연구센터가 설립되기 전에는 인간이 머무른 적이 단 한 번도 없었던 것으로 추정된다. 자연이란 바로 이런 곳이리라. 야생 환경이 그대로 남아 있고 때 묻지 않은 곳, 인간의 손길로 인한 어떠한 형태의 오염도 발생하지 않은 곳이야말로 자연이라 할 만하다.

하지만 우리는 자연을 이야기할 때 왜 암묵적으로든 명시적으로든 인간을 배제하려고 할까? 저 멀리 나무에 매달린 개미집은 자연스럽다고 생각하면서 왜 인간이 만든 도시는 그렇지 않다고 여

길까? 개미가 열대우림에서 발휘하는 생태학적인 기능에는 찬사를 보내면서 인간이 풍경을 지배하는 방식에는 왜 혐오감을 드러낼까? 근본적으로는 차이가 없는데도 그렇다. 개미라는 생태계 엔지니어는 환경에서 얻은 물질로 집을 짓고 사람도 마찬가지다. 개미 사회가 성장하면서 자신이 속한 사회를 안정적으로 유지하는 일에만 신경 쓰는 일개미들은 주변 땅에서 먹을 수 있는 것은 뭐든지 찾아서 집으로 옮긴다. 사람도 그렇게 한다. 기회만 주어지면, 개미의 서식지는 먹을 것과 집 지을 재료가 공급되는 한 확장되고 번성한다. 인간의 도시도 마찬가지다. 그런데도 왜 우리는 개미 사회나 먹이사슬 전체에서 개미의 역할은 자연스럽다고 여기면서 인간 사회는 비자연적이고 먹이사슬에 누구도 원치 않는 폐를 끼친다고 생각할까?

수많은 철학자, 생태학자, 환경보호론자 들이 자연과 자연스러움이란 무엇인지 정의하려고 이미 무수히 노력해왔으므로 나까지 의견을 덧붙이고 싶지는 않다. 하지만 나는 인간의 도시도 전적으로 자연스러운 현상이며 다른 생태계 엔지니어들이 각자의 사회를 만들기 위해 설립한 구조물과 전체적으로 동일하다고 본다는 점을 분명히 해두고 싶다. 개미나 흰개미, 산호, 비버와의 차이가 있다면 이 동물들은 수백만 년 동안 생태계 엔지니어로서의 역할을 거의 변화 없이 적당한 수준으로 유지해온 반면 인간이 주도한 엔지니어링은 불과 수천 년 동안 그 규모가 몇 배나 늘어났다는 점이다. 인간이 밀도 높고 복잡한 공동체를 이루며 살기에 적합한 종인가 하는 문제는 따로 다루어야 할 주제이므로 이 책 끝부분에서 다시 이야기하겠다. 지금은 먼저 인간이 건설한 현대적인 거대도시가 왜 흥미롭고 참신한 생태학적 현상에 해당되는지부터 살펴보자.

인간이라는 종이 막 생겨났을 때, 지금보다 뇌가 작았던 조상들은 상당히 희귀한 생물이었다. 오늘날의 적색 목록Red list 기준으로 보자면 상당히 취약한 생물이기도 하다. 그러나 이런 시기에도 인간은 미약하나마 생태계 엔지니어로 활약했다. 사냥과 채집 생활을 하던 인간의 조상들은 비버와 크게 다르지 않았다. 툭 튀어나온 바위나 동굴처럼 자연적으로 형성된 장소 중에 안전하게 몸을 숨길 만한 적절한 곳을 찾고, 그곳에 한동안 머물면서 주변 환경을 활용해서 살다가 다른 곳으로 이동했다. 개의 조상격인 동물이 인간이 버린 음식을 먹으려고 서식지 주변을 어슬렁거리다가 일종의 '최초의 가축'으로 함께 살았을 가능성도 있다. 이 시기의 인간은 심지어 일부러 동식물을 직접 기르기도 했다. 즉 식량으로 쓸 설치류를 우리에 가두기도 하고(라피타족 사람들이 키운 폴리네시아 쥐처럼) 약용식물을 채취한 뒤 재배했다. 정착 생활을 하기 위해서는 생활하는 곳 주변에 초목을 태우거나 정리해서 먹을 수 있는 식물이나 약용식물은 지키고 불필요한 식물은 뽑아서 없애야 했다. 또 생선이나 사냥으로 잡은 동물, 강에서 잡아온 조개와 달팽이를 익히려면 불 피울 곳도 마련해야 했다. 벌들이 사는 곳을 공격해서 벌집과 단백질이 풍부한 봉아를 얻기도 하고, 가까운 곳에서 덩치 큰 동

국제자연보호연맹이 멸종 위기에 처한 동식물에 대해 2~5년마다 발표하는 보고서.

물을 사냥하고 숲에서 과일과 견과류도 채취했다. 비버처럼 인간도 개울에 댐을 지었는데, 얕은 하류에 파닥대는 물고기들이 모이면 잡는 것이 목표였다. 그 시절에 인간이 자연에 끼치는 영향은 미미한 수준이었으리라. 초목을 없애면 주변의 좁은 지역은 기후가 건조해지고, 서식지 주변에 덩치 큰 동물이 사라지고 몇 가지 생소한 생물이 도입된다. 무리를 이루며 살던 인간이 사냥할 수 있는 새로운 터전을 찾아나서면 환경은 신속히 원래 상태로 회복된다.

인간이 농사를 짓기 시작하면서 생활 방식이 크게 바뀌었다. 식량을 직접 찾아다니는 대신 재배할 수 있게 된 혁신적인 변화는 인류에게 두 가지 중대한 결과를 초래했다. 첫 번째는 정착지 주변에 식량 작물을 재배하기 시작하면서 더 이상 유목 생활을 할 필요가 없어졌다는 점이다. 유목 생활의 장점도 무의미해졌다. 무엇보다 밭을 마련하고 농사짓는 일에는 장기적인 투자가 필요했다. 토양에 영양분이 고갈되기 전까지는 계속 활용하는 것이 최선이었다. 두 번째로 생긴 변화는 인간의 영양 단계다. 영양 단계는 먹이사슬에서 생물의 위치를 의미한다. 태양에너지를 이용하여 공기 중에 존재하는 탄소를 '먹는' 녹색 식물은 핵심적인 '1차 생산자'로서 1단계에 자리한다. 2단계는 이 1차 생산자를 소비하는 초식동물이 차지하고 먹이사슬 3단계에는 초식동물을 먹고 사는 포식자들이 자리한다. 먹이사슬이 피라미드 형태인 이유는 하위 단계에서 생산된 에너지 중에서 바로 상위 단계로 전달되는 에너지는 10분의 1에 불

알에서 부화한 직후부터 성충이 되기 전까지 벌을 칭하는 이름.

과하기 때문이다. 나머지는 해당 단계의 생물이 열을 내고 기능을 수행하는 데 필요한 에너지원으로 사용된다. 특정 단계에 유지할 수 있는 생물의 규모를 좌우하는 것이 바로 이 에너지다. 그러므로 생물이 살아가는 서식지마다 무수한 녹색 식물과(1단계) 식물을 먹고 사는 수백만 마리의 곤충(2단계), 곤충을 먹고 사는 수천 마리의 새(3단계), 한 무리의 족제비와 매(4단계) 그리고 5단계에 해당되는, 홀로 움직이는 호랑이나 고독한 독수리가 존재한다. 주로 사냥으로 먹고살던 인간은 농사를 짓기 시작하면서 이 먹이사슬 피라미드에서 한 단계 내려왔다. 즉 에너지가 훨씬 더 많고 따라서 성장할 공간이 훨씬 더 많은 위치로 내려온 것이다.

그리고 실제로 성장을 이룩했다. 땅에 물을 끌어오고 경작하는 방식을 개선하여 토양의 영양분 고갈 때문에 수시로 터전을 옮기지 않아도 되는 환경을 5,000~6,000년 전에 만들었다. 농사도 마을 사람 모두가 매달리지 않아도 될 만큼 효율적으로 발전했다. 전문가들이 농사를 맡고, 정착지에 함께 사는 나머지 사람은 다른 일을 할 수 있게 되었다. 그리하여 사람들이 영구적으로 정착한 장소에서는 내륙지역으로 식량과 사람들이 탐내는 물건을 공급하였다. 이는 곧 운송 기술 발달로 이어졌다. 사람들은 건물을 짓고 유지, 보수하는 일을 익혔다. 또한 도시는 조직적으로 전투를 벌일 수 있는 곳이 되어 여전히 사냥과 채집 활동에 의존하던 부족들을 강자가 통치했다. 농사지으며 마을을 이루고 사는 생활 방식은 더 널리 확산됐다.

그즈음인 약 6,000년 전에 메소포타미아에 진정한 도시라 할 만한 곳이 처음으로 등장했다. 처음에는 드문드문 시작됐지만 몇 세기가 흘러가는 동안 전 세계 여러 곳에서 도시화의 징후가 나타났다. 인도와 이집트에도 새로운 도시가 생겨나고 파키스탄, 그리스, 중국도 점차 빠른 속도로 그 뒤를 이었다. 예일 대학교의 메레디스 레바Meredith Reba 연구진이 실시한 연구 결과를 토대로 5,700년 전부터 현재까지 전 지구상에 도시가 어떻게 등장했는지 보여주는 애니메이션이 있다. 처음에는 천천히 등장하던 도시가 나중에는 팝콘이 팡팡 터지듯이 생겨나고 지난 한 세기 동안에는 귀가 먹먹해질 만큼 엄청난 속도로 도시화가 진행되는 것을 볼 수 있다.

향후 몇십 년도 이와 같은 폭발적 증가 추세는 더 강화될 것으로 보인다. 메가시티(인구가 천만 명 이상인 도시)가 등장하기 시작했기 때문이다. 중국의 주요 경제 허브 중 한 곳인 주강 삼각주 지역의 경우 그리 크다고 할 수 없는 벨기에 국토보다도 더 작은 땅에 너무나 많은 도시가 몰려서 인구가 거의 러시아 전체 인구에 육박하는 1억 2천만 명에 이르러 '거대도시'라는 이름이 붙여졌다. 2030년까지 지구 전체 인구의 약 10퍼센트가 고작 41개 메가시티에 살 것으로 추정된다. 이런 도시는 대부분 중국 동부와 인도, 서아프리카에 위치한다. 몇십 년 전만 하더라도 침체된 조용한 도시였던 콩고의 킨샤사도 인구가 2000만 명에 이를 전망이며 나이지리아의 라고스도 2400만 명을 넘어설 것으로 보인다. 상상도 안 될 정도로 엄청난 규모다.

도시화는 과거 농촌 국가의 중소형 도시(인구 500만 명 이하)에서 상대적으로 가장 강력히 진행될 것으로 예상된다. 이 도시들은 연간 2퍼센트 이상의 성장 속도로 빠르게 팽창하고 있다. 이미 거대한 메가시티가 된 도시의 연간 성장률이 0.5퍼센트에 그치는 것과 대조적인 수준이다. 앞으로 수십 년 동안 개발도상국의 소형 도시들은 두 배 더 많은 인구를 흡수하여 덩치가 더 큰 도시들과 비슷한 수준이 될 것이다. 예를 들어 라오스의 경우, 대규모 중심 도시가 없는데도 2000년부터 2010년까지 도시 인구가 두 배로 늘어났다.

이러한 통계 결과와 별도로, 도시의 정의에 대해 전문가들의 의견은 엇갈린다. 사회경제적 정의는 시대에 따라, 또 장소에 따라 다양하다. 노르웨이에서는 200명 이상이 정착해서 사는 곳도 도시로 간주되지만 일본에서는 5만 명이 넘어야 도시로 여겨진다. 도시라는 지위에 행정적인 의미가 담기기도 한다. '공식적으로' 도시로 인정받으면 국가에 특정한 혜택을 요구할 수 있는 곳도 있다. 예를 들어 런던은 열두 개의 자치구 가운데 두 곳만 공식적인 도시로 인정되고 나머지 자치구나 심지어 런던도 법적으로는 도시라는 명칭을 부여받지 못했다.

혼란을 면하고자 나는 실용적인 접근법을 택하려고 한다. 인구밀도와 건물이 뚜렷하게 증가함에 따라 사회 기반 시설과 평균 수입이 함께 증가한 곳은 도시로 간주할 것이다. 이 같은 정의는 인적 요소만 고려한 것이지만, 흥미진진한 생태학적 특징도 내포되어 있다.

3
도시 속의 섬들

"빵!" 어느 대낮에 싱가포르에서 소우얀은 양팔을 들어 한 손으로는 보이지 않는 총신으로 태양이 이글대는 하늘을 조준하고 다른 한 손으로는 방아쇠 당기는 시늉을 했다. 그러고는 다시 한 번 외쳤다. "빵!" 내가 인도 집까마귀에 대해 묻자 이런 흉내로 답한 것이다. "제가 있는 지역에서는 이렇게 총으로 쏴 죽여요." 그는 분노가 담긴 음성으로 설명했다. "아무 이유도 없이 말이죠! 그저 누군가 까마귀에 대해 불만을 투덜대는 것이 전부인데 그래요. 다들 바퀴 달린 쓰레기통을 사용하니 까마귀들이 더 이상 쓰레기에 접근할 수도 없어요. 그전까지는 쓰레기가 담긴 봉지를 전부 찢어놨었죠."

우리는 싱가포르 남부 해안을 함께 하이킹하고 있다. 나를 초청해준 챈 소우얀은 컴퓨터 엔지니어로 일하다가 은퇴하고 지금은 동식물 연구가이자 지역 연체동물 전문가로 활동 중이다. 까마귀 잡는 시늉을 하느라 잠시 걸음을 멈추었던 그는 다시 발길을 재촉해 로코르 운하와 칼랑강이 만나는 지점을 향해 나아간다. 곶이 강 쪽으로 튀어나온 곳에 이르자 그는 강어귀를 내려다볼 수 있는 곳으로 나를 데려갔다. 한 무리의 집까마귀Corvus spendens가 날아오르는 모습이 보이고, 그 자리를 곧바로 자반구관조Acridotheres javanicus가 차지하는 광경이 눈에 들어온다. 석탄처럼 새카만 색과 흰색 털이 섞인 멋진 새, 자반구관조의 장난꾸러기 같은 두 눈과 밝은 노란색 다리가 눈에 띈다. 노란색 부리 주변은 뭉텅이로 자란 까만 깃털이 감싸고 있다. 이들은 야생 토끼풀과 미모사 사이를 누비며 먹을 수 있는 부분을 찾아 먹기 시작한다. 소우얀은 토끼풀이 나던 자리를 노란 꽃이 핀 물미모사가 차지한 물가 쪽을 가리켰다. 이어 왼쪽에서 오른쪽으로 내 시선을 이끌면서 해안 쪽에 매달린 왕우렁이의 분홍색 알, 수면 위로 떠오른 거대한 공작농어Cichla orinocensis, 그리고 자그마한 붉은귀거북Trachemys scripta elegans이 수면 바로 아래에서 조용히 헤엄치는 모습을 가리켰다.

칼랑 강변 공원에서는 풍성한 열대 생태계를 볼 수 있다. 그러나 이 공원은 야생 그대로의 평온한 천국 같은 풍경이라기보다 싱가포르 고층 빌딩들 사이에 낀 아주 작은 한 조각 자연에 가깝다. 망고, 코코넛, 무화과나무가 무리 지어 서 있는 잔디밭이 있고 벤치에는 말레이시아 소녀들이 자신의 모습을 카메라에 담고 있다. 공원 안의 구불구불한 길에서는 조깅하는 유럽 사람들과 스케이트보드를 타는 인도 청소년들이 서로 어깨를 스치고, 헬멧을 쓴 중국인 할머니는 자전거 바구니에 코코넛 세 개를 싣고 어딘가로 달려간다. 소우얀과 내가 서 있는 곳 근처와 분홍색 우렁이 알들이 점점이 발견되는 강둑은 용납하기 힘든 콘크리트 재질이다. 강 하류에 자리한 거대한 댐, 마리나 버라지Marina Barrage 때문에 강물의 조수는 사라졌다. 자반구관조와 까마귀는 버려진 코코넛 껍질이나 소풍 나온 사람들이 버리고 간 음식물을 먹는다. 벽돌과 플라스틱 병을 뒤덮고 자라난 민물 조류를 먹기도 한다. 거북이와 물달팽이도 조류 사이에서 먹이를 찾아다닌다. 홍수, 그리고 부족한 하수처리 시설로 인해 물에는 5700만여 싱가포르 국민이 남긴 화학물질의 흔적이 고스란히 남아 있다. 싱가포르 난양 기술대학교의 수 용란Xu Yonglan 연구진이 실시한 조사에서는 칼랑 강물 1리터당 0.1밀리그램의 의약품 성분이 검출됐다(대부분 이부프로펜, 나프록센 같은 진통제 성분이었다). 화장품, 의약품 성분으로 사용된 에스트로겐과 벼룩을 잡거나 애완동물 털의 진드기를 없애는 용도로 사용되는 살충제 성분도 비슷한 농도로 검출됐다. 여러 연구를 통해 싱가포르 다른 지역에서도 강물에서 리터당 1.2밀리그램의 카페인(커피 1티스푼에 맞먹는 양)이 발견됐다.

게다가 소우얀과 내가 발견한 동식물 중에 싱가포르 토착 생물은 단 한 종류도 없었다. 인도, 스리랑카, 미얀마, 중국 윈난성 지역에 살던 집까마귀는 1948년부터 갑자기 이곳 항구에 나타나기 시작했다. 어디서 날아왔는지 아무도 알지 못했다. 반세기 전, 말레이시아에서 커피 농장에 애벌레가 들끓자 이를 해결하려고 집까마귀를 풀었는데 그때 방출된 새들이 경작지를 따라 이곳까지 이동해왔을 가능성도 있다. 배에 올랐다가 아무도 모르는 사이 함께 싱가포르에

도착했을지도 모른다. 어느 쪽이든 집까마귀는 싱가포르에 잘 정착하여 1960년대에 수백 마리 정도였던 수준에서 21세기 초에는 수십만 마리까지 늘어났다. 지난 15년간 개체수를 줄이려고 없앤 숫자만 최소 30만 마리에 이른다. 쓰레기를 먹이로 삼거나 싱가포르 거리 어디에나 서 있는 노랑불꽃나무에 둥지를 틀지 못하도록 무수한 조치가 취해졌지만 지금도 싱가포르에서는 도시 어디에서나 집까마귀를 흔히 볼 수 있다(소우얀의 이웃들이 성가시다고 느낄 정도로).

자반구관조는 1925년경 자연 서식지인 자바섬과 발리섬에서 애완동물로 키우기 위해 들여왔다. 1960년대만 하더라도 조류학자 피터 워드Peter Ward가 다음과 같은 글을 남겼다. "수줍음 많은 이 새는 시골에서는 가끔 정원에 찾아오기도 하지만 도시에서는 어쩌다 한 번 겨우 볼 수 있다." 자반구관조의 이런 수줍음은 바람과 함께 다 날아간 것이 분명하다. 이후 도시에 가장 많은 새이자 가장 시끄러운 새가 된 것을 보면 말이다. 수적인 측면으로는 사람과 경쟁을 벌일 정도다. "카페 의자마다 자반구관조 똥이 잔뜩 묻어 있어요." 소우얀도 유감스럽다는 듯이 이야기했다. 동남아시아 지역에서 가는 데마다 발견할 수 있을 정도로 어디에서나 자라는 거칠고 잎이 넓은 야생 토끼풀도 원래 중앙아메리카와 남아메리카에서 자라던 식물이다. 잎을 건드리면 곧바로 닫혀버리는 특징으로 즐거움을 선사하는 미모사도 마찬가지다. 미모사의 씨앗에는 점성이 있어서 사람들의 옷이며 신발 바닥, 차량 바퀴에 묻은 채로 수 세기 동안 전 세계에 퍼졌다. 물미모사는 원산지가 어디인지 누구도 정확히 알지 못하지만 싱가포르에서 처음 자란 식물이 아닌 것은 분명하다. 소우안은 멕시코에서 유입되었을 것으로 추정한다.

운하 바닥에 깔린 비닐 위로 더듬이를 옹긋쫑긋 움직이며 천천히 기어가는 왕우렁이는 남아메리카가 원산지다. 버려진 수족관 물에서부터 세계 정복을 시작한 왕우렁이는 현재 세상에서 가장 무시무시한 외래 침략종 목록에 달팽이류 사이에서 당당하게 이름을 올렸다. 같은 목록에 등재된 붉은귀거북도 수족관에서 빠져나온 또 다른 생물 중 하나로, 열대 아메리카 지역이 원산지다. 반면 공작농어는 아마존강이 고향일 것으로 추정된다. 싱가포르 출신의 어류 전문가 응옥희Ng Heok Hee와 탄옥휘Tan Heok Hui에 따르면, 이 공작농어는 '열정 넘치는 낚시 팬들' 덕분에 이곳에 자리를 잡았다.

싱가포르도 전 세계 모든 도시와 마찬가지로 도시 생태계가 더 이상 자국의 토종 생물로만 이루어져 있지 않다. 도시 인구와 마찬가지로 생태계도 세계 곳곳에서 이주한 생물들로 구성된다. 의도적이든 우연히 벌어진 일이든 사람들이 무역과 여행을 이어가는 동안 동식물도 사람과 함께 전 세계로 이동해왔다. 세계에서 두 번째로 큰 항구가 위치한 싱가포르처럼 인간의 활동이 최고조에 이른 곳에는 이처럼 외래 생물도 여러 종 존재한다. 이와 같은 도시 생태계는 긴 세월에 걸쳐 진화한 결과도 아니고, 특정 생물 종이 자력으로 서서히 군집을 이루며 자체적인 판단으로 발생한 결과도 아니다. 오로지 부지런한 인간의 특성에서 비롯된 결과다. 도시 생태계가 아예 토종이 아닌 생물로만 구성되는, 특히 물속에 그와 같은 생태계가 형성되는 경우도 많다. 예를 들어 샌프란시스코만의 해양 생태계는 다른 지역에서 건너온 해양 생물들이 지배한다. 선박 평형수, 즉 화물을 모두 내린 후 선박의 균형을 유지하기 위해 선체에 채우는 바닷물(그리고 그 물속에 사는 모든 생물)을 기항지 항구에서 모두 쏟아 버리면서 함께 방출된 경우가 대부분이다.

소우얀이 내 눈썹에 땀이 송골송골 맺히기 시작한 것을 본 모양이다. "목마르시죠? 뭐 한잔 마시러 갈까요?" 그는 크로포드 거리를 건너 고층 아파트 건물이 미로처럼 서 있는 곳으로 나를 데려갔다. 우리가 도착한 곳은 야생 토끼풀과 조경수로 심은 야자나무 몇 그루가 자라는 작은 광장이었다. 벽돌을 반듯하게 쌓아서 만든 높다란 굴뚝에서는 윙윙 돌아가는 수백 대의 에어컨에서 발생한 뜨거운 바람이 쉴 새 없이 뭉게뭉게 뿜어져 나오고 있었다. 소우얀과 나는 야외 푸드코트에 앉아 자반구관조가 플라스틱 테이블 다리 사이사이에 떨어진 음식을 쪼아 먹는 모습을 바라보았다. 부리는 몸의 열기를 내보내려고 살짝 열려 있었다. 새들도 도심 열섬 현상을 느끼고 있는 것이다.

지리학자 토니 챈들러Tony Chandler가 1965년에 발표한 『런던의 기후The climate of London』에서 처음 설명한 '도심 열섬' 현상은 여러 가지 원인으로 발생한다. 우선 수백만 명의 사람이 자동차며 기차, 기타 수많은 기계와 함께 좁은 땅에 밀집해서 살면서 과도한 열이 발생하고, 이렇게 생긴 열이 고층 빌딩 사이에 그대로 갇힌다는 것이 첫 번째 원인이다. 두 번째는 거리와 보도, 건물을 이룬 돌과 아스팔트, 금속이 낮 동안 태양이 발산하는 빛과 창문에 반사된 빛을 흡수하고 밤이 되면 그 열기를 방출하면서 천천히 식어간다는 것이다.

도시가 클수록 열섬의 범위도 넓다. 인구가 열 배 증가할 때마다 기온은 섭씨 3도가량 올라간다. 세계 최대 규모의 도시들은 주변 시골 지역보다 기온이 약 12도 이상 더 높아지기도 한다. 또한 도심에 뜨거운 공기가 서서히 기둥처럼 쌓이면 사방에서 도시를 향해 바람이 불어온다. 바람이 세지고 공기 기둥의 열기가 내려가면 먼지 입자가 담긴 물방울이 형성되고, 이는 도시 강우로 불리는 현상으로 이어진다. 일부 도시에서는 이처럼 독자적인 기후가 형성되는 것이다. 바람은 항상 도시 쪽으로 불고, 도시는 교외 시골 지역보다 훨씬 덥고 습해지곤 한다. 싱가포르에도 도심 열섬 현상이 발생하는 중심지가 존재하는데 바로 소우얀과 내가 땀을 흘리며 사탕수수 주스를 마시고 있는 이곳이다. 싱가포르 국립대학에서 측정한 결과에 따르면 이곳은 그렇지 않아도 후텁지근한 열대 기온보다 섭씨 7도 정도 더 높다. 이제 에어컨 바람이 나오는 소우얀의 토요타 자동차를 타고 마리나 버라지로 갈 때가 된 것 같다.

목적지에 가려면 싱가포르의 미래지향적 중심지인 다운타운 코어Downtown Core를 둘러 7킬로미터 정도 이동해야 한다. 다운타운 코어에는 개울 사이사이에 자리한 바위처럼 10차선 고속도로 주변에 현대식 건축물이 빼곡히 서 있다. 차에서 창밖을 바라보며, 나는 한때는 빌딩 사이에 존재했지만 기억에서도 다 지워진 초목들을 잠시 생각했다. 문득 도시 생태계는 분열의 생태계라는 사실이 떠올랐다.

도시는 대부분 콘크리트나 철강으로 이루어진다. 칼새와 송골매처럼 바위 위에도 앉을 수 있는 새들이나, 기상 변화에 계속해서 영향을 받는 도시의 표면에서도 필름처럼 나름의 생태계를 조성할 수 있는 극소 생명체(세균, 이끼류, 조류와 더불어 이 같은 2차원적인 서식지에서 버티고 살 수 있는 좀벌레, 톡토기 등)만 도시에 접근할 수 있다. 다른 대부분의 생명체는 토양을 필요로 하므로 투과성이 없는 도시의 표면에서 살아갈 수 없다. 양치식물인 봉미초Pteris multifida가 발아하여 공기 중을 떠돌아다니는 포자를 생성할 수 있게 하는 포장보도 한쪽의 깨진 틈처럼 아주 미미한 구석도 '토양'에 포함된다는 사실을 유념해야 한다. 혹은 버려진 스타프루트 씨앗이 자리를 잡아 뿌리를 내리거나 선충이나 개미, 나방이 서식할 수 있는 소형 생태계의 기반이 형성되는 배수관 가장자리도 토양이 될 수 있다. 물론 고작 몇 제곱미터 규모로 초목이 자라는 곳도 해당된다. 도로 양쪽에 늘어선 레인트리, 발코니 화분에서 자라는 식물들, 오퍼 로드Ophir Road의 고가도로 기둥을 타고 자라난 덤불과 덩굴식물, 심지어 갓 지어져 도도하게 우뚝 선, 뿌연 실안개가 낀 날이면 흡사 현대식 스톤헨지로 느껴지는 마리나 베이 샌즈 리조트의 지붕 정원도 모두 포함된다. 그보다 규모가 큰 녹지 공간이 될 수도 있다. 칼랑 강변 공원과 같은 작은 공원이나 부킷 티마Bukit Timah, 센트럴 캐치먼트 자연보호 지역처럼 열대우림의 흔적이 남아 있는 곳이 그러한 예에 속한다. 싱가포르 지도를 살짝 들여다보면 숲이 대부분 분산되어 있는 것을 볼 수 있다. 회색과 갈색이 주를 이룬 큰 폭의 건물들 사이사이에 녹지가 점점이 혹은 가느다란 실선처럼 끼어 있다.

200년 전에는 섬 전체를 뒤덮을 만큼 거대한 규모였던 540제곱킬로미터의 열대우림은 당시 조호Johor 지역 출신의 술탄이 영국의 제국주의를 들이도록 허용한 이후 2제곱킬로미터만 남았다(그

곳이 부킷 티마와 센트럴 캐치먼트 자연보호 지역이다). 이와 함께 20제곱킬로미터 정도 크기의 '보조' 녹지가 있다. 지도에는 우표만 한 크기로 곳곳에 자리한 녹색 부분으로 나타난다. 콘크리트 위에서 살 수 없는 생물은 이렇게 크고 작은 섬처럼 흩어진 녹지로 가야 도시에서 계속 생존할 수 있다.

그러나 섬이라는 환경은 중요한 특징이 있다. 섬의 크기가 작고 고립된 정도가 심할수록 그곳에서 살아갈 수 있는 생물의 숫자도 줄어든다는 점이다. 1960년대에 생태학자 에드워드 윌슨Edward O. Wilson과 이론 생태학자 로버트 맥아더Robert MacArthur는 '섬 생물지리학'이라는 새로운 생태학 이론을 정립해 이름을 알렸다. 이 이론의 내용은 다음과 같다.

한 무리의 섬을 떠올려보자. 실제로 바다 위에 떠 있는 섬일 수도 있지만, 점점이 분산된 서식지를 의미할 수도 있다. 각 섬에 서식하는 (예를 들어 나비와 같은) 특정한 생물 종의 규모는 두 가지로 좌우된다. 섬에 도달한 나비의 종류, 그리고 섬에서 나비가 멸종되는 속도이다. 섬의 크기가 작고 본토와의 거리가 멀수록 나비가 그곳까지 훨훨 날아가 정착하지 못할 가능성이 크다. 일단 섬에서 군집을 이룬 뒤에는 섬의 크기에 따라 해당 종의 생존 여부가 결정된다. 큰 섬에서는 개체수가 늘어나기 쉽다. 가령 수천 마리 정도로 늘어날 수 있다면 해당 생물 종의 생존 가능성도 어느 정도 안정적으로 확보된다. 그러나 섬이 작아서 20~30마리 정도 머무를 공간 밖에 없다면 폭염이나 병으로 쉽사리 멸종될 수 있다. 윌슨과 맥아더는 이러한 요소를 모두 종합하여 일련의 수학적인 규칙을 만들었다. 섬에 존재하는 생물 종의 숫자를 놀라울 정도로 정확히 예측할 수 있는 규칙이다. 대략적으로는 섬의 크기가 열 배 증가하면 발견되는 생물 종의 숫자는 두 배로 늘어난다. 나비뿐만 아니라 딱정벌레, 곤충, 조류에 모두 적용된다.

아스팔트가 바다처럼 드넓게 펼쳐지고 녹지가 군도처럼 드문드문 자리한 대도시는 섬 생물지리학자들에게 천국과도 같다. 한 예로 생태학자들은 영국 브랙널에서 차량이 오가는 로터리 중심에 둥글게 형성된 초목에 주목하고 거기에 서식하는 노린재류 곤충(대부분 식물을 먹고 사는 곤충들을 일컫는다. 벌레와 진드기, 매미 등이 포함된다)을 연구했다. 그 결과 드넓은 아스팔트 사이에 섬처럼 자리한 이 도로 위의 녹지에도 섬 생물지리학 이론이 정확하게 적용되는 것으로 나타났다. 즉 로터리의 크기(작게는 400제곱미터부터 크게는 6,000제곱미터 이상)와 그곳에 서식하는 노린재류 곤충의 종류에 완벽한 상관관계가 있는 것으로 확인된 것이다.

도로에 섬을 만드는 것은 결국 도시에 군도를 형성하는 한 가지 방법이다. 도시가 점점 팽창함에 따라 기존의 숲이 잘게 쪼개지는 과정을 통해서도 녹지가 섬처럼 섬이 형성될 수 있기 때문이다. 도시 생태계에 과거 그곳에 서식했던 생물 가운데 일부 하위 종만 남아 있는 이유도 그래서다. 호주의 생태학자 배리 브룩Barry Brook은 싱가포르 리콩첸 자연사박물관 소속 나브잣 소디Navjot Sodhi, 피터 응Peter Ng과 함께 19세기 초부터 싱가포르에 도시화가 진행된 이후 동식물이 어떻게 변화해왔는지 세밀하게 분석했다. 앨프리드 월리스Alfred Russel Wallace와 스탬퍼드 래플스Stamford Raffles 등 빅토리아시대에 활약했던 수집가와 싱가포르 자연학회(1954년에 설립)처럼 관련 정보에 정통한 학계 인사들 덕분에 싱가포르의 자연사는 상당 부분 파악됐다. 실제로 싱가포르의 자연은 그 '자체'가 역사다. 브룩 연구진은 지난 200년에 걸쳐 열대우림의 나무들이 베이고, 다른 용도로 전환되고, 세분되었으며 숲에 살던 생물들이 사라졌다고 밝혔다. 세계에서 가장 큰 난초로 알려진 호랑이 난초tiger orchid는 1900년경 사라지고 호랑이는 1930년에 마지막까지 남았던 개체가 총에 맞으면서 영원히 자취를 감추었다. 오색딱따구리great slaty woodpecker도 20세기 중반 이후 사라졌다. 동식물의 종류에 따라 다르지만 현재는 원래 있던 종의 35~90퍼센트가 아예 사라졌거나 싱가포르 동물원, 싱가포르 수목원에서 엄격한 관리를 받으며 겨우 남아 있다.

우리는 싱가포르 지속가능성 갤러리에 주차하고 걸어서 마리나 버라지를 건너 반대편에 있는 '마리나 이스트 공원'으로 갔다. 얼마 전에 다듬은 잔디밭 사이로 콘크리트 보도가 깔려 있다. 막 이울기 시작한 태양 아래 슬금슬금 떼를 지어 몰려드는 깔다구를 노리는 커다란 잠자리들이 잔디 위로 이리저리 날아다닌다. 주황색 조끼를 입고 큼직한 농부 모자를 쓴 공공 환경 관리원들은 스마트폰을 들고 잔디를 흠잡을 곳 없이 다듬었다는 사실을 기록한다. 일을 마친 이들은 험한 지형에서도 탈 수 있는 자전거나 오토바이를 타고 퇴근길에 오른다. 자전거도로에는 달아오른 콘크리트 위를 건너려다 끝내 숨을 거둔 검은색과 노란색의 커다란 노래기들이 말라붙거나 잘린 채 여기저기 널려 있다. 소우얀은 학명이 아노플로데스무스 소수리Anoplodesmus saussurii인 이 노린재도 외래종이라고 설명한다.

우리는 오른쪽으로 꺾어 탁 트인 매립지로 이어진 모래 길에 들어섰다. 해안 관목이 늘어선 길을 따라 걷다 보니 해변에 묶인 여러 대의 선박이 보인다. 저 멀리 망원경과 쌍안경을 들고 새를 관찰하러 온 사람들이 한데 모여 있다. "싱가포르에는 조류 관찰자가 2,000명 정도 있어요." 소우얀의 이야기다. "나비와 잠자리를 관찰하는 사람들도 수백 명 있고요. 조개류를 연구하는 사람들도 있지만 그리 많지는 않아요." 그러고는 쌍안경을 꺼낸다. "저 사람들 뭘 보는 거지?" 작게 중얼거리며 조류 관찰자들을 유심히 살펴보더니 이렇게 외친다. "하! 집까마귀를 보고 있군요!"

열두 명의 도시 조류 관찰자들이 최신 장비를 동원하여 도시로 온 외래종 새 하나에 온 정신을 집중하고 있다. 전 세계 어디에서나 흔히 볼 수 있는 도시 자연학자들의 모습이다. 전문가든 아마추어든 생물학자들도 일반인들과 마찬가지로 주로 도시에 거주한다. 도서관이나 자연사박물관, 자연 탐사 모임과 더불어 이들을 볼 수 있는 곳이 도시다. 도시의 생물다양성Biodiversity에 관한 정보는 상당량 집약되어 있다. 여기에 대한 관심이 뜨거운 만큼, 도시가 세상에서 가장 많은 연구가 이루어진 서식지라는 것은 그리 놀랍지 않은 사실이다. 인간과 공존하는 생물들을 향한 여러 감정이 솟구치는 곳도 바로 도시다. 다음 장에서는 집까마귀를 따라 본격 도시 생태계로 들어가본다. 열정과 비극적인 죽음, 정치적인 살인이 얽힌 이야기를 들을 준비를 하기 바란다.

4
동식물학자가 도시에서 하는 일

세계에서 집까마귀의 공격을 받은 도시는 싱가포르 하나로 그치지 않았다. 인간은 의도적으로(까마귀를 명예로운 '쓰레기 수집가'나 해충잡이로 활용하고자) 혹은 까마귀가 배에 타버린 경우처럼 의도치 않게 까마귀를 열대 지역 곳곳에 옮겨놓았다. 그리하여 집까마귀는 싱가포르뿐만 아니라 동남아시아의 다른 국가와 중동, 아프리카 동부 지역의 많은 나라에 살고 있다. 사실상 이제는 집까마귀의 서식지를 도시가 아닌 곳에서는 찾을 수가 없고 열대 지역 시내와 도심에서만 볼 수 있을 정도다. 생물철학자 톰 반 두렌Thom Van Dooren도 다음과 같이 밝혔다. "이 새들에 한해서는 '자연환경'이 곧 우리 인간이다."

그러나 1994년에 큰 변화가 일어났다. 암컷과 수컷 집까마귀가 북위 52도에 위치한 로테르담의 어느 항구에 나타난 것이다. 이들은 이집트에서 출발한 화물선에 실려 온 것으로 추정된다. 원래 열대기후에 사는 이 새들은 놀랍게도 1996년 연말부터 1997년 연초까지 영하 20도까지 뚝 떨어진 혹독한 추위를 견디고 살아남았다. 심지어 이듬해에는 둥지를 짓고 새끼까지 낳았다. 그때부터 집까마귀의 숫자는 계속 늘어나, 항구에 버려진 선박용 밧줄에서 뽑아낸 것으로 보이는 형형색색 나일론 끈으로 축구장 주변 나무에 둥지를 틀고 군집을 이루었다. 태어난 새끼에게는 항구 근처의 '물고기 천국'이라는 생선 가게에서 훔쳐 온 생선과 감자튀김 찌꺼기를 먹였다. 2013년까지 집까마귀의 숫자는 약 서른 마리까지 늘었다. 조류 관찰자들은 주기적으로 항구에 내려와 이 반지르르한 새들을 관찰하고 기록하곤 했다.

원래 지구상에서 가장 더운 기후에 살던 새들이 어떻게 극지방에 가까운 곳을 서식지로 삼을 수 있게 되었는지는 풀리지 않은 수수께끼로 남아 있다. 도심 열섬의 영향이 있었을 것으로 추정되고, 해안 지역 기후가 온화하다는 점도 영향을 미쳤을 것이다. 이 미스터리에 대해서는 나중에 다시 이야기하기로 하고, 우선 로테르담에서 발견된 이 흥미로운 까마귀들이 처한 서글픈 운명을 살펴보자.

모두가 지역 동식물 연구가들처럼 따뜻한 시선으로 이들을 바라본 건 아니었다. 특히 지역 정부는 전혀 그런 시선으로 보지 않았다. 까마귀가 정착하는 곳마다 해충 같은 존재로 여기며 경계하던 정부는 이 새들을 모두 없애라는 명령을 내려 로테르담의 수많은 조류 애호가에게 절망을 안겼다. 처음에는 동물 보호 운동을 벌여온 한 NGO에서 집까마귀를 법적으로 보호받을 수 있는 생물 종 목록에 겨우 등재시켰다. 그러자 정부 당국에서는 이 목록에서 집까마귀를 삭제하기 위한 절차를 밟기 시작했고 결국 2014년, 법원에서는 전문 사냥꾼을 고용하여 집까마귀를 전부 없애도 된다는 새로운 명령을 내렸다.

그러나 박멸은 생각처럼 쉽지 않았다. 훅반홀란트 지역 주민들은 '집까마귀 구하기' 위원회를 조직하고 이 새들을 모조리 없애려는 조치에 격렬히 저항하며 정부가 고용한 사냥꾼들의 활동을 가로막았다. 한 사냥꾼이 갈까마귀로 불리는 토종 조류 코버스 모네둘라 Corvus monedula를 모르고 쏴 죽였다는 사실까지 알려지면서 사태는 더욱 악화됐다. ("정말, 너무 비슷하게 생겼다고요." 네덜란드 신문 《알헤멘 다흐블라트Algemeen Dagblad》와의 인터뷰에서 문제의 사냥꾼은 이렇게 밝혔다.) 집까마귀도 예상보다 영리했다. 사냥꾼이 한 마리를 죽여 봉지에 넣고 나면 다른 새들은 즉각 경계 태세를 취했다. "제 차가 나타나면 곧장 경계하는 울음소리가 들렸습니다. 말도 못 하게 똑똑한 새들이에요."

그렇게 2년 내내 교착상태가 지속됐다. 사냥꾼들은 사냥감을 속이려고 아내가 모는 소형차를 몰고 다니고, 새가 알아보지 못하도록 우스꽝스러운 빨간 모자를 쓰고 나타나기도 했지만 개체수가 점차 줄어들던 까마귀들은 늘 재빨리 피하며 가까스로 위기를 모면했다. 그 와중에도 사냥은 이어졌고 공기총이 수차례 발사된 결과 대부분의 까마귀가 희생당했다. 이렇게 잡힌 새들은 현재 로테르담 자연사박물관에 보관되어 있다. 아직 많은 수가 살아 있다는 소문이 있지만 얼마나 남았는지, 혹은 정말로 남은 까마귀가 있다면 정확히 어디에서 살고 있는지 믿을 만한 정보를 얻기가 어렵다. 동식물 연구가들이 야생동물을 발견하면 보고하는 네덜란드 웹 사이트 'waarneming.nl'에도 집까마귀에 관한 소식은 사냥꾼들 귀에 들어갈까 봐 전혀 올라오지 않고, 페이스북을 중심으로 활동하면서 까마귀 상황을 집중적으로 살피던 단체도 과묵한 태도로 일관하는 상황이다. 내가 물고기 천국이라는 그 생선 가게가 있는 곳에 방문할 계획을 세우고 '집까마귀 구하기' 위원회의 사빈 리트케르크Sabin Rietkerk에게 연락해서 달아난 새들의 위치를 물었을 때도 내 의도를 의심스러워하는 반응이었다. 페이스북을 통해 한참 대화를 나눈 후에야 사빈에게 내가 나쁜 목적으로 새를 찾는 것이 아니며 사냥꾼 앞잡이가 아님을 확신시킬 수 있었다. 처음에는 훅반홀란트 지역에 더 이상 집까마귀가 살지 않는다고 했던 그녀는 나중에야 일부 새가 살아남았으며, 내가 방문하려는 곳을 떠나 더 안전한 장소를 골라서 영리하게 위치를 바꿔가면서 살고 있다고 전했다. "사람들이 사는 곳 어딘가에 숨어 있어요. 사냥꾼들이 잡을 수 없는 곳이죠. 쇼핑몰에서 운 좋게 만날지도 몰라요." 사빈의 설명이었다.

그리하여 어느 여름날 아침, 나는 훅반홀란트의 상업 중심지로 탐험을 떠났다. 로테르담 왼쪽에 형성된 교외 지구로, 집까마귀의 서식지라고 알려진 곳이었다. 바람이 세게 부는 둥근 광장 가장자리에는 카페들과 신문 판매소, 슈퍼마켓 두 개가 치열한 경쟁을 벌이고 있었다. 주류 판매점 하나가 싹둑 잘린 느릅나무와 함께 나란히 서 있었다. 쌍안경을 들고 계속 들여다봐도 갈까마귀와 재갈매기만 보였다. 그러다 광장을 두 바퀴째 걸으려던 순간 바로 내 오른쪽 앞에, 쇼핑백을 쥐고 사람들이 걸어 다니는 길을 총총 건너가는 새가 눈에 들어왔는데, 분명 인도 집까마귀였다(불과 몇 주 전 싱가포르에서 본 집까마귀와 생김새가 같았다). 성큼성큼 걷는다는 표현이 더 어울리는 움직임이었다. 기다란 다리는 섬세한 발로 이어지고 우아한 광택이 흐르는 검은색 몸의 목둘레는 회색빛을 띠는 은갈색이었다. 높은 이마와 긴 부리도 인상적이었다. 내가 조심스럽게 재빨리 사진을 한 장 찍자마자 새는 보도로 폴짝 뛰어올라 느릅나무 가지 사이로 바스락 소리를 내며 들어가더니 눈앞에서 사라졌다. 바로 그 나무 옆에 카페 테라스가 있어서, 나는 테이블에 자리를 잡고 앉아 커피를 한 잔 주문했다. 까마귀는 곁에 있는 나뭇잎 사이에 숨어 거친 소리와 노래하는 듯한 새된 소리를 번갈아 내면서 울었다. 페이스북으로 사빈 리트케르크에게 내가 찍은 사진을 보냈더니 곧바로 답장이 왔다. "오, 좋아요, 찾으셨군요. 이 녀석은 그 일대에 자주 나타난답니다. 목소리가 굉장히 큰 녀석이죠. 너무 예쁘지 않나요?"

몇 시간 뒤에 나는 로테르담 자연사박물관 전시실에 서서 뻣뻣하게 굳은 스물여섯 마리의 박제된 집까마귀 표본이 담긴 마분지 상자를 내려다보았다. 상자에는 로테르담 집까마귀라는 이름이 깔끔하게 붙어 있었다. 정부가 고용한 사수들이 남긴 납 총알도 그대로 박힌 채였다. 아침에 거리를 한가로이 거닐던 그 녀석의 형제자매이거나 부모, 삼촌, 이모일지도 모르는 새들이다. 그렇게 뻣뻣한 모습으로 줄지어 누운 까마귀들의 윤기 나는 까만 깃털을 보니, 흡사 폭력배들끼리 큰 싸움을 벌인 뒤에 비닐에 담겨 현장에 줄줄이 눕혀진 시체들을 보는 느낌이었다. "정말 예쁜 새들이에요." 박물관 관장인 케이스 물리커르Kees Moeliker도 말했다. "물론 훅반홀란트에서 벌어진 일은 안타깝게 생각합니다. 생태학적인 이유가 아니라 정치적인 이유로 사냥을 했으니까요. 그래도 죽은 새들을 이 박물관에 보관해야 한다고 정부 기관을 설득할 수 있어서 다행이라고 생각해요. 그렇지 않았다면 그냥 폐기했겠죠. 유럽에서 발견된 개체는 이 새들이 유일합니다. 그래서 아주 특별하고 훌륭한 연구 재료에요."

집까마귀 표본은 이 박물관에 나날이 늘어나고 있는 도심 자연사 표본 중 가장 최근에 수집된 것이다. 물리커르는 박제된 여우로 가득한 철제 선반 쪽으로 나를 안내했다. 곤충이 접근하지 못하도록 투명 비닐로 싸여 있었다. 지난 10년간 주변 시골에 살던 여우들이 도시로 들어오고 있는데, 그러다 차에 치이면 표본으로 제작되어 박물관으로 보내진다. 얼마 전에 확보한 여우 표본은 부지런한 큐레이터들 덕분에 위 내용물까지 그대로 보존되었다고 한다. 여우와 함께 전시된 위 내용물은 흡사 다섯 가지 음식이 나오는 코스 요리 같았다. 로즈힙, 작은 토끼, 사과, 도너 케밥, 진득한 시럽에 절인 체리까지. 음식 종류만 봐도 시골에 살다가 도시로 오면서 여우의 식생활이 어떻게 바뀌었는지 알 수 있다.

이 박물관은 도시에서 사라져가는 생물에도 각별한 관심을 기울인다. 로테르담에서 가장 큰 공원인 크랄링서 보스Kralingse Bos에 살다가 1990년대부터 멸종된 청설모도 그러한 생물 중 하나다. 물리커르는 널빤지에 붙인 나뭇가지에 핀으로 대충 고정해둔 박제 다람쥐를 집어 들었다. "몇 년 전에 할머니 한 분이 이걸 가지고 오셨습니다. 보통 이렇게 장식용으로 만든 수집품은 받지 않는데, 그 할머니 말씀이 이 다람쥐가 1966년에 크랄링서 보스에서 죽은 채로 발견됐다고 하시더군요. 청설모 개체군이 번성하던 시절의 표본은 처음이었죠. 참 사려 깊은 분이셨어요."

박물관의 공공 전시실을 계속 따라가보니 '도심 자연'이라는 주제가 한층 더 자유분방하게 드러난 수집품들이 나타났다. 어느 진열장에는 백조와 비둘기가 플라스틱 물병, 폴리스티렌 덩어리, 철사, 고무줄 등 원래 필요로 하는 나뭇가지나 잔가지보다 도시에서 훨씬 더 쉽게 구할 수 있는 재료로 만든 둥지들이 보관되어 있다. 도시 한가운데서 이토록 많은 종류가 발견됐다는 사실이 놀라울 정도로 엄청나게 다양한 나방도 진열되어 있었다. 식물 코너에는 보통 염분이 많은 해안에서 자라지만 겨울철에 염분이 상승하는 도시 도로변에서도 자라기 시작한 여러 종류의 야생화와 원래는 유럽 남부 산악 지대의 돌출된 암벽에서 자라지만 이제는 로테르담의 도심 열섬 현상의 영향을 받아 돌벽 사이에서도 잘 자라는 식물 들이 진열되어 있었다.

그러나 압권은 '죽은 동물의 이야기'라는 제목이 붙은 전시실이었다. 박물관 중앙의 홀에 일렬로 세워진 진열장에는 도시에서 공생하는 인간들과 상당히 인상 깊은 방식으로 맞닥뜨린 동물 표본들이 세심하게 걸려 있다. 예를 들어 '맥플러리-고슴도치'라는 이름 아래에는 고슴도치Erinaceus europaeus 한 마리가 맥도날드의 소프트아이스크림 제품인 맥플러리 통의 상단 구멍에 머리가 박힌 채로 죽음을 맞이한 볼품없는 모습을 그대로 전시해놓았다. 전시된 동물은 이 유명한 패스트푸드 디저트에 비슷하게 희생된 수많은 고슴도치들 가운데 한 마리에 불과하다. 이 표본 옆에 걸린 설명문에는 다음과 같은 글이 적혀 있다. '고슴도치는 통에 남은 아이스크림을 먹으려고 뚜껑에 난 넓은 구멍으로 머리를 집어넣는다. 그러나 척추의 구조상 뒤로 빠져나오지 못해서 그대로 굶어죽거나 통을 쓴 채로 걸어가다 물에 빠져 죽는다.'

집참새Passer domesticus 표본도 이곳의 고전적인 전시 동물이다. 그 옆에는 플라스틱 버터 용기와 함께 '도미노 참새'라는 이름이 검은색 마커펜으로 적혀 있다. 2005년, '도미노의 날'을 맞이하여 텔레비전 생중계를 앞두고 400만 개의 도미노 타일이 큰 홀에 세워졌다. 그런데 참새 한 마리가 이 홀에 들어왔고 겁에 질린 나머지 세워놓은 타일을 쓰러트린 것이다. 타일이 23,000여 개까지 쓰러졌을 때 누군가 이 사태를 해결하기로 마음먹고, 가지고 있던 총으로 그 명예로운 역할을 해냈다(그는 집까마귀의 적이 된 전문 사냥꾼이기도 하다). 도미노 참새 옆에 적힌 설명이 워낙 명쾌해서 그대로 인용한다. '이 참새의 죽음으로 큰 소동이 벌어졌다. 그리고 그 소동을 둘러싼 소란이 이어졌다. …… 적극적인 로비를 벌인 끝에 …… 본 박물관에서는 죽은 참새와 사체를 보관해두었던 버터 통을 함께 획득할 수 있었다.'

이 박물관은 로테르담 도심에 사는 동식물을 볼 수 있는 주요 보관소인 동시에 로테르담의 생물학적 다양성에 조금이나마 공헌하고픈 시민들이 모이는 중심지다. 전 세계 다른 도시들과 마찬가지로 로테르담의 인구도 빠르게 증가하고 있다. 그리고 세계에는 곤충이나 식물을 수집하고 나비와 식물, 조류의 모습을 자신의 스마트폰 카메라에 담는 열정적인 사람들이 아주 많다. 이들은 옵저바도Observado나 아이내추럴리스트iNaturalist와 같이 전 세계 '시민 과학자'들이 이용할 수 있는 인터넷 플랫폼에 관찰 내용을 기록하기도 하고 도시의 생물다양성을 지키는 핵심 지역을 보존하기 위해, 혹은 유서 깊은 상징적인 나무나 희귀한 생물을 지키기 위해 시민운동을 벌이기도 한다. 로테르담 시내에도 다양한 자연보호 관련 단체가 있다('집까마귀 구하기'처럼 한 가지 사안을 집중적으로 다루는 단체도 포함된다). 물리커르는 박물관의 '로테르담 도시 생태계 부서'에서도 열성적인 아마추어 동식물 연구가들을 위한 대규모 네트워크를 운영하고 있다고 설명했다.

의욕 넘치는 로테르담 시민 중 일부는 1917년에 설립된 네덜란드 왕립 자연사학회KNNV의 지부 회원으로 활동을 시작했다. 전 세계 대도시에 마련된 자연 관련 협회들도 이와 비슷하게 20세기 초반 전후에 설립된 경우가 많다. 파리와 벨파스트, 뭄바이, 런던의 자연사학회가 설립된 연도는 각각 1790년, 1821년, 1883년, 1913년이다. 즉 도시에서 활동하는 동식물 연구가들이 나타난 것이 최근의 현상만은 아니라는 의미다. 그런데 물리커르의 전임자로 박물관 관장을 지낸 옐러 뢰머Jelle Reumer는 저서 『로테르담의 야생동물Wildlife in Rotterdam』에서 20세기 중반 전 세계 자연 관련 단체들에서 나타난 흥미로운 변화를 지적했다. 그는 이 점을 설명하기 위해 2장에서 언급한 에릭 샌더슨의 매나하타 프로젝트를 기록한 책 『매나하타Mannahatta』를 참고 자료로 활용했다. 로이머의 책에는 19세기 초부터 오늘날까지 나온 책 가운데 뉴욕의 생물학적 다양성에 관한 정보가 기록된 현장 가이드북들이 정리되어 있다. 뢰머가 주목한 것은 20세기 중반 전까지는 이 책들의 제목에 '부근, 인근'이라는 단어가 반드시 들어갔다는 점이다. 『뉴욕 인근의 이끼 성장에 관한 개략적인 관찰Synoptical View of the Lichens Growing in the Vicinity of New York』(1823), 『뉴욕시 인근의 개구리와 두꺼비The Frogs and Toads in the Vicinity of New York City』(1898), 『뉴욕 인근의 식물들Plants of the Vicinity of New York』(1935)과 같은 식이었다. 그러나 1950년대 후반부터는 『뉴욕시 자연의 역사A Natural History of New York City』(1959), 『뉴욕의 자연: 뉴욕시의 야생동물과 야생 지역, 자연현상Wild New York: A guide to the wildlife, wild places and natural phenomena of New York City』(1997), 『센트럴파크의 실잠자리와 잠자리Damselflies and Dragonflies of Central Park』(2001)와 같이 '주변 환경'을 지칭하는 표현들이 제목에서 사라졌다.

이는 최근 수십 년간 벌어진 변화를 보여주는 뚜렷한 증거라 할 수 있다. 도시를 도시 경계 너머의 자연환경을 탐험하기 위한 편리한 베이스캠프로 여기는 대신 도시 자체가 도시 자연을 연구하는 학자들의 주된 관심사가 된 것이다. 아마추어 연구자들에게만 이런 변화가 생긴 것은 아니다. 1960년대와 1970년대에 베를린 대학교 소속 독일 식물학자 헤르베르트 수코프Herbert Sukopp를 중심으로 도시의 생물다양성을 조사하는 연구단이 활약했다. 냉전 시대였던 당시에 서베를린은 거의 접근이 불가능했던 동독과 대조를 이루는 서쪽의 도시 거주 지역이었다. 따라서 서베를린의 생태학자들은 선택의 여지없이 자신들이 사는 도시환경에 관심을 집중했다. 이들의 헌신적인 노력을 바탕으로 수코프 연구진은 심층적인 도시 생태 연구의 요람 역할을 하게 되었다.

다른 나라들도 그 뒤를 이었다. 멜버른에는 '호주 도시 생태 연구 센터'가 있고 시애틀에는 이 책 뒷부분인 19장에서 다시 소개할 마리나 앨버티Marina Alberti의 '시애틀 도시 생태 연구소'가 있다. 바르샤바에는 마르타 슐킨Marta Szulkin이 이끄는 '야생 도시 진화·생태 연구소'가 운영되고 있다. 영어로 된 최초의 도시 생태학 교과서는 영국과 미국에서 1970년대에 출판되었고《도시 생태학자Urban Naturalist》,《도시 생태계Urban Ecosystems》와 같은 학술지도 이미 20년 전에 등장했다. 더불어 국제 학회인 '도시 생태학회'도 조직되어 매년 전 세계 도시 생태학자들이 한자리에 모여 협의회를 연다.

이처럼 전문가인 생물학자들도 현재 도시의 생물 서식지에 점점 더 많은 관심을 기울이고 있다. 도시 자연을 연구하는 시민 과학자들을 위한 웹 사이트도 인터넷에서 어렵지 않게 발견할 수 있다. 세계 곳곳의 대도시마다 각 지역의 조류와 식물, 곤충에 관한 정보가 담긴 책과 안내 자료가 있으며, 지역 야생동물을 고화질 사진으로 촬영하는 사람들도 늘어나고 있다. 야생동물을 찾기 위해 크라우드 펀딩이 활용되기도 한다. 심지어 도시 자연을 담은 영화도 제작되어, 2015년에 개봉한〈암스테르담의 야생동물Amsterdam Wildlife〉의 경우 네덜란드의 극장 여섯 군데에서 상영됐다.

이 모든 활동을 통해 우리는 도시의 생물학적 다양성을 좀 더 상세히 알 수 있게 되었다. 곤충학자 데니스 오웬Denis Owen과 같은 개별 동식물 연구자들이 수도에 가까운 헌신으로 연구에 임한 덕분이기도 하다. 데니스 오웬은 1970년대에 영국 레스터시에 자리한 자신의 집 정원에 '말레이즈 트랩Malaise trap'이라는 장치를 설치하고 몇 년간 끈질긴 연구를 이어갔다. 말레이즈 트랩은 나일론 재질로 된 일종의 작은 텐트로, 곤충이 안으로 들어올 수 있지만 나가지는 못하는 구조로 되어 있다. 텐트 안에 들어온 곤충이 계속 위로 기어오르다 보면 꼭대기에 달린 알코올 통으로 미끄러져 떨어지게 된다. 오웬은 이 트랩을 이용하여 총 81종에 해당하는 17,000여 마리의 꽃등에를 채집했다(영국 전역에서 발견되는 전체 꽃등에 종류의 약 25퍼센트). 기생벌인 맵시벌ichneumonid도 이 트랩으로 무려 529종이나 잡혔다. 여기에다 오웬은 직접 제작한 그물로 정원에서 10,828종(!)의 나비를 잡았다. (일반적으로 나비는 말레이즈 트랩에 들어오지 않는다.) 그가 잡은 나비는 총 21종으로 확인됐다. 오웬은 잡은 나비를 한 마리도 빠짐없이 다시 날려 보냈는데, 같은 나비를 중복해서 세지 않도록 잡은 나비의 날개에는 일일이 펜으로 표시하는 수고까지 감수했다.

이처럼 슈퍼맨에 가까운 헌신적인 연구는 이례적인 사례이고, 그 외 도시의 생물다양성 연구를 위한 '탐험'은 여러 사람이 공동으로 실시했다. 네덜란드 왕립 자연사학회 로테르담 지부에서는 1970년대에 도심 속 세 곳의 철로 사이에 형성된 삼각형 모양의 버려진 땅에 서식하는 모든 곤충과 식물을 목록으로 작성했다. 워싱턴 D.C.에서 1996년에 처음 등장한 '바이오블리츠BioBlitz'라는 명칭이 이제는 전문 과학자와 아마추어 과학자가 대규모로 모여 24시간 동안 특정 공원이나 기타 소규모 서식지의 생물학적 다양성을 함께 연구하는 행사를 가리키는 용어로 자리 잡았다. 미국에서는 '도시 자연 챌린지City Nature Challenge'라는 행사도 매년 개최된다. 이 행사에서는 전 세계 대도시에서 활동하는 도시 과학자들이 참가하여(2017년에는 16개 도시에서 참여했다) 일주일간 경쟁적으로 생물다양성 조사를 실시한다. 더 흥미로운 행사도 있다. 프랑스의 '아스팔트 속 아름다움Belles de Bitume'이라는 단체에서는 전국적으로 '생태학적 거리 예술'을 선보인다. 아마추어 식물학자들이 도시의 도로와 보도에서 자라는 야생식물을 찾고, 그 옆에 해당 식물의 명칭을 다채로운 색깔의 분필로 써넣는 행사다.

아마추어 동식물 연구가들의 손에서 기존에 알려진 적 없는 새로운 생물 종이 발견되기도 한다. 데니스 오웬이 영국 자신의 집 정원에 설치한 말레이즈 트랩으로 잡은 기생벌 중 두 종은 과학계에 처음 보고된 종류였다. 1995년 10월 중순에는 일본 남부 도시 우와지마에 살던 미츠히사 후쿠다가 집 바닥 아래에 파이프를 설치하다가, 물을 잔뜩 머금은 지하의 흙에서 물방개 두 종류를 발견했다. 눈이 보이지 않고 지하에 서식하는 것이 특징인 이 물방개들은 이전까지 한 번도 보고된 적이 없는 종이었다. 2007년 뉴질랜드 웰링턴에서 실시된 바이오블리츠 행사에서도 새로운 규조류가 발견되었고, 2014년 브라질에서는 연체동물 전문가 두 명이 상파울루(세계에서 가장 큰 도시 중 하나) 도심 한복판에 위치한 작은 공원 버를 막스 파크Burle Marx Park에서 숨어 살던 새로운 달팽이를 발견했다. 같은 해 뉴욕과 뉴저지 도심지에서는 자유의 여신상 바로 근처에서 대서양 연안 표범개구리에 속하는 신종 개구리 라나 카우펠디Rana

Kauffeldi가 발견됐다.

이처럼 명확한 사례들에도 불구하고, 도시의 생물학적 다양성이 풍부하다는 생각은 착각에 불과할까? 물론 대부분의 생물학자와 동식물 연구가는 도시에 살고 있으며, 따라서 다른 곳보다는 자신이 머무는 곳에서 야생동물을 더 많이 발견했을지도 모른다. 그러나 레스터시에서(주변 시골 지역이 아닌) 529종의 맵시벌이 발견된 곳은 데니스 오웬이 사는 집 주소지 한 곳뿐이었다. 암스테르담에서는 암스테르담서 보스Amsterdamse Bos라는 공원에서 20세기 중반에 딱정벌레 전문가인 노네켄스A.C. Nonnekens가 이 도시 공원 단 한 군데에서만 천여 종에 가까운 딱정벌레를 찾아냈다(네덜란드 전체에 서식하는 종류의 약 25퍼센트). 마찬가지로 브뤼셀에서는 벨기에 전체에 서식하는 식물의 절반가량을 볼 수 있다. 이 사실은 당연히 브뤼셀에서 활동하는 대규모 벨기에 식물학자들의 연구로 확인되었다.

하지만 이것은 일부만 정답이다. 생태학자들이 표준화된 방식에 따라 도시부터 시골까지 경계선을 그리고 구획별로 무작위로 선정한 땅에서 표본을 수집하여 분석한 결과를 보면, 보통 도시의 생물학적 다양성은 기대만큼 크지 않다. 어떤 식물이나 곤충의 생물다양성이 최고점에 이르는 경우는 드물게 나타난다.

그렇다면 자연사를 조사하기 위한 이 모든 활동에서 우리는 생물학적 다양성에 관한 어떤 사실을 알 수 있을까? 우리는 도시 공간을 어떤 식물과 동물, 균류, 세균과 공유하고 있을까? 분명 외래종도 많을 것이다. 토착종도 원래 살던 서식지와 비슷한 도시환경에서라면 우연히 발견되기도 한다. 또 도심 정글의 한구석, 눈에 잘 띄지 않는 곳에 남겨진 야생 자연환경에서 생존하는 종도 있다. 특정한 생물 종이 도시에서 번성하거나 사라지는 것은 정확히 어떤 요소로 좌우될까? 이어지는 두 장에서는 무엇이 도시 생물 종을 만들거나 없애는지 살펴보기로 하자.

5
아주 전형적인 현대 도시민

고딕체 덴마크어로 채워진 463쪽 분량의 문서. 게다가 썩 훌륭하지 않은 품질로 스캔되어 구글 북스에 올리온 자료를 레이던에서 흐로닝언으로 향하는 시외 기차에서 허술한 와이파이를 끌어다가 봐야 하는 상황이었다. 도시 식물에 관한 사상 최초의 참고 자료를 결국 확인하지 못한 주된 이유다. 유럽의 도시 생태학 연구를 이끈 독일의 원로 학자 헤르베르트 수코프에 따르면, 요아킴 쇼Joakim Schouw가 1823년에 발표한 이 두툼한 책 『식물 일반지리학의 기초』에 도시 식물이 처음으로 언급된다. 수코프의 설명을 그대로 인용하자면, 쇼는 내가 도저히 접근할 수 없었던 이 책 어딘가에 다음과 같이 알파벳을 하나하나 일부러 띄어 써서 해당 내용을 강조했다. "솜엉겅퀴Onopordon Acanthium, 도꼬마리 Xanthium strumarium와 같이 도시와 시내 인근에서 발견되는 식물은 'p l a n t a e u r b a n a e(도 시 식 물)'라 칭한다. 이와 같은 식물은 대부분 외래종이며 도시와 시내 근처에서만 발견된다."

200년 전 식물학자들도 외래 생물 종이 도시의 생물다양성에 중대한 영향을 준다는 사실을 이미 인지했다는 것이 흥미롭다. 당시만 해도 도시에 외래 식물이 유입되는 주된 경로는 없었다. 화원도 없었고 새 모이용 씨앗이 곳곳에 흩뿌려지지도 않았으며 농산물이 전 세계로 유통되지도 않았다. 애완동물 무역이 없었던 것은 물론이고 다양한 식물이 비행기와 철도, 자동차에 어쩌다 묻어서 이동하는 일도 지금처럼 흔하지 않았다. 이제는 이런 일이 비일비재하여, 도시로 너무나 다양한 외래 생물 종이 모여든다. 때문에 쇼가 살던 시대보다 오늘날의 도시 생태계가 전 세계에서 온 다양한 종으로 구성되는 경향이 강하다는 사실도 그리 놀랍지 않다. 유럽과 북미 대륙의 도시에서는 야생식물의 35~40퍼센트가 외래종이다. 베이징 도심의 경우 53퍼센트에 이른다. 때로는 사회경제적인 요소가 지대한 영향을 준다.

애리조나주 피닉스의 식물학자들은 200군데 이상의 장소에서 식물의 다양성을 분석했다. 도시와 주변 지역에서 조사할 장소를 가로세로 30미터 크기로 무작위 선별하여 살펴본 결과, '해당 지역에 사는 사람들'이 한 장소에서 얼마나 다양한 식물을 발견할 수 있는지를 좌우하는 강력한 요인인 것으로 나타났다. 즉 형편이 괜찮은 주민들이 사는 곳일수록 그곳에서 발견되는 식물도 다양했다. (연구진이 '호화로움 효과'라고 칭한) 이 영향은 여행과 무역, 그리고 잘 손질된 정원의 테두리를 벗어나려는 외래종 식물의 끈질긴 시도가 도시 중심에서 식물의 다양성이 풍부해지는 원인임을 분명하게 보여준다.

도시의 동식물학자들이 도시에서 굉장히 다양한 식물과 마주치게 되는 첫 번째 이유는 해외에서 끊임없이 유입되는 이주민들이다. 그리고 두 번째 이유는 사람들이 정착할 만한 장소로 정하고 집을 짓는 곳, 그래서 나중에 도시로 성장하게 되는 장소들이 애초부터 생물이 번성하던 지역인 경우가 많다는 점이다. 지도를 펼치고 세계에서 가장 큰 도시들이 어디에 위치하고 있는지 살펴보면, 산속 고원지대나 사막, 그 외에 생물학적으로 열악한 환경은 아니라는 것을 알 수 있다. 강과 바다가 만나는 어귀와 범람원, 비옥한 저지대 등 인간이나 야생동물의 입장에서 충분한 식량을 구할 수 있고 다양한 장소를 서식지로 택할 수 있는 곳이 주를 이룬다. 다시 말해 도시에 생물학적 다양성이 풍성한 이유는 도시가 형성되기 전부터 이미 그런 장소였기 때문이다. 이와 같은 다양성 중 일부는 도시가 형성된 이후에도 남아 있는 서식지에 그대로 유지되고, 도시가 성장해도 사라지지 않고 용케 일부로 포함된다. 이 책 앞부분에서도 설명했듯이 싱가포르의 토종 동식물은 대부분 도시 성장 이후에도 보존된 극히 일부의 원시림에서 발견된다.

도시의 생물학적 다양성이 풍부한 세 번째 이유는 도시 경계와 맞닿은 외곽 지역에 있던 우수한 서식지가 사라졌기 때문이다. 오늘날 실제로 도심 지역이 주변 시골 지역보다 생태학적인 오아시스 기능을 하는 경우가 많다. 과거에는 시골(자그마한 밭과 목초지, 울타리, 덤불, 개울, 연못이 뒤엉킨 로맨틱한 풍경)이 생물학적으로 풍성했으며 곳곳에 갖가지 생물이 살 수 있는 아늑한 장소와 틈도 많았다. 19세기에 뉴욕에서 활동하던 동식물학자들이 도시 '근교'를 탐험하러 나선 것도 이런 이유 때문이다. 당시 도심의 닳고 닳은 황무지 같은 생물다양성은 교외의 목가적이고 행복한 풍경과 달리 공업 오염 때문에 훨씬 보잘것없었다. 그러나 오늘날 수많은 국가에서 이런 상황이 뒤집어졌다. 강박적으로 깔끔하게 정리된 농촌의 들판과 농장은 기계로 한 치의 오차도 없이 곧게 형성된 수로를 경계로 구획이 나뉜다. 도시가 점차 확장될수록 경작지가 야금야금 줄어드는 상황에서 농경지는 한 뼘도 노는 곳이 없도록 농업 생산량을 최대한 쥐어짜듯 끌어올리는 실정이라 오히려 생물다양성이 보존될 만한 공간은 거의, 혹은 아예 사라졌다. 따라서 비옥하고 기하학적인 구조로 형성된 농촌보다 뒷마당과 녹화된 옥상, 오래된 돌벽, 풀과 잡초가 제멋대로 자란 하수 시설과 도심 공원 등이 마구 뒤엉킨 거대한 도시가 오히려 수많은 야생동물의 피난처가 되었다.

식물학자인 즈데나 호호루스코바Zdena Chocholoušková와 페트르 피셰크Petr Pyšek는 체코 플젠에서 이처럼 판이 뒤집힌 상황을 조사했다. 과거 130년 동안 플젠시와 주변 지역에서 식물이 어떻게 변화했는지 기록된 고문서와 보고서, 식물 표본집을 분석한 결과, 두 사람은 도시 내에서 발견된 식물 종이 19세기 후반 478종에서 1960년대 595종, 현재는 773종으로 서서히 증가했다는 사실을 확인했다. 그런데 주변 시골 지역은 이와 정반대되는 추세가 나타났다. 1,112종에서 768종으로, 다시 745종으로 줄어든 것이다. 왜 이런 일이 벌어졌을까? 20세기에 이르러 시골 지역은 농업의 강도와 밀도가 높아지면서 다양한 식물이 살기에는 더욱 열악한 환경이 되었지만 도시의 상황은 그와 반대였다는 점이 영향을 준 것으로 보인다. 약간 감상적인 표현을 허락한다면, 시골에서 고발당하고 위법으로 간주되는 잡초가 도시의 벽을 피난처로 삼은 격이라고 할 수 있다.

도시를 피난처로 삼는 생물은 대부분 대형 척추동물이다. 시드니에는 숲칠면조가, 시카고에는 코요테가, 런던에는 여우가, 뭄바이에는 표범이, 구자라트에는 늪지악어가 나타나는 등, 전 세계 도시에서 덩치 큰 조류와 포유류, 파충류 들이 목격되고 있다. 그중에는 위험한 동물도 많다. 이런 동물들은 몸집 때문에 눈길을 사로잡긴 하지만, 도시의 생물다양성을 비슷한 수준으로 변화시키면서도 눈에 잘 띄지 않는 수천 종의 다른 생물들에 비하면 빙산의 일각에 불과하다. 다만 거대 동물은 도시인들 특유의 느긋한 태도 때문에 원래 서식지보다 도시를 더 살기 좋은 곳으로 받아들이는 경우가 많다.

코요테를 예로 들어 생각해보자. 1980년 학술지 《아메리칸 미들랜드 내추럴리스트American Midland Naturalist》에는 살던 곳을 이탈하여 네브라스카주 링컨 시내에 서식하는 코요테의 행동을 관찰한 논문이 실렸다. 이후에도 코요테는 도시로 대거 이동했다. 오하이오 주립대학교의 도시 동물학자 스탠리 게허트Stanley Gehrt는 시카고에서 수백 마리의 코요테를 잡아 귀에 표식과 마이크로 칩을 달았다. 그의 추정에 따르면 현재 도시에 서식하는 코요테의 수는 2,000마리가 넘는다. 게허트는 이 가운데 400마리에 무선 송신기와 GPS 장치를 설치하여 철로를 따라 돌아다니거나 신호등 앞에 서 있는 모습, 주차장 건물 지붕에서 새끼를 키우는 모습도 지켜보았다. 동물들이 도시 생활에 찌든 전형적인 현대인처럼 살아가면서도 이 같은 생활을 즐기는 주된 이유 중 하나는 도시에 성가신 요소들이 없다는 점이다. 시골에 사는 코요테와 비교할 때 도시의 코요테들이 폭력적인 죽음을 맞이할 확률은 4분의 1이다. '현재 우리가 접하는 육식동물 중 일부는 인간에게 괴롭힘을 당하는 경우가 거의 없다. 따라서 이 동물들은 50년 전 같은 동물의 조상들이 인간을 보던 것과는 상당히 다른 시각으로 도시를 바라본다. 과거에는 인간과 마주치면 총에 맞을 확률이 아주 높았다.' 게허트는 2012년 《대중 과학Popular Science》이라는 매거진에 이와 같은 견해를 밝혔다.

"그런 동물 여기도 있다네." 지구 반대편에 사는 호주 숲칠면조Alectura lathami가 그 이야기를 들었다면 불쑥 이렇게 한마디 보탤지도 모른다. '인공 포육을 하는 조류(모래와 나뭇잎을 대량으로 쌓아서 잎이 부패할 때 발생하는 열로 알을 부화시키는 가금류)'에 해당하는 이 새는 수 세기 동안 인간에게 숲에 나가면 사냥해서 구워 먹는 식량으로 유명했다. 그러나 1970년대 초부터 사냥 금지 조치가 취해진 덕분에, 부시터커[*]의 재료였던 과거를 딛고 화려하게 부활했다. 호주의 시골 지역이나 오지보다 의외로 사냥 금지가 더 잘 지켜지는 도시에서도 볼 수 있게 된 것이다. 호주 숲칠면조 전문가인 그리피스 대학교 소속 대릴 존스Darryl Jones에 따르면 지난 20년간 브리즈번의 인구는 일곱 배 증가해서 시드니의 인구를 꺾을 기세이고, 따라서 유난히 덩치가 큰 숲칠면조가 도시에 나타나 번성하

[*] 캥거루, 악어 등 야생에서 잡은 고기에 자생하는 약초, 과일 등을 넣어서 만드는 호주 원주민 전통 음식.

게 된 것은 더더욱 예상치 못한 일이었다. 알을 부화시키는 특유의 방식을 도시에서 그대로 유지하는 것이 불가능해 보였기 때문이다. 하지만 실제로는 그렇지 않았다. 숲칠면조는 주택 뒷마당을 파헤쳐서 남의 집 정원 전체를 알을 부화시키기 위한 둔덕을 쌓는 장소로 활용한다. 그 규모가 무려 4톤에 이르는 경우도 있다. (이 정도는 되어야 진정한 생태계 엔지니어라 할 수 있지 않겠는가!) 호주 공영방송국에서 숲칠면조 피해를 최소화할 수 있도록 다음과 같은 팁을 알려준 것도 무리가 아니다. (1) 귀중한 식물은 둘레를 바위로 막을 것. (2) 정원 전체 면적 가운데 덜 중요한 부분에 퇴비를 쌓아서 숲칠면조가 그쪽으로 오도록 유인할 것. 아이쿠, 이렇게 하려면 화단을 아예 새로 만드는 것 못지않은 수고를 감수해야 하리라!

도시의 생물다양성이 풍부해진 네 번째이자 마지막 이유는 동식물의 서식지가 될 만한 곳이 군데군데 다양하게 갖추어져 있기 때문이다. 생각해보라. 도시를 인간의 눈으로 바라보면 쇼핑가와 주차장, 도로, 상업 지구, 보도 등으로 구분된다. 그러나 저 멀리 하늘 위에서 시내 중심가를 따라 날아가는 송골매나 하얀 털을 나풀거리며 낙하산처럼 땅으로 떨어지는 박주가리 씨앗의 눈으로 보면, 도시는 바위투성이 절벽과 습도 높은 구덩이, 길게 늘어선 이끼, 지하하천이 조각조각 이어진 만화경처럼 보일 것이다. 이처럼 곳곳에 분산된 서식지는 놀랄 만큼 다양한 풍경을 만들어낸다. 생물이 살기에 적합한 수많은 서식지들은 비록 여기저기 쪼개졌을지언정 생물다양성을 풍부하게 유지할 수 있는 토대가 된다.

도시에 형성된 정원도 셀 수 없이 다양하다. 타일과 자갈이 깔려 어떤 식물도 자라지 못하는 곳이 있는가 하면 이국적인 덤불이 완벽하게 다듬어진 정원도 있고, 수직으로 세워진 식물 벽도 있다. 아무도 관심을 기울이지 않아 잡초가 무성해진 어느 집 뒷마당, 다른 건 아무것도 없고 잔디밭 주변에 울타리만 설치해둔 정원, 야자나무부터 바위틈에 사는 허브까지 화분 안에서 다양한 식물이 자라는 지붕 아래의 정원, 채소밭이 된 정원, 연못과 경사진 바위가 미끌미끌한 표면을 드러낸 습지 같은 정원도 있다. 개인주의 현시대에는 정원도 그곳을 가꾸는 사람만큼 각양각색이다. 셰필드 대학교에서 1999년에 생태학자로 활발히 활동한 케빈 개스턴Kevin Gaston의 연구진은 셰필드 지역 도시 정원의 생태학적 특징을 조사하는 다개년 프로젝트를 시작했다.(케빈 개스턴은 이후 엑세터 대학교로 자리를 옮겼다). 당시 이 프로젝트의 명칭은 '셰필드 지역 도시 정원의 생물학적 다양성'이라는 의미에서 '벅스BUGS: Biodiversity of Urban Gardens in Sheffield'라 이름 붙여졌다.

벅스 팀은 처음에 전화로 설문 조사를 실시했다. 시 전화번호부에서 무작위로 고른 번호에 전화를 걸어 정원에 관한 몇 가지 질문을 던졌다. 연구진이 학술지에 발표한 결과 중에 다음과 같은 문구가 명시된 것을 보면 대부분의 집주인들이 조사에 수월하게 협조했던 것 같다. "전화를 걸었을 때 상대방에게 조사 목적을 채 전달하기도 전에 통화가 종료되는 경우도 아주 가끔 있었다." 셰필드 연구진은 주택 보유자 250명을 대상으로 한 이 설문 조사 결과를 토대로, 총인구 50만 명인 셰필드에서 개별 주택의 정원은 175,000개로 추정되며 이 정원들이 차지하는 면적은 도시 전체 표면적의 4분의

1가랑이라고 밝혔다. 또한 여기에는 연못 25,200개, 새둥지 45,500개, 퇴비 더미 50,750개, 나무 36만 그루가 포함되는 것으로 집계됐다. 한마디로 엄청난 생태학적 자원이라 할 수 있는 규모다. 그럼에도 도시의 정원은 녹지 공간을 집계할 때 거의 포함되지 않는다. 생태학자 찰스 엘튼Charles Elton은 (1966년에 발표한 저서 『동물 사회의 패턴The Pattern of Animal Communities』에서) 도시 내에 형성된 정원을 생물학적인 사막이라고 주장하였으나 벅스 연구진은 도시 정원에 야생 동식물이 풍부하다는 사실을 확인하여 실제 상황은 그와 정반대임을 입증했다.

위의 조사에 참여한 주택 보유자 중 61명은 벅스 연구진에게 정원에 직접 와서 조사해도 좋다고 허락했다. 현장 연구를 벌이는 생물학자들에게 뭐든 마음대로 해도 된다고 하고, 어떻게 연구하는지 지켜보기까지 한 사람이라면 이것이 구체적으로 무엇을 의미하는지 잘 알 것이다. 연구진은 각 정원의 정확한 크기를 측정하기 위해 줄자를 꺼내 들고 지표 식물의 종류를 일일이 파악하는 한편 조사 중인 장소를 약도로 그린다. 그곳에서 발견되는 나무며 관목, 허브는 전부 식물도감이나 노트와 대조하며 종류가 무엇인지 확인한다. 화분에 기른 식물이나 연못에서 찾은 식물도 모두 살펴본다. 나뭇잎을 채취하고 곤충 '굴'도 조사한다. 여기서 말하는 굴은 특정한 나방이나 파리, 기타 곤충의 유충이 만든 구불구불한 터널을 가리키는데, 대부분 형태가 워낙 특징적이라 굳이 확인하지 않아도 누구의 굴인지 구분할 수 있다.

연구진은 정원마다 가장자리에 '낙하 트랩'도 세 개씩 설치했다.

흰색 플라스틱 커피 컵을 땅에 묻고 곤충이나 절지동물이 발을 헛디뎌 컵 안으로 떨어지면 다시 밖으로 나갈 수 없도록 만든 장치다. 연구진은 그 안에 빠진 곤충을 확실하게 채집하기 위해 컵 안에 알코올을 담아두었다. 보통 낙하 트랩에는 에틸렌글리콜과 같이 독성이 더 강한 화학물질을 사용하지만 연구진은 논문에 밝힌 설명과 같이 '애완동물이나 아이들이 찾아낼 경우 발생할 수 있는 위험을 고려하여' 에탄올로 대체했다. 이와 함께, 연구진은 다른 무척추동물이 있는지 조사하기 위해 정원을 파헤쳐서 부패한 잎과 흙을 봉지 한가득 수거하고, 이 정도는 상관하지 않는다는 듯 날아다니는 곤충들을 잡을 말레이즈 트랩도 설치했다(앞 장에서 데니스 오웬이 레스터의 자택 정원에 설치한 것과 같은 장치). 도시 정원의 생태학을 연구한다는 이유로 이렇게 정원을 초토화시켰음에도 불구하고 대부분의 집주인들이 차와 비스킷을 내어주었다고 연구진은 전했다.

이렇게 조사한 61개의 정원에서 연구진은 총 1,166종의 식물을 발견했다. 식물을 기르는 정원이라면 보통 예상할 수 있듯 이 식물 종의 대다수(70퍼센트)는 외래종이었다. 그럼에도 344종이나 되는 식물은 토종 식물로 나타났다(이 정도면 영국 전체 식물 종의 4분의 1에 해당된다!). 무척추동물은 3만 마리가량 발견되었으며 총 800종에 속한 것으로 확인됐다. 결코 적다고 할 수 없는 규모지만 데니스 오웬이 자신의 정원 '한 곳'에서 발견한 것과 비교하면 그리 엄청난 규모라고도 할 수 없다. 그러나 단순한 생물 종의 수보다 더 중요한 것은 조사가 실시된 각 정원에서 확인된 변화다. 연구진이 찾은 곤충과 거미 종 가운데 절반가량이 정원 한 군데에서 발견됐다. 정원 하나에서 나온 결과를 또 다른 정원 하나의 결과와 합하면 전체적인 값이 얼마나 증가하는지 파악할 수 있는 '누적 곡선'에서도 특정 정원의 새로운 데이터를 추가하면 곡선 형태가 일정하게 유지되지 않는 것으로 나타났다. 이는 곧 정원마다 서식하는 동식물 현황이 거의 완전하게 다르다는 것을 의미한다.

61개의 정원은 셰필드 지역 전체에 형성된 정원에 비하면 극히 일부에 불과하고 영국 전체 정원과 비교하면 더 말할 것도 없다. 마당과 정원, 특정 구획의 땅에 형성된 생물학적 다양성을 모두 종합하면 어떤 결과가 나올지 상상해보라. 방치된 배수로, 도로 가장자리, 이끼가 덮인 지붕 등 도시 내에서 사람들 눈에 띄지 않지만 서식지로 기능하는 비슷한 장소들이 얼마나 많은지도 감안해야 한다.

물론 도시는 해결해야 할 문제가 많은 장소다. 하지만 여기에서 생물들은 적어도 멀리까지 퍼져서 살아갈 수 있다. 도시 한구석에 고립된 작은 공간에서도 생존할 수 있는 동식물에게는 도시가 굉장히 다채롭고 다양한 환경이자 광범위한 생물이 서식할 수 있는 미소 서식 환경microhabitat을 제공한다. 도시의 생물학적 다양성이 풍부한 이유로 앞서 살펴본 세 가지 요소를 다시 떠올려보면(외래종 유입, 이미 예전부터 생물다양성이 풍성했던 곳이라는 점, 생존에 위험한 상황으로부터 몸을 피할 수 있다는 점) 앞 장에서 도시 동식물 연구자들이 기록 중인 생물 목록이 왜 그렇게 끝도 없이 긴지 이해할 수 있을 것이다.

그러나 그 목록이 무작위로 꽉 채워진 것은 아니다. 모든 동물이나 식물이 도시에서 살 수 있는 건 아니기 때문이다. 타고난 특성상 전형적인 현대 도시민처럼 살아갈 수 없는 생물도 있고, 다른 종에 비해 도시에 살기 적합한 생물도 있다. 이를 가르는 특징이 무엇이고 이들이 어떤 과정을 거쳐 진화해왔는지가 이 책에서 이야기하려는 핵심이다. 지금부터는 핵심에 좀 더 가까이 다가가서, 도시환경의 '전적응'이라는 매력적인 현상을 살펴보자.

6
적응하도록 선택받은 자들

우리는 내 고향인 레이던 중앙역 앞을 서성이고 있다. 네덜란드 기차역이 대부분 그렇듯 이 역 앞에도 자전거가 빼곡하게 주차돼 있다. 아래위로 나뉜 개방형 자전거 주차장은 역 정문 양쪽에 길게 설치되어 있다. 내부에 주차된 수천 대의 자전거 크롬 핸들이 아침 태양빛을 받아 고요한 내해에 이는 잔물결처럼 번쩍인다. 나는 쇠로 된 바퀴살이며 스프링, 타이어, 차체, 톱니바퀴, 체인이 복잡하게 연결된 이 풍경을 가만히 들여다볼 수 있지만 나와 이곳에 함께 온 캘리포니아 대학교의 저명한 생물학자(그리고 네덜란드를 자주 방문하는) 헤랏 베르메이Geerat Vermeij는 그럴 수 없다. 베르메이는 세 살 때부터 눈이 보이지 않는다. 하지만 섬세한 손가락 감각과 뛰어난 청력, 명석한 두뇌로 고생물학자이자 생태학자, 진화생물학자, 저명한 저술가로 경력을 쌓아왔다.

베르메이가 여기서 엄청난 자전거들을 감지할 수 있는 것은 이곳이 정말 사랑스럽지만 제대로 평가받지 못하는 도시 새, 집참새의 서식지가 된 덕분이다. 회갈색의 집참새 무리는 바퀴 사이를 총총총 뛰어다니다 바닥에 깔린 타일 사이에 쌓인 모래로 모래 목욕도 하고 바퀴살 위에 올라앉거나 안장에서 뒷바퀴 위에 놓인 짐받이까지 푸다닥 날아가기도 하며 끊임없이 날개를 파닥거리고 수다스럽게 짹짹 울어댄다. 싱긋 웃는 베르메이의 눈가에 다정한 주름이 잡혔다. "그러게, 자네 말이 맞아. 사방에 있어." 그가 이야기했다. 내가 베르메이를 자전거 보관대에 사는 참새들이 있는 이곳으로 데리고 온 이유는 전적응의 영향력을 함께 논하기 위해서다.

전적응前適應, pre-adaptation 또는 사전 적응이라 불리는 현상은 진화생물학에서 다소 수수께끼로 남아 있고 지칭하는 용어 자체도 아직 논란이 되고 있다. 진화라는 자연현상은 시간이 지나간 뒤에야 비로소 알게 되는 일이다. 즉 현재의 적응은 과거의 자연선택에 따른 결과인데, 어떻게 동물이나 식물이 '사전에 적응'할 수 있을까? 미래를 내다보고 생물이 앞으로 다가올 일에 대비하는 건 불가능하지 않을까?

다시 참새들을 살펴보자. 레이던 기차역 앞에 이들이 차지한 장소는 원래 이 새들이 생활할 수 있게끔 진화해온 곳이 아니다. 집참새들이 진화를 거치면서 자전거 보관대를 접한 적은 한 번도 없다. 그럼에도 베르메이와 나는 이 새들이 자전거 바퀴살 사이에서 살아가는 생활에 완벽히 적응했다는 사실을 귀와 눈으로 확인했다. 빼곡하게 줄지어 선 금속들 사이에서 무리 지어 종종걸음으로 이동할 때도 짤막한 짹짹 울음소리로 계속 메시지를 주고받는다. 습성대로 한꺼번에 날아오르기도 하고, 경계 신호가 떨어지면 주차된 자전거 사이사이로 흩어져 몸을 숨긴다. 이렇게 원래 살던 집처럼 편안해 보이는 이유는, 아마도 집참새의 자연 서식지가 가시 많은 나무와 덤불로 이루어진 풀숲이기 때문일 것으로 추정된다. 두께도 각양각색이고 밀도나 기울어진 정도, 곡선도 제각기 다른 금속 봉이 가득한 이곳이 참새들에게는 원래 살던 풀숲과 아주 비슷하게 느껴질 것이다.

집참새의 자연 서식지에 대해 우리가 제대로 알지 못하는 부분도 있다. 집까마귀와 마찬가지로 집참새도 야생 환경에서는 볼 수 없는 형태의 인간 서식지가 생기면서 삶에 큰 영향을 받았다. 인간이 나타나기 전, 집참새의 조상들은 건조한 지역의 반쯤 개방된 풀숲에 살면서 관목 사이에 능숙하게 둥지를 만들고 씨앗과 곤충을 먹이로 삼으며 무리 지어 살았다. 그러다 지평선 멀리 새매가 나타나면 뾰족뾰족한 가시로 둘러싸인 둥지에 몸을 숨겼다. 그런데 인간이 나타나 농사를 짓기 시작하자 집참새는 자연 서식지를 버리고 인간과 함께 사는 쪽을 택했다. 버려진 곡식을 먹이로 삼고, 사람이 사는 집이나 마구간 지붕에서 살다가 급기야 자전거 보관대 주변에서도 살게 된 것이다.

다시 말하자면, 인간이 도시에 만들어놓은 특정한 환경이 집참새에게는 살기 좋은 환경이 되었고 순전히 우연한 이 결과 덕분에 도시에서 생존할 수 있는 생물 종이 되었다. 이처럼 도시가 생기기 전에 특정 생물이 살아가던 환경과 한두 가지 측면에서 우연히 비슷한 조건을 갖춘 환경이 도시에 형성되는 경우가 있다. 이 경우, 해당 생물에게는 살기 적합한 장소가 도시에 새롭게 생긴 셈이 되어 소위 전적응에 성공하는 것이다. 이러한 종이 가장 먼저 도시로 주거지를 옮긴다.

레이던 기차역과 주변에는 집참새 외에도 이렇게 전적응한 다른 새들이 있다. 역 정문 앞에 우뚝 선 대형 시계탑 위에 앉아 있는 도시 비둘기들은 유럽과 북아프리카가 고향인 바위비둘기Columba livia다. 원래 바위가 많은 절벽에만 살고 꼭대기에 앉아서 지내며 둥지를 짓는 이 새들에게 네덜란드처럼 저지대 습지 지형은 결코 자연적인 서식지가 될 수가 없다. 절벽은 고사하고 두더지가 땅을 파고들어 생긴 두둑 외에는 높다고 할 만한 곳도 없기 때문이다. 그러나 인간은 절벽 면처럼 생긴 인공 조형물을 짓기 시작했다. 창문 아래 돌출된 선반과 창턱이 달린 벽돌과 콘크리트 빌딩들은 이런 새들이 올라앉기에 안성맞춤이다. 사람들이 아무리 플라스틱으로 된 뾰족한 바늘을 벽에 붙여서 못 앉게 해도 소용없을 정도로 말이다.

검은색 몸에 날개가 휘어진 유럽칼새Apus apus도 마찬가지다. 날카로운 울음소리를 내며 하늘을 가로지르는 이 새들도 아슬아슬할 정도로 높은 곳을 좋아한다. 유럽칼새는 1970년대부터 주택가에서 아연도금된 홈통 아래 틈을 이용하거나 17세기에 지어진 교회 건물의 지붕 타일 아래, 또는 유서 깊은 풍차의 벽돌 사이 공간에 자리를 잡고 살면서 레이던을 자신들만의 서식지로 삼았다. 험준한 암석 지형에 살던 이 새들에게 이런 곳들은 둥지를 짓기에 가장 이상적인 장소다. 기차역 뒤편 잔디에서 어슬렁어슬렁 돌아다니는 환한 붉은색 긴 부리를 가진 새, 검은머리물떼새Haematopus ostralegus도 원래는 해변에 살았다. 해변에 둥지를 짓고 살던 이 새들은 진흙에 묻힌 조개를 꺼낼 수 있게끔 탄탄한 부리를 갖게 되었지만 레이던에서는 갯벌 대신 잔디를 파헤쳐서 조개 대신 지렁이를 찾는 데 이용한다. 그리고 자갈돌이 가득한 해변 대신 레이던 대학병원의 평평한 지붕 위를 거닌다. 이처럼 집참새와 바위비둘기, 칼새, 검은머리물떼새 모두 제각기 도시에서 살아갈 수 있도록 전적응한 새들이다. 전체 조류 가운데 도시환경에서 살아남을 수 있도록 선택된 새들이라고 할 수 있다.

레이던 중앙역 주변을 날아다니는 새들이 전적응을 하게 된 이유는 상당히 명확하다(베르메이는 진화와 연계하여 그릇된 개념을 형성하지 않으려면 전적응보다는 소인predisposed으로 표현하는 편이 낫다고 여긴다). 원래 서식하던 환경과 도심에서 사는 환경의 특징이 우리 눈에도 명백히 닮았다. 이와 비슷한 맥락에서, 가끔 집에 나타나는 소형 절지동물도 원래는 동굴에 살던 종이 많다. 심지어 그중에 일부는 동굴 대신 집에서 살기 시작한 인간의 조상들을 따라 함께 집으로 이동했다. 빈대Cimex lectularius와 가장 가까운 종이 동굴 박쥐의 기생충이었다는 사실에서도 원래는 동굴이 빈대의 서식지였음을 알 수 있다. 전 세계 어느 집에나 사는 집유령거미Pholcus phalangioides는 돌에 둘러싸인 눅눅하고 폐쇄된 공간을 좋아한다. 그래서 자연에서는 동굴에 살았던 이 거미들에게 인간이 사는 벽돌과 콘크리트에 둘러싸인 공간(집)은 자연에서 살던 지하 서식지와 크게 다르지 않다.

그러나 전적응 과정을 다소 힘들게 거친 생물들도 있다. 교통수단에 의한 가차 없는 '포식'도 그로 인한 결과 중 하나다. "우리는 차량이 다가오고 있다는 것을 눈으로 보고 귀로도 듣지만, 로드킬 사고를 보면 그러지 못하는 새들도 있다는 사실을 알 수 있죠. 유리 창문으로 돌진하는 새들은 왜 그럴까요? 그러지 않는 새들도 있는데 말이죠. 이것은 아주 흥미로운 문제라고 생각합니다. 또한 까마귀를 포함해서 일부 조류는 도시와 교외 환경에서 생존하는 능력이 세계 최고 수준인 것 같아요. 미국 지빠귀는 북미 대륙에서 도시 조류로 잘 사는데 왜 같은 지빠귀 과에 속하는 다른 새들은 그러지 못했을까요?" 베르메이의 설명이다.

이처럼 썩 명확하지 않은 전적응을 이해하는 한 가지 방법은 여러 도시에서 발견된 공통적인 패턴을 찾는 것이다. 한 예로 칠레 아우스트랄 대학Universidad Austral de Chile의 생태학자 카르멘 파즈 실바Carmen Paz Silva와 올가 바르보사Olga Barbosa는 칠레 남부의 중소 규모 도시 테무코, 발디비아, 오소르노 세 곳에 그와 같은 접근 방식을 적용했다. 이 세 도시들은(인구 10만 명에서 35만 명 규모) '발디비아 열대우림 생태 지역'으로 불릴 만큼 생물학적 다양성이 풍부한 곳에 자리하고 있다. 실바와 바르보사는 다른 연구진과 함께 각 도시와 주변 지역을 가로세로 250미터 크기의 격자망 형태로 구획을 나누었다. 도시별로 이렇게 형성된 격자 칸 중 110곳을 무작위로 선정하고 도시와 인접한 시골 지역에도 마찬가지 구획을 그은 뒤 50개의 격자 칸을 추가로 무작위 선정했다(따라서 세 도시에서 선택된 격자 칸의 수는 총 480개가 되었다). 연구진은 이렇게 선정된 위치로 직접 가서 그곳에 있는 새를 관찰했다. 격자로 나뉜 구획 중 하나를 골라 그곳으로 가서 아침에 6분 정도 가만히 서서 눈에 보이거나 귀에 들리는 새를 기록하는 간단한 방식이었다.

2012년 새들의 번식기 내내 실시된 이 연구 결과, 각 도시에서 발견된 새는 주변 시골 지역에 서식하는 전체 조류 중 일부가 무작위로 나타난 것은 아닌 것으로 밝혀졌다. 세 도시마다 주로 나타나는 도시 새들이 비슷했는데, 칠레 제비Tachycineta meyeni, 갈색카라카라Chimango Caracara를 비롯해 대도시에 흔히 나타나는 집참새와 바위비둘기로 구성됐다. 반면 지빠귀와 흡사하고 칠레에서는 시골에서 더 흔히 볼 수 있는 추카오 타파쿨로chucao tapaculo, 학명 Scelorchilus rubecula나 파이어아이드 듀콘fire-eyed diucon, 학명 Xolmis pyrope, 아름다운 자태가 눈길을 잡아끄는 파타고니아 빙하참새Phrygilus patagonicus 같은 새들은 도시에 전혀 나타나지 않았다. 도시 안팎의 출현 빈도에 큰 차이가 없는 새들도 많았다. 그러한 종은 도시 내부와 바깥쪽에 사는 개체수가 크게 다르지 않았다.

도시 조류의 전적응을 좌우한 결정적인 요소가 무엇인지 찾기 위해, 슬리바와 바르보사는 발견된 새를 썩은 고기를 먹는 종류와 과일, 씨앗, 곤충 또는 꿀을 먹는 종류, 육식동물, 잡식동물로 각각 나누었다. 그리고 새들의 자연 서식지도 숲, 개방된 지형, 물이나 습지인지 어디에서나 쉽게 볼 수 있는 장소인지 구분하여 기록했다. 마지막으로 연구진은 만약 각 도시에 사는 조류가 서식 환경이나 선호하는 먹이에 따라 무작위로 선택된 종류라면 현재 어떤 모습이 될 수밖에 없는지 추정하는 일련의 통계검정을 실시했다. 이 분석을 통해 연구진은 현재 도시에서 볼 수 있는 새들이 절대 무작위로 나타난 것이 아니라는 사실을 확인했다.

칠레 남부의 도시는 잡식동물이나 씨앗을 먹고 사는 조류가 살기에 분명히 더 유리하다. 이들은 서식 환경을 고르는 데 크게 까다롭지 않(아야 한)다. 실제 상황을 볼 때 충분히 이해가 가는 결과였다. 앞 장에서도 살펴보았듯이 도시는 여러 가지 다양한 유형의 서식지가 모자이크처럼 형성된 곳이므로 예측할 수 없는 환경에(예를 들어 숲 틈이나 범람원처럼 동적이고 불안정한 장소) 적응해서 살 수 있는 동물들이 도시 생활에도 잘 적응한다. 그런데 왜 하필 씨앗을 먹고 사는 종이어야 했을까? 아마도 인간 역시 씨앗을 즐겨 먹는 동물이기 때문일 것이다. 우리의 식생활은 곡류가 기본 바탕이므로 식사 후에 발생하는 음식 찌꺼기는(빵 부스러기, 솥 바닥에서 긁어낸 밥알, 반쯤 먹다 남긴 크래커, 비스킷 조각 등) 대부분 원래 씨앗과 견과류를 먹고 살던 새들의 입맛에 완벽하게 들어맞는다.

그러므로 암석 지형이나 복잡하게 뒤엉킨 기층에 서식하던 새들, 인간과 음식 취향이 일치하거나 생활환경에 그리 예민하지 않은 새들이 결국 도시 조류가 된다. 그러나 먹는 음식이나 적응 유연성 외에도 도시 조류가 되기 위해 갖추어야 하는 요소가 있다. 의사소통 문제 역시 중요하다. 대부분의 새들은 소리로 다른 새들과 소통한다. 차량 소리와 사이렌 소리, 경고음, 사람들의 고함과 전동 공구 소리가 합쳐진 소음 속에서 어떻게 소통을 할 수 있을까? 실바와 바르보사의 동료인 콜로라도 대학교의 클린턴 프랜시스Clinton Francis는 이처럼 인간이 만들어내는 소음에 어떤 새들이 보다 잘 대처하는지 조사했다. 뜻밖에도 이 연구를 위해 프랜시스가 향한 곳은 대

도시가 아니라 뉴멕시코 북부의 사막이었다.

인적이 드문 래틀스네이크 캐니언Rattlesnake Canyon은 발전된 도시라 할 만한 요소는 전혀 없는 곳이다. 그러나 사람이 만들어내는 소음은 존재한다. 2만여 개에 달하는 유정과 가스정이 있는 이곳은 미국에서 화석연료가 가장 많이 생산되는 지역 중 하나이기 때문이다. 가스정 중에는 시끄러운 압축기로 밤낮없이 지층에서 가스를 뽑아서 파이프로 흘러가도록 펌프질하는 곳도 있다. 압축기가 설치되지 않은 가스정은 더없이 고요하게 느껴질 정도다. 프랜시스는 이 장소야말로 도시와 시골의 여러 차이점 때문에 발생할 수 있는 영향을 걱정할 필요 없이 오로지 소음이 조류에 끼치는 영향만을 조사할 수 있는 이상적인 '자연 속 실험실'임을 인지했다. 무엇보다 도시에는 다른 여러 가지 환경 변화 요인이 많으므로, 가령 앵무새가 도시 경계 바깥쪽보다 도시에서 더 보기 힘들다면 단순히 소음 때문에 그렇다고 단정 지을 수 없다. 도시라는 서식지의 특성상 다른 요소들이 영향을 주었을 수도 있기 때문이다. 그러나 프랜시스가 택한 사막은 피뇽 소나무와 노간주나무로 구성된 삼림지대에 둘러싸여 있고 귀가 터질 정도로 시끄러운 압축기가 윙윙 돌아가는 곳과 그렇지 않은 곳으로만 나뉘므로 실험자 입장에서는 꿈만 같은 조건의 장소였다.

프랜시스는 연구진과 함께 실바, 바르보사와 비슷한 방식으로 조사를 실시했다. 즉 소음이 큰 가스정과 조용한 가스정을 선택한 후 각 장소에서 7분 동안 눈에 보이거나 귀에 들리는 새를 관찰했다. 시끄러운 가스정에서 관찰할 때는 석유 업체 관리자에게 그 시간

동안만 작업을 중단해달라고 설득했다. 소음 때문에 새가 있는지 없는지 제대로 관찰하지 못할 가능성도 있었기 때문이다. 이렇게 조사한 결과는 명확했다. 우는비둘기Zenaida macroura처럼 낮은 소리로 서로를 부르거나 지저귀는 새들은 압축기가 작동하는 현장에서 볼 수 없었다. 기계 소리로 인해 서로의 소리를 도저히 들을 수가 없어서 다른 곳으로 떠난 것이다. 반면 고음을 내는 새들은 그러한 환경을 개의치 않는 것 같았다. 갈색머리멧새Spizella Passerina처럼 소프라노 소리로 서로 부르고 노래하는 새들은 바리톤 음역대로 울려대는 가스 펌프 소리 속에서도 얼마든지 소통할 수 있다. 심지어 검은빰벌새Archilochus alexandri처럼 압축기와 가까운 곳에 둥지를 즐겨 짓고 기계와 가까운 위치를 더 선호하는 새들도 있었다. 프랜시스는 덤불어치의 일종인 아펠로코마 우드하우세이Aphelocoma woodhouseii 등 검은빰벌새의 포식자가 기계 소음을 견디지 못하기 때문에 이런 특성이 나타난다고 보았다. 즉 검은빰벌새에게는 소음이 오히려 보호막 역할을 해주는 셈이다.

정말 놀라운 결과다. 실제로 도시에서 발생하는 소음은 대부분 주파수가 낮고, 도시에서 가장 흔히 볼 수 있는 새들은 상대적으로 목소리가 높은 종류들이다. 사막에서 실시한 연구를 통해 소음 공해와 조류계의 머라이어 캐리라 할 만한 새들에서 나타난 전적응의 연관성이 입증된 결과였다. 그러므로 전적응은 도시 생태계에 살기 위한 중요한 요건이다. 전적응에 따라 콘크리트 건물과 자동차, 쓰레기, 시커먼 그을음 속에서도 살 수 있고 도심 표지판을 옷걸이로 활용할 수 있는 생물이 결정된다. 도시에 사는 동물상과 식물상은 우연히도 도시에서와 비슷한 문제를 자연에서 맞닥뜨렸을 때도 충분히 이겨낼 수 있게끔 진화한 토종 생물과 외래종 생물이 대부분을 차지한다.

잠시 개미동물을 다시 떠올려보자. 책 서두에서 개미 사회 내부에 들어가서 살 수 있도록 진화한 것으로 소개했던 이 동물들을 기억할 것이다. 아무 곤충이나 무척추동물이 그런 능력을 갖게 된 것이 아니다. 캘리포니아 공과대학의 조 파커Joe Parker는 학술지《개미학 뉴스Myrmecological News》에 게재된 논문에서 개미동물에게서 나타나는 주된 특징은 전적응에 그 뿌리가 있다고 주장했다. 대부분이 광대딱정벌레clown beetle에 해당되는데, 이 딱정벌레들은 날개 표면이 단단해서 흡사 무장한 차량처럼 움직이고 개미의 공격도 이겨낼 수 있다. 덕분에 대부분의 곤충들과 달리 개미집에 성공적으로 침투할 수 있다. 마찬가지로 개미동물 중에는 반날개에 속하는 셀라핀pselaphine도 많다. 이들 역시 몸속에 단단한 강화 구조가 갖추어져 있어서 성난 개미가 물어뜯거나 쥐어짜도 큰 타격을 입지 않는다. 또 다른 반날개 곤충인 알레오채린aleocharine도 등 끝부분에 분비샘이 있어서 개미와의 화학전에서 물러서지 않고 맞서 싸울 수 있으므로 개미동물이 되곤 한다.

따라서 현재 우리가 사는 도시에서 벌어지고 있는 현상은, 수백만 년 전 자그마한 토양 동물이 최초로 대담하게 개미가 사는 곳으로 쳐들어갔을 때 벌어진 일과 비슷하다. 개미집 내부에서 생사를 넘나들 만한 고생을 하고도 이겨낼 수 있도록 전적응한 생물 종은 진화를 거치면서 그 능력이 더욱 발달하여 전문적인 개미동물로 거듭났다. 이처럼 개미 사회에 개미동물이 존재하기까지 기나긴 진화 과정을 거쳐야 했다는 점을 감안하면, 인간이 사는 도시에 전적응한 동식물은 이제 겨우 등장하기 시작한 수준에 불과하다. 그렇다고 해서 도시에 입지를 굳힌 생물들의 기능을 더욱 개선시킬 진화의 초기 단계가 생략됐다는 의미는 아니다.

2부

당신이 몰랐던 도시 자연의 비밀

오랜 세월이 흘러 시간이 남긴 자국이 나타날 때까지,
우리는 이토록 서서히 진행되는 변화를 전혀 알아채지 못한다.

— 찰스 다윈, 『종의 기원』(1859) 중에서

전 그렇게 생각하지 않아요.

— 호미 클라운Homey D. Clown, TV 코미디 쇼 〈In Living Color〉에서

7
꼭 알려드리고 싶었던 사실

앨버트 브리지스 판Albert Brydges Farn은 1841년에 태어난 사람이다. 영국의 나비목(나비와 나방) 수집가들을 인명사전처럼 정리한 책 『나비 · 나방 연구가의 유산The Aurelian Legacy』에는 그가 '어느 모로 보나 타고난 동식물 연구가'이며 '활기가 넘치고 용감하며 유쾌한 유머 감각이 돋보이는' 사람으로 묘사된다. 더불어 '스포츠맨'이었다고 나와 있는데, 이는 오늘날과 같이 시골길을 조깅하거나 마을 청년들과 럭비를 즐겼다는 뜻이 아니라 0.22구경 라이플을 들고 박쥐를 겨누던 그의 유명한 취미를 염두에 둔 설명이다. 월싱햄 경의 저택 부지에서는 총을 30발 연속으로 쏴서 도요새 30마리를 명중한 전설적인 기록도 세웠다. 무언가를 죽이는 일을 즐기던 사람인 건 분명한 것 같다.

그러나 판이 죽인 건 대부분 나비와 나방이었다. 그는 잡아들인 나비와 나방을 핀으로 꽂아 고정하고, 이름을 써넣고, 종류를 구분하여 굉장히 정확하고 체계적으로 정리했다. 1921년에 세상을 떠난 후 그가 남긴 수집품을 두고 당시 영국 역사상 개인이 모은 나비목 수집품으로써는 최상급이라고 평가한 사람들이 많았다. 안타깝게도 판의 컬렉션은 경매를 통해 조각조각 판매되어 제각기 다른 곳으로 보내졌다. 글로스터셔 대학교의 애덤 하트Adam Hart에 따르면 그중 일부는 런던 '자연사박물관의 가장 깊숙한 곳'에 보관되어 있다. 하트는 확신할 수는 없지만 자연사박물관에 있는 표본 가운데 고리무늬나방Charissa obscurata의 표본 중 일부는 판이 1870년대에 루이스 근교에서 잡은 것으로 추정된다고 밝혔다.

고리무늬나방은 판이 웨일스 남부에서 잡은 화려한 번개오색나비Apatura iris처럼 그가 애지중지하던 몇 가지 다른 표본들에 비하면 초라해 보일 정도로 색이 칙칙하다. 유럽 대륙에서 딘 산림 지역Forest of Dean에 불법으로 유입된 북방거꾸로여덟팔나비Araschnia levana와도 크게 대조된다. 아무리 아름다워도 외래종 생물의 유입은 절대 허용하지 않았던 판은 1912년에 검은색과 오렌지색, 흰색이 예쁘게 조화를 이룬 이 나방을 혼자 힘으로 모조리 잡아들여 줄줄이 핀으로 고정시켜 보관했다. 그러나 판에게 큰 명성을 안겨준 것은 이 별다를 것 없어 보이는 고리무늬나방이었다. 비록 그 명성을 130여 년이 흐른 뒤에야 얻을 수 있었지만 말이다.

과학 커뮤니케이션을 가르치는 교수인 하트는 2009년에 수업 준비를 하러 글로스터 시립 박물관·미술관을 찾았다. "수업에 사용할 표본을 찾으려고 안쪽 구석진 곳에 있는 전시물들을 살펴보았다"라고 하트는 설명했다. 그러다 1878년 11월 18일에 작성됐다고 나와 있는 어떤 편지의 인쇄본을 우연히 발견했다. 작성자는 판이었다. 과거에 판이 소유했던 주석 달린 책을 그 박물관이 소장하고 있었는데, 앨버트 브리지스 판이라는 사람에게 큰 흥미를 느낀 사서가 그 편지를 찾아 인쇄본을 전시한 것이다. 하필 이 편지가 오늘날까지 전해질 수 있었던 이유는 작성자가 아닌 수신자 덕분이었다. 받는 사람이 바로 찰스 다윈이었기 때문이다!

1878년, 고령의 다윈은 영국에서 가장 유명한 과학자 중 한 사람이었다. 『종의 기원』이 출판된 후 신진 학자들도 늘어나고 '미스터 진화'로 불릴 만큼 다윈의 명성은 확고히 자리를 잡았다. 전 세계에서 활동하던 동료 학자들은 다윈에게 편지를 보냈고, 그는 받은 편지와 자신이 보낸 답장을 꼼꼼하게 정리해서 보관했다. 사교적인 측면에서 관리한 것이 아니라, 과학적으로 도움이 됐기 때문이다. 편지에 담긴 내용들은 다윈의 연구에 중요한 자료가 되었다. 케임브리지 대학교(다윈의 장서가 대부분 보관된 곳)의 '다윈 서신 프로젝트Darwin Correspondence Project'에서 기록물 관리를 담당한 사람들도 다음과 같이 설명했다. "다윈은 다양한 주제를 연구하면서 어떤 편지는 여러 번 읽기도 했습니다. 형형색색 색연필로 마구 휘갈겨 표시를 하기도 하고, 편지의 일부를 잘라서 옆에 메모를 써넣거나 실험 노트에 붙여 놓기도 했죠. 편지도 표본처럼 해부를 했어요. 그 속에 담긴 유용한 정보는 남김없이 전부 흡수해서 논문을 쓸 때 새롭게 되살렸습니다."

현재 파악한 바로는 앨버트 판이 다윈에게 편지를 보낸 건 단 한 번이다. 그 편지는 다윈 도서관에 남아 있고, 다윈 서신 프로젝트에서 세심하게 내용을 기록한 후 온라인에 텍스트를 올려두었다. 하트가 박물관에서 발견한 복사본은 바로 이 텍스트를 인쇄한 것이었다. 편지 내용은 짤막하며 다윈이 편지에 손대거나 답장을 하지는 않은 것으로 보인다. 판이 편지에 쓴 내용은 다음과 같다.

친애하는 선생님께.

이렇게 편지로 선생님을 성가시게 해서 죄송합니다만, 선생님께서 관심이 있으리라 생각한 어떤 현상을 말씀드리고자 합니다.

영국에 서식하는 나비목 전체를 통틀어서, 고리무늬나방만큼 발견되는 지역에 따라 다채로운 종도 없을 것입니다. 이 나방은 토탄이 남아 있는 뉴포레스트에서는 거의 검은색을 띠고 석회석 지역에서는 회색이며 루이스 인근의 백악질 지역에서는 거의 흰색을 띱니다. 또 점토가 많은 곳이나 헤리퍼드셔의 적색토 지역에서는 갈색을 띱니다.

이러한 다양성이 '적자생존'의 원리에 따른 것일까요? 저는 그렇게 생각합니다. 이런 점에서, 저는 뉴포레스트의 백악질 암석으로 형성된 어느 비탈에서 다른 어떤 개체와도 다르게 색이 어두운 표본을 발견하고 다소 놀랐습니다. 그리고 왜 이런 현상이 나타났는지 곰곰이 생각해보았습니다. 이런 일이 생길 수가 있을까요?

지난 25년 동안 이 백악질 비탈 바닥 쪽에 설치된 일부 석회 가마에서 뿜어져 나온 상당량의 검은 연기와 유독 몸 색깔이 짙은 표본을 연관시켜보면 호기심이 생깁니다. 인근 목초지도 여전히 풍성하게 잘 자라고 있지만 이 연기로 인해 색이 검게 변했습니다. 제가 듣기로는 루이스 지역에서 색이 아주 밝은 표본을 예전처럼 흔히 볼 수 없다고 합니다. 수년 전부터 이 지역에서는 석회가마가 사용되기 시작했고요.

여기까지가 선생님께 꼭 알려드리고 싶었던 사실입니다.

진심 어린 존경을 표하며,

A. B. 판

"유레카를 외치고픈 순간이었습니다." 하트의 설명이다. "그곳에 이 편지가 오랫동안 놓여 있었는데 아무도 그 의미를 알아채지 못했다니요!" 하트는 2010년에 학술지《최신 생물학Current Biology》에 게재된 논문을 통해 진화생물학계에 그 의미, 즉 판이 관찰한 사실이 한창 진행 중인 자연선택을 최초로 기록한 자료임을 알렸다. 판은 원래는 색이 옅어서 희끄무레한 백악질 암석 지역에서 눈에 띄지 않게 지낼 수 있었던 고리무늬나방이 그을음으로 시커멓게 변한 암석에서 두드러지게 눈에 띄는 존재가 되면서 새와 다른 포식자에게 잡아먹히는 상황을 맞았다고 보았다. 그 사이 유전적인 변이로 날개 색깔이 어두운 개체가 나타났고, 이런 나비가 '자연선택'되어 살아남았다. 색이 옅은 조상들에 비해 눈에 덜 띄었기 때문이다. 판의 추정이 옳다면, 이것은 진행 중인 진화 과정을 최초로 목격한 사례가 된다. 아마도 판은 다윈도 깜짝 놀랄 것으로 예상했을 것이다. 그런데 왜 다윈은 판의 편지를 그냥 넘겼을까?

편지를 받은 1878년 11월 18일에 다윈이 마침 다른 일을 할 여력이 없었을지도 모른다. 난초를 관리하거나 손자들과 노느라 바빴거나 몸이 좋지 않아 누워 있었을 수도 있다. 그래도 우리로서는 왜 그가 판의 편지에 아무런 반응을 보이지 않았는지, 좀 더 자세한 이유를 알고 싶다. 무엇이 됐든 이유가 있어서 무시한 것이라면, 아마도 다윈은 자신이 발견한 자연선택설을 과소평가한 것 같다는 것이 내 추측이다. 수십 년 만에 실제로 관찰될 만큼 그 이론이 실현될 수 있다고는 생각하지 않은 것이다. 『종의 기원』 4장에 등장하는 '오랜 세월이 흘러 시간이 남긴 자국이 나타날 때까지, 우리는 이토록 서서히 진행되는 변화를 전혀 알아채지 못한다'는 그의 설명도 이런 생각을 뒷받침한다.

이 위대한 책에서 다윈은 자연선택설의 토대가 된 확고하고 이해하기 쉬운 네 단계를 설명한다. 첫 번째 단계는 변이다. 각각의 개체는 여러 가지 면에서 다른 개체와 차이가 있다(때로는 그 차이가 거의 알아보기 힘든 경우도 있다). 두 번째는 이 변이가 유전된다는 것으로 자손이 부모를 닮는 것을 의미한다. 세 번째는 과잉이 발생하는 것으로 태어난 자손의 대부분이 살아남지 못한다는 뜻이다. 네 번째는 선택이다. 생존 여부는 무작위로 정해지는 것이 아니다. 해당 개체가 살고 있는 환경에 가장 적합한 경우에 유리하다. 다윈에게, 그리고 이 통찰력의 거대한 의미를 충분히 이해한 모든 이들에게 자연선택은 자연의 법칙이다. '자연선택은 일상적인 일이며, 이 과정에서는 끊임없이 철저한 검토가 이루어진다. 온 세상, 가장 희미한 변이를 포함한 모든 변이에 적용된다. 불리한 요소는 거부하고 유리한 요소만 모두 남겨 보존하고 강화하는 것이다.' 다윈은 이렇게 설명했다.

'일상적으로 끊임없이' 일어나는 일이라고 했지만, 다윈은 자연선택이 현실에서 관찰될 수 있다고는 생각하지 않았다. 자연선택의 영향이 나타나기까지 시간이 정확히 얼마나 소요되는지 따져보기에는 수학 실력이 부족했는지도 모른다. 실제로 1920년대가 되어서야 홀데인J. B. S. Haldane이나 로널드 피셔Ronald Fisher 같은 수학생물학자가 등장하여 그와 같은 계산을 해냈다. 대수를 이용한 공식으로 다윈의 이론을 분석해서 이 같은 그의 비관적인 추정이 근거가 있는 내용인지 확인할 수 있게 된 것이다.

분석에 따르면, 다윈의 추정은 근거가 없었던 것으로 드러났다. 자연선택을 선형적인 과정으로 본 것이 다윈의 실수였다. 그는 아마도 이렇게 생각한 것 같다. 날개가 흰 나방 10만 마리가 있다고 가정할 때, 날개가 검은색인 돌연변이 개체가 나타났고 그 색깔로 인해 아주 작은 이점을 얻었다. 가령 그 이점이 1퍼센트 정도로 알아채지 못할 수준이라고 한다면 날개가 검은 나방 100마리가 태어났을 때 한 마리 정도가 살아남아서 생식을 한다는 의미가 된다. 그리고 나머지 99마리는 날개가 흰 나방이 차지한다. 그만큼 색깔에 다른 차이가 작다고 본 것이다. 그렇다면 이렇게 흰 날개를 가진 나방 10만 마리와 검은 날개를 가진 돌연변이 개체 한 마리가 진화를 거쳐 전부 검은 날개를 가진 개체로 바뀌고 날개가 흰 나방이 다 사라지기까지 얼마나 걸릴까? 영원에 가깝도록 오래 걸릴 것 같지 않은가? 하지만 틀렸다. 겨우 100여 세대만 지나면 된다.

자연선택이 선형적인 과정이 아니기 때문에 가능한 일이다. 처음에 날개가 검은 나방이 아직 드물 때는 이러한 특징을 가진 개체가 어쩌다 한 마리 정도로 아주 천천히 늘어난다. 그러나 검은 나방이 어느 정도를 차지할 정도로 늘어나면 이 과정에 속도가 붙는다. 수천 마리로 늘어난 검은 나방 전체가 똑같이 생존에 유리하다면 자손에게 그러한 특성이 나타날 수 있는 유전자 전체를 전달하게 되고, 결과적으로 단시간에 검은 개체가 생겨난다.

온라인 시뮬레이션 프로그램을 이용하면 여러분도 직접 확인할 수 있다. 예를 들어 레드포드 대학교에서는 웹 사이트를 통해 개체군의 크기와 돌연변이의 이점('선택계수'로 불리는 요소), 돌연변이의 초기 출현 빈도를 입력하면 해당 생물이 S자 곡선의 형태로 진화하는 과정을 볼 수 있다. 설정을 이리저리 바꿔 보면, 개체군의 크기가 1만 마리든 10만 마리든, 심지어 100만 마리에 이르는 경우에도 결과가 크게 다르지 않다는 사실을 알 수 있다. 검은 나방이 1퍼센트뿐이었을지언정 생존에 유리하다면 1,000세대가 지나기 전에 전체 개체가 검은 나방으로 진화한다. 선택계수가 5퍼센트가 되면 단 200세대 만에 그와 같은 진화가 일어난다. 나방 중에는 한 세기도 지나지 않아 200세대가 태어나는 경우도 있다. 그러므로 최소한 이론상으로는 자연선택의 영향이 굉장히 약하더라도 그리 어마어마한 시간이 흐르지 않아도 극적인 결과가 나타날 수 있으며, 긴 시간이 지나기 전에 이미 변화의 조짐이 나타나기 시작한다.

다윈은 진화가 그토록 신속하게 이루어질 수 있다는 개념을 결코 기쁘게 받아들이지 않은 것 같다. 그러나 『종의 기원』 초판부터 제4판까지는 '자연선택은 항상 아주 천천히 이루어진다고 믿는다'라는 그의 생각이 계속 강조되다가 초판이 나오고 10년 뒤 다섯 번째 개

정판에서는 '항상'이 '일반적으로'라는 표현으로 바뀐 것을 보면, 다윈도 자연선택이 아주 더딘 과정이라는 생각에 의구심을 품기 시작한 것으로 보인다. 그럼에도 다윈은 판이 제공한 아이디어를 포착할 기회를 놓쳤다. 그로 인해 다음 세대가 되어서야 고리무늬나방이 아닌 회색가지나방Biston betularia에서 '공업암화'로 불리게 된, 엄청나게 빠른 속도로 진행되는 진화가 발견됐다. '얼룩나방'으로도 불리는 이 나방의 변화는 도시에서 벌어진 진화를 보여주는 대표적인 사례가 되었다. 아마 여러분도 학창 시절에 들어본 적이 있을 것이다. 그러나 최근 들어 이 변화를 둘러싼 수많은 사실들이 발견되어 다시 이야기해볼 필요가 있다.

8
실제로 그렇다

우리는 도시의 빠른 성장이 최근에 벌어진 일이라고 생각하지만, 1770년부터 1850년까지 폭발적으로 성장한 맨체스터만 하더라도 당시 인구가 24,000명에서 35만명으로 늘었으니 성장 속도가 21세기 거대도시에 못지않았다. 석탄 연료로 가동되던 섬유 산업계는 주변 시골 지역에 살던 인구를 근로자로 흡수하고 환경에 오염 물질을 뿜어냈다. 엄청난 그을음과 황, 질소 가스가 굴뚝처럼 피어오른 연기와 함께 배출되어 하늘을 시커멓게 만들고 태양을 가렸다. 바람 한 점 불지 않는 날에는 연무가 너무 짙은 나머지 바로 길 건너에 사는 이웃도 만나러 가기 힘들 정도였다. 미세한 입자로 끊임없이 떠다니던 그을음은 집이며 보도, 심지어 도시를 둘러싼 시골의 나무에까지 내려앉았다.

1819년, 어느 가을날에 일어난 일을 머릿속에 그려보자. 분명 맨체스터 외곽의 어느 숲에서 다음과 같은 일이 벌어진 것으로 추정된다. 회색가지나방의 애벌레 한 마리가 그을음으로 줄기가 온통 시커메진 자작나무에서 아래로 기어간다. 번데기로 변하기 위해 땅으로 향하는 중이다. 정상적인 자벌레가 그렇듯 이 애벌레도 나무 껍질을 (앞쪽에 있는) 진짜 다리로 붙잡고 흐물흐물한 가짜 다리 (막대처럼 긴 몸통 끝에 달려 있다)를 진짜 다리 쪽으로 끌어당겨서 오메가 모양으로 몸을 둥글게 만다. 그런 다음 가짜 다리로만 나무 껍질을 붙든 상태에서 진짜 다리를 펼쳐서 앞으로 뻗고, 다시 뒷다리를 끌어오고, 오메가 모양을 만들고, 앞으로 펼치고, 끌어오고, 앞으로 펼치고, 붙들고, 끌어오고, 이런 과정을 쉼 없이 반복하면서 나무 맨 아래까지 이동한다.

엄격히 말하면 애벌레는 미성숙한 생물이지만 몸속에 고환이 이미 형성되어 정자가 활발히 만들어지고 있다. 그래서 번데기 단계가 끝나면 변태 과정을 거쳐 성적 기능이 활성화된 회색가지나방 성충이 된다. 성충의 날개에는 하얀 바탕에 검은색 점을 뿌린 것 같은 특징적인 무늬가 나타난다. 적어도 이 나방의 조상들은 그랬고, 영국에 서식해온 회색가지나방은 모두 그랬다. 지금 우리가 지켜보고 있는 애벌레가 나타나기 전까지는 말이다. 그런데 이 애벌레가 나무 맨 아래에 도착해서 풀밭으로 마지막 도약을 하던 그때, 고환 세포에서 뭔가 이상한 일이 벌어졌다. 회색가지나방이라는 생물의 진화에 변화를 가져온 일이었다. 세포 내 기구가 염색체를 분리하여 정자가 될 세포에 전달하고 포장하는 과정에서 DNA의 일부가 염색체 중 하나에서 자체적으로 분리되는 경우가 있다. '이동성 유전인자'로도 불리는 이 트랜스포존transposon은 염색체에서 분리되어 다른 곳에 삽입될 수 있다. 애벌레의 트랜스포존도 정확히 그 기능을 충실히 수행했다. 애벌레가 풀밭에 도착해서 뿌리 사이로 열심히 머리를 들이밀고 들어가는 사이, 트랜스포존 전위효소transposase가 아미노산 22,000여 개로 이루어진 아주 짧은 DNA 조각을 원래 있던 위치에서 잘라내고, 이 조각은 코텍스cortex라는 유전자 한가운데 삽입됐다. 바로 나방의 날개 색소를 조절하는 유전자다.

변이가 일어난 정자는 애벌레가 흙 속으로 파고들어 번데기가 되고 동면 단계를 지나 마침내 나방으로 깨어날 때까지, 조용히 때를 기다린다. 그렇게 다른 정자들 속에 섞여 있다가 이 수컷 나방이 암컷을 만나 교미에 성공하자 변이가 일어나지 않은 수천 개의 다른 정자들과 함께 암컷에게로 분출됐다. 순전히 운에 따라 암컷의 난자와 결합하여 수정이 되고, 수정란에서 자라난 어린 애벌레는 돌연변이가 일어난 코텍스 유전자의 복사본을 가진 개체로 자라난다. 돌연변이 애벌레도 여름 내내 다른 형제들과 함께 자작나무 잎을 우적우적 씹어 먹으며 지내다가 번데기가 되기 위해 땅으로 기어가기 시작한다.

풀뿌리 아래에 번데기가 조용히 누워 있을 때만 해도, 평온하게 잠든 겉모습으로는 그 안에서 대대적인 변화가 일어나고 있다는 것을 전혀 알 수 없다. 아직 적갈색 번데기 껍질 안에 접혀서 한창 발달 중인 나방의 날개에서는 코텍스 유전자에 끼어 들어간 트랜스포존이 불쑥 발현되어, 정상적으로라면 흰색과 검은색 점이 섬세하게 섞인 날개 모양을 만드는 과정에 일종의 방해물이 된다. 그 결과 깨어난 나방이 나무 위로 기어올라 자작나무 가지에 매달리고 마침내 단단해진 날개를 펼치자, 무연탄처럼 새카만 검은색 날개가 드러난다. 나방이 앉아 있는, 바로 그 나뭇가지에 뒤덮인 그을음 색과 거의 다르지 않다.

검은 날개를 가진 이 회색가지나방은 살아남아 번식한다. 규모가 작았던 검은 나방의 자손들은 서서히 숫자가 늘어난다. 19세기 초에 맨체스터에서 활동하던 곤충학자들도 이런 나방을 발견했지만, 학술지에 최초로 정식 보고가 이루어진 시기는 1848년, 맨체스터의 나방 수집가 에들스턴R. S. Edleston이 표본을 확보한 이후였다. 그때부터 상황은 빠르게 돌아갔다. 검은 나방은 급증하여 1860년대가 되자 맨체스터 일부 지역에서는 돌연변이 개체인 검은 나방을 흰 나방보다 더 흔히 볼 수 있었다. 날개를 검은색으로 만드는 유전자는 본거지인 맨체스터를 벗어나 영국 다른 지역으로도 흘러 들어갔다. 1870년대에는 맨체스터 남부에서 70킬로미터 정도 떨어진 스태퍼드셔와 맨체스터 북동쪽 요크셔에서도 검은 나방이 발견됐다. 19세기 말에 이르자 남부 시골 지역 일부를 제외하고는 영국에 서식하는 회색가지나방 개체에서 흰 날개를 만드는 기존의 유전자는 거의 찾아볼 수 없게 되었다. 얼마 지나지 않아 유럽 본토와 북미 대륙에도 검은 나방이 나타났다.

나방을 연구하는 학자들은 당황했다. 영국의 곤충학 관련 학술지에도 뜨거운 논쟁이 벌어졌다. '습도 조건이 바뀌어서 그렇다, 먹이 때문이다'라는 추측부터 생식이 이루어지는 동안 '암컷 주변의 어떤 대상이 강력한 영향력을 행사했기 때문'이라는 주장도 등장했다(당시는 유전자의 기능 방식이 아직 밝혀지지 않았다). 그러나 빅토리아시대에 나비목 곤충을 주로 연구한 학자 투트J. W. Tutt는 1896년에 발표한 저서 『영국의 나방British Moths』에서 현재까지 '공업암화' 현상으로 불리는 개념을 아래와 같이 유창하게 설명했다.

> 이 현상을 어떻게 이해할 수 있을지 한번 생각해보자. …… 남부 지역의 숲에서 자라는 색이 옅은 나무 기둥에는 나방이 몸을 숨길 수 있는 확률도 상당히 높지만, 나무 기둥이 검은색인데 하얀 회색가지나방이 그 위에 앉아 있다면 어떻게 될까? 눈에 상당히 잘 띄어서 나방을 찾던 새의 먹잇감이 될 것이다. 회색가지나방 중에 일부가 다른 나방보다 색이 더 어두워진다면, 나무 기둥의 색과 더 비슷하게 검을수록 눈에 띄지 않을 확률도 높아진다는 것을 여러분도 쉽게 이해할 수 있을 것이다. 실제로 그렇다. 즉 색이 흰 나방일수록 더 잘 잡아먹히고 색이 어두울수록 살아날 가능성이 높아진다.

'실제로 그렇다.' 오늘날 진화생물학자 대다수는 공업암화 현상에 관한 투트의 명쾌한 설명(앨버트 판이 함축적으로 제시한 내용)에 동의할 것이다. 산성비로 이끼가 죽고 껍질이 없는 나뭇가지가 그을음에 덮여 검은색이 되자 회색가지나방과 고리무늬나방을 비롯한 여러 수많은 곤충의 얼룩덜룩한 색은 더 이상 몸을 숨기는 기능을 발휘할 수 없게 되었다. 그때 색이 더 어두운 돌연변이 개체들이 새로 등장하거나, 원래 있었지만 이전에는 들어설 자리도 없었던 개체들이 어두운 환경에서 눈에 덜 띈다는 사실이 입증됐다. 자연선택도 이 방향으로 진행된 것이다. 그러나 이런 과정이 일어났으리라는 의견은 오랫동안 거센 비난에 시달렸다. 존경받는 나비목 연구자가 제시한 의견일지라도 더 확실한 근거가 필요했다. 위에서 말한 투트의 세밀한 설명도 진행 중인 진화가 발견된 최초의 사례로 공식적인 인정을 받으려면 검증 과정을 거쳐야 했다.

처음 그 시도를 한 사람은 수학생물학자인 홀데인이었다. 그는 1924년에 검은색 나방이 맨체스터 전체를 장악하기까지 걸린 시간(50년)을 토대로 선택계수를 계산하고, 날개가 흰 나방이 검은 나방에 비해 상대적으로 생존에 불리하다는 사실을 밝혔다. 그는 이 차이가 최대 약 50퍼센트가 될 수 있다고 설명했다. 즉 흰 나방 두 마리가 새의 공격을 피해 살아남을 때 검은 나방은 세 마리가 생존한다는 의미다. 그러자 홀데인의 동료 학자들 중 다수가 특정 개체가 선택될 가능성이 그렇게까지 커질 수는 없다며 반박했다. 이들은 나방의 위장술과 새의 연결 고리 사체가 약하다고 주장했다. 야생에서 새가 회색가지나방을 실제로 먹는 모습이 포착된 적이 전혀 없다는 것이다. 이렇게 맞선 주장은 다시 30여 년이 흐른 뒤에야 새로운 국면을 맞이했다.

새가 회색가지나방을 잡아먹는 모습을 최초로 관찰한 사람은 헤이즐 케틀웰Hazel Kettlewell이었다. 관찰 날짜는 1953년 7월 1일로, 그는 버밍햄 아래쪽에 위치하여 도시 공해의 영향을 받은 산림 지역인 캐드버리 조류 보호 구역에서 나무 기둥에 앉아 쉬고 있는 회색가지나방을 쌍안경으로 주시하고 있었다. 그때 갑자기 바위종다리가 고사리 사이에서 푸다닥 날아오르더니 나무에 앉아 있던 나방을 낚아채서 시야에서 사라졌다.

기념할 만한 일이었다. 새가 '실제로' 가만히 나무에 앉아 있는 회색가지나방을 먹이로 삼는다는 중대한 사실을 처음으로 관찰한 사례이기도 하지만, 진화생물학적으로 가장 유명한 실험이 진행되는 동안 포착된 결과이기 때문이다. 헤이즐의 남편은 의사이자 독학으로 동물학자가 된 버나드 케틀웰Bernard Kettlewell로, 얼마 전부터 옥스퍼드 대학교에서 자연선택과 공업암화에 관한 실험을 맡고 있었다. 버나드가 어쩌다 그 자리를 얻게 된 것은 아니었다. 에너지 넘치고 뛰어난 실력자인 데다 박학다식한 그는 옥스퍼드에 비공식으로 운영되던 '생태유전학과'의 창립자, E. B. (헨리) 포드와 오랜 친구 사이였다. 포드는 수년간 공을 들인 끝에 자진해서 남아프리카에서 유배 생활을 하던 버나드를 끌어올 만한 충분한 재원을 마련할 수 있었다. 회색가지나방에 관한 풀리지 않은 마지막 퍼즐 한 조각(새가 정말로 나방을 잡아먹을까? 나방의 색이 주변 환경의 색과 비슷할수록 실제로 새에게 잡히는 숫자도 적을까? 환경 색과의 차이가 나방의 날개 색에 새로운 진화가 일어나는 동력이 될 만큼 큰 영향을 줄까?)을 풀 수 있는 사람은 케틀웰밖에 없다고 포드는 확신했다.

그리하여 버나드는 가족과 함께 1952년의 대부분을 옥스퍼드 대학교 소유였던(현재도 마찬가지다) 위담 숲Wytham Woods에서 트레일러 생활을 하면서 보냈다. 그곳에서 케틀웰 가족은 회색가지나방 애벌레 3,000여 마리를 직접 길렀다. 번데기로 변할 시점까지 정성을 다해 키우고 번데기로 머물러 있는 겨울 내내 돌봐주었다. 이듬해 6월이 되어 번데기가 변태하기 직전에 버나드는 번데기를 조심스럽게 거즈에 싸서 자신의 플리머스 차량 뒷좌석에 싣고 캐드버리

조류 보호 구역으로 향했다.

그가 캐드버리 조류 보호 구역을 택한 이유는 그곳이 버밍햄과 가까워서 산업 시설에서 발생한 짙은 그을음에 덮인 곳이었기 때문이다. 버나드는 트레일러를 현장 실험실로 꾸미고 아내 헤이즐의 도움을 받아 11일간 잠시도 쉬지 않고 연구를 진행했다. 두 사람은 나방이 번데기를 벗고 나오면 각각 날개에 페인트로 특정한 표시를 한 뒤 나뭇가지에 올려두었다. 그리고 밤이 되면 두 종류의 나방 덫을 설치했다. 하나는 수은 증기가 발생하는 전등이고, 다른 하나는 교미 활동에 적극적인 암컷 회색가지나방을 거즈 재질의 슬리브에 넣어둔 것으로 둘 다 실험을 통해 나방을 유인할 수 있다는 사실이 확인된 방법이었다(물론 후자의 경우 수컷 나방만 잡아들일 수 있다). 버나드는 주변 환경의 색과 큰 차이가 나지 않는 검은 나방에 비해 몸을 숨기기 힘든 나방이 새들에게 너 많이 잡아먹힐 것으로 추정했다. 그리고 불균형적인 포식이 실제로 이루어질 경우 덫에 걸려들 정도로 오래 생존한 나방의 숫자에도 색깔별로 차이가 생길 것이라는 가정을 세우고 11일간 실험에 돌입했다.

헤이즐이 바위종다리가 나방을 채 가는 장면을 목격한 것은 이 실험이 진행되고 있을 때였다. 이후에도 새가 나방을 먹이로 삼는 모습은 계속 관찰됐다. 두 사람은 며칠에 걸쳐 바위종다리와 울새가 흰 나방과 검은 나방을 모두 잡아먹는 모습을 지켜보았다. 그리고 숲 주변을 돌아다니면서 아침에 풀어준 나방 중에 저녁에도 나뭇가지에 앉아 있는 나방이 발견되면 기록해두었다. 그 결과 날개색이 검은 나방은 63퍼센트가 마지막으로 놓아둔 장소에서 발견된 반면 날개 색이 흰 나방은 그 비율이 46퍼센트에 불과했다. 이 차이는 홀데인이 예측한 수준과 거의 일치했다. 버나드는 1955년에 발표한 유명한 논문 「나비목 곤충의 공업암화 현상에 관한 선택 실험」에서 '새들은 진화 이론의 가정과 같이 선택 인자로 작용한다'고 설명했다.

야간에 설치한 나방 덫에서도 근거가 확인됐다. 케틀웰 부부가 11일간 덫을 설치한 결과, 숲에 풀어준 630마리의 수컷 나방(날개 색이 밝은 나방과 어두운 나방을 합쳐서) 가운데 149마리가 덫에 잡혔다. 그리고 덫에 들어온 나방 가운데 흰 종류와 검은 종류는 수적으로 동일하지 않았다. 흰 나방의 경우 풀어준 수의 13퍼센트가 다시 붙잡힌 반면 검은 나방은 덫에 걸린 비율이 두 배 이상이었다(28퍼센트). 색이 밝은 나방이 어두운 나방보다 수적으로 더 많이 사라진 요인이 있음을 알 수 있는 결과였고, 그 요인은 바로 새들이라는 사실이 확인된 것이다.

버나드는 2년 뒤 정반대의 실험을 실시했다. 대기가 오염되지 않고 깨끗한 도싯Dorset 지역의 한 숲에 미리 표시한 나방 800여 마리를 풀어놓는 실험이었다. 예상대로 앞선 실험과 정확히 상반되는 결과가 나왔다. 자작나무 기둥에 이끼가 덮인 이 숲에서는 색이 어두운 나방일수록 눈에 더 잘 띄고 색이 밝은 나방은 거의 눈에 띄지 않았다. 충분히 짐작할 수 있듯이, 버나드가 설치한 덫에 걸려 다시 돌아온 나방의 수는 밝은색 나방이 어두운색 나방보다 더 많았다(각각 14퍼센트와 5퍼센트). 버나드는 이 실험을 다른 동료와 함께 진행했다. 네덜란드의 행동생물학자이자 나중에 노벨상을 수상한 니코 틴베르헌Niko Tinbergen으로, 조류 행동에 관한 연구로 명성을 얻은 학자이며 생태학적 연구에 영화 촬영 기술을 최초로 도입한 인물이기도 하다. 케틀웰이 모슬린 천으로 만든 나방 덫과 수은 증기가 나오는 램프를 들고 바쁘게 실험에 몰두하는 동안 틴베르헌은 카메라를 들고 몸을 숨긴 채 조용히 앉아서 점박이딱새며 동고비, 노랑멧새가 날개 색이 밝거나 어두운 회색가지나방을 사냥하는 모습을 멋진 영상으로 담아냈다.

틴베르헌이 만든 영상과 사진, 케틀웰의 논문(도싯에서 얻은 데이터를 발표한 논문과 버밍햄 연구를 재실시하여 1956년에 《Heridity》에 실린 두 번째 논문), 그리고 케틀웰의 멘토인 헨리 포드가 그의 연구 결과를 여러 차례 언급하고 알린 덕분에 회색가지나방은 현재 진행 중인 진화를 보여주는 독보적인 사례가 되었다. 1960년대 중반에 이르자 회색가지나방은 진화에 관한 강의와 문서, 논문에 빠짐없이 등장하기 시작했다. 이후 20세기 나머지 기간에 나온 생물학 교과서 중에 동일한 나무 기둥에 앉아 있는 옅은 색 나방과 짙은 색 나방의 사진이 실리지 않은 책을 찾을 수 없을 정도였다. 사실 도시 진화를 보여주는 이 초기 사례는 너무나 잘 알려져 있고 하도 많이 언급되어서, 1990년대 말에 밝혀지기 시작한 뜻밖의 반전만 아니었다면 이 책에서까지 굳이 다루지는 않았을 것이다. 여러분도 어렴풋이 그 기미를 느끼고 있었을지도 모르겠다. 여기까지 읽는 동안, 언젠가 어딘가에서 이 같은 단기 진화 패러다임에 수상한 부분이 있다는 사실을 듣거나 읽은 것 같다고 느낀 사람도 있을 것이다.

의혹은 캠브리지 대학교의 진화생물학자 마이클 마제루스Michael Majerus가 1998년 『흑색증: 진행 중인 진화Melanism: Evolution in Action』라는 제목의 저서를 발표한 후 처음 불거졌다. 이 책의 핵심적인 가치는 기존에 실시된 어떤 연구보다 회색가지나방의 사례를 훨씬 더 상세히 다채롭게 보여주었다는 점이다. 마제루스는 과거 다른 학자들이 의문을 품은 내용을 비롯해 답을 찾지 못한 문제들이 있다고 지적했다. 나방은 항상 나무 기둥에만 앉아 있을까, 아니면 날개 색으로는 더 이상 몸을 감출 수 없는 다른 장소에도 앉아 있을까? 나방은 밤에도 날아다니므로 새가 아닌 박쥐가 자연에서 나방의 주된 천적이 아닐까? 케틀웰이 숲에서 실시한 실험처럼 나방을 인위적으로 특정 환경에 높은 밀도로 방출하는 것이 실제 일어나는 자연선택을 조사하는 적절한 방법일까? 마제루스가 이 같은 비판적 평가를 시작한 이유는 동료 학자들에게 회색가지나방에 관한 연구를 다 밝혀진 사례로 단정 짓고 끝내는 대신 힘들고 괴롭더라도 아직 밝혀지지 않은 사실을 알아내고 불확실한 부분을 없앨 수 있는 좀 더 세밀한 연구를 새로 시작하자고 독려하기 위해서였다. 마제루스 자신도 바로 그러한 목표를 이루고자 노력하는 중이었다.

그러나 회색가지나방의 공업암화에 관한 새로운 연구를 촉진하려던 목적과 달리 마제루스의 저서는 이 나방에 관한 이야기 전체에 의혹을 품게 만들었다. 마제루스도 의도치 않은 결과에 크게 절망했다. 유전학자 제리 코인Jerry Coyne은 《네이처Nature》지에 실린 이 책에 관한 리뷰에서 '당분간은 회색가지나방을 현재 진행 중인 자연선택을 보여주는 명확한 사례로 보는 시각을 거두어야' 하며 '안타깝지만 마제루스는 이 고전적인 사례가 올바르지 않다는 사실을 보여주었다'고 밝혔다. 코인의 동료들 중에도 마제루스가 저서에서 밝힌 주장이 실제로 무엇을 의도한 것인지 잘 아는 사람들 중 일부는 코인의 이런 해석에 놀라워했다. 한 명은 '내가 아는 바로는, 이 리뷰는 다른 책을 두고 하는 이야기처럼 들릴 정도다'라고 썼을 정도였다.

그러나 이미 피해는 발생했다. '과학자들, 나방에 관한 다윈 이론에서 허점을 발견하다'라던가 '굿바이, 회색가지나방' 같은 제목이 달린 신문기사가 헤드라인으로 등장하기 시작했다. 하지만 최악의 사태가 남아 있었다. 2002년, 주디스 후퍼Judith Hooper라는 기자가 쓴 『나방과 인간: 음모, 비극, 그리고 회색가지나방Of Moths and Men: Intrigue, Tragedy and the Peppered Moth』이라는 제목의 책이 발표되자 그야말로 폭탄이 떨어진 듯한 상황이 벌어졌다. 회색가지나방의 연구 역사를 상세히 조사한 내용을 술술 정리한 이 저서에서 후퍼는 영국의 나방 학자들 사이에 형성된 복잡한 관계를 해부하고, 케틀웰은 그가 속한 옥스퍼드 대학교의 학계 거물급 인사들에게 종속된 위치에 있었으므로 그의 실험도 이 관계에 의해 변질됐다고 주장했다. 즉 상급자들에게 만족스러운 결과를 제공하기 위해 실험을 조작했다고 본 것이다. 후퍼는 그와 같은 잘못된 행위를 뒷받침할 만한 확실한 근거를 제시하지 못했지만 미묘한 단어 선택과 원인을 연좌제로 돌리는 방식으로 근거 불충분이라는 비난을 가까스로 피할 수 있었다. 후퍼가 자신의 책을 판매할 주력 시장으로 내다보았다고 추정되는 미국의 천지창조론자들은 즉각 그 의도대로 책의 내용을 받아들였다. 창조과학연구소에서는 '진행 중인 진화를 보여주는 가장 확실한 증거로 여겨지던 사례까지도 진실의 시험대를 통과하지 못한 엉성한 결과로 드러났으니, 창조론자들에게는 너무나 감격적인 일이 아닐 수 없다'는 내용의 글을 발표했다.

후퍼의 책과 자신의 저서 내용을 둘러싸고 벌어진 난리법석은 마제루스가 새로운 조치를 취하게 만든 동력이 되었다. 그는 과거 케틀웰이 실시한 것과 같은 대규모 시리즈 연구를 기획했다. 결과에 영향을 줄 수 있는 함정은 피하고 이 주제에 관한 논란을 완전히 잠재우는 것이 그의 목표였다. 실험 장소는 캠브리지 근교에 위치한 본인 소유의 1헥타르 규모 정원이었다. 연구는 2002년부터 2007년까지 실시됐다. 실험 대상은 정원에 자발적으로 들어와서 살고 있는 회색가지나방 4,864마리(케틀웰이 실시한 실험과 비교하면 거의 열 배에 육박하는 규모)였다. (케틀웰은 항상 나방을 직접 대량으로 기른 뒤 수백 킬로미터 떨어진 실험 장소로 옮기는 방식을 택했다. 이는 특정 장소에 자연적으로 존재하는 나방보다 더 많은 나방이 밀집되도록 하는 방식이고 실제로 해당 장소에 그만큼의 나방이 존재한다고 볼 수 없다는 점에서 잘못된 방법으로 비판받았다.)

마제루스가 택한 또 한 가지 다른 방식은 나방을 나무에 올려두는 대신 스스로 쉴 곳을 찾도록 한 것이다. 그는 각각의 나방에 표식을 한 뒤 밤마다 나무 기둥과 가지까지 모두 포함된 커다란 우리 안에 한 마리씩 풀어놓았다. 그리고 아침이 되면 날이 밝기 전에 우리를 제거하고 나방이 앉아 있는 위치를 기록한 뒤 네 시간 뒤 그 나방이 같은 위치에 앉아 있는지 확인했다. 나방이 보이지 않을 경우 울새나 바위종다리, 찌르레기 등 정원에 있던 곤충을 먹이로 삼는 새들이 잡아먹은 것으로 보았다. 마제루스는 정원에서 쌍안경을 들고 나무를 훑어보면서 직접 그런 일이 벌어지는 사례를 최소 276회 관찰했다.

잠시만 생각해봐도 그가 얼마나 헌신적으로 노력했는지 알 수 있으리라! 마제루스가 보유한 우리는 열두 개라 매일 밤 풀어놓을 수 있는 나방도 열두 마리가 전부였다. 이는 곧 6년이라는 실험 기간 동안 400번이 넘게 한밤중에 우리를 열었다 닫고 기록하고, 한여름 새벽부터 다시 나가보려고 알람시계를 맞추고, 우리를 치우고, 커피 잔을 든 채로 창문 너머에 앉아 쌍안경으로 정원에 들어오는 새들이 있는지 지켜보았다는 것을 의미한다. 게다가 이 연구를 대학에서 학생들 가르치는 본업은 물론 행정적으로 처리해야 할 일들과 병행했다는 사실을 기억해야 한다. 날개가 어두운 회색가지나방이 환경오염과 나방을 잡아먹는 새들의 영향으로 인한 자연선택으로 진화한 것이라는 사실에 한 치의 의혹도 없음을 입증하기 위한, 그의 엄청난 노력이 느껴진다.

그리고 그는 입증해냈다. 다르게 이야기하면 회색가지나방에 원래 색으로 되돌아가는 진화가 다시 시작됐다는 사실을 입증했다고도 볼 수 있다. 1950년대와 1960년대에 대기오염을 줄이기 위한 법률이 마련되어 영국의 산업화를 여실히 보여주던 시커먼 나무들도 서서히 과거의 일이 되었다. 공기가 깨끗해지고 나무에 이끼도 다시 자라자 검은 날개를 가진 회색가지나방의 상황도 바뀌었다. 영국 대부분의 지역에서 시커먼 날개가 더 이상 보호 장치 역할을 못하게 된 것이다. 반대로 검은 날개로 얻을 수 있었던 이점은 조금씩 약화됐다. 그 결과 1965년부터 2005년까지 검은 회색가지나방의 개체수는 한 세기 전에 증가했을 때와 거의 비슷한 속도로 감소했다. 현재는 검은 회색가지나방이 1848년에 그랬던 것처럼 보기 드문 곤충이 되었다.

마제루스의 실험은 이 새로운 진화에 따른 개체수 감소가 막바지에 이르렀을 때 실시됐다. 그가 실험을 진행한 6년 동안 그의 정원에서 날개가 어두운색인 회색가지나방의 수는 2002년 10퍼센트에서 2007년 1퍼센트로 감소했다. 더불어 이러한 변화와 일치하는 다른 결과도 함께 확인됐다. 매일 새가 낚아채는 나방의 비율이 날개가 밝은색인 경우 20퍼센트였지만 날개가 어두운색인 나방은 약 30퍼센트로 나타났다.

마제루스는 6년간 실험한 결과를 2007년 스웨덴에서 열린 한 컨퍼런스에서 발표했다. 그러나 시간이 부족해서 학술지에 정식으로 발표하지는 못했다. 2008년 말에 진행 속도가 굉장히 빠른 악성중피종 진단을 받은 그는 2009년 1월에 쉰네 살 젊은 나이로 세상을 떠났다. 마제루스가 사망한 직후 가족들은 그의 친구 네 사람에게 그가 스웨덴에서 발표할 때 사용한 슬라이드 자료와 기록을 정리해서 논문을 작성할 수 있도록 허락했다. 그리하여 2012년, 학술지 《생물학 소식Biology Letters》에 「새의 선택적인 회색가지나방 사냥: 마이클 마제루스의 마지막 실험」이라는 제목으로 발표됐다. 이 논문은 다음과 같은 문장으로 마무리된다. '본 새로운 데이터와 기존에 알려진 무수한 데이터를 종합할 때, 회색가지나방의 공업암화가 다

원이 밝힌 현재 진행 중인 진화를 가장 명확하고 가장 이해하기 쉽게 보여주는 사례임을 알 수 있다.'

그리고 다시 한 번 사실이 밝혀졌다. 승리를 확신한 이 마지막 결론처럼, 2016년, 리버풀 대학교의 유전학자 일릭 사케리Ilik Saccheri가 이끈 대규모 유전학 연구진은 학술지 《네이처》에 발표한 논문에서 오래전부터 전해진 회색가지나방의 이야기는 사실이라고 밝혔다. 연구진은 이 나방의 검은색 날개는 아미노산 22,000개 길이의 '점핑' DNA가 자체적으로 잘려나와 나비와 나방의 날개 색을 조절하는 코텍스 유전자에 끼어 들어가서 발생한 돌연변이라고 설명했다. 코텍스 유전자의 구조와 염색체에서 이 유전자가 자리한 곳 부근의 유전정보까지 상세히 조사한 결과, 회색가지나방의 공업암화는 이동성 유전인자가 단 한 번 발생하면서 시작된 것으로 파악됐다. 사케리는 이 사선이 1819년경 영국 북부에서 일어난 것으로 추정되며 '초기 산업혁명이 한창일 때 벌어진, 크게 한 방 먹인 사건'이라고 이야기했다.

이처럼 최근 몇 년간 새롭게 발견되어 쌓인 근거들을 보면 버나드 케틀웰의 연구 결과는 믿을 만한 내용으로 보인다. 회색가지나방이 자연선택으로 인한 진화 과정을 보여주는, 교과서에 실릴 만한 대표 사례임이 다시금 입증된 것으로도 볼 수 있다. 동시에 유전학적으로는 '인간이 유도한 급속한 진화적 변화HIREC: Human-Induced Rapid Evolutionary Change'에 따른 도시 진화가 최초로 기록된 사례이기도 하다. 인간, 특히 도시 지역에 높은 밀도로 모여 사는 인간 집단은 야생 동식물의 도태압selection pressure에 10퍼센트 이상의 전에 없던, 이례적으로 강력한 영향력을 발휘할 수 있는 것으로 밝혀졌다. 회색가지나방의 코텍스 유전자에 날개 색을 검게 만드는 진화적 변화가 급속한 급락을 보인 것은 도시 자연에 체계적인 변화가 일어날 것임을 예고한 사례로도 해석할 수 있다. 회색가지나방의 경우 다시 되돌릴 수 있는 진화적 시소를 탄 것과 다름없다. 특정 유전자 하나가 갑자기 늘어났다가 다시 감소한 사례는 논란이 일었음에도 그 과정의 단순성과 명료성 덕분에 온 세상에 알려졌다.

9
눈에 보일 정도로 빠르게

최근 불거진 일부 논란에도 불구하고 회색가지나방은 현재 진행 중인 도시 진화를 보여주는 대표적인 사례라는 지위를 정당하게 되찾았다. 산업혁명으로 대기오염이 심화된 시기에는 허옜던 날개 색이 검게 변했고, 최악의 상황이 끝나자 다시 어두운색 날개가 밝은색으로 돌아가고 있다. 생물이 가진 DNA에 인간이 유도한 강력한 자연선택의 영향으로 한 가지 요소만 바뀌어도 해당 생물의 진화 방향이 급격히 달라질 수 있는 것으로 밝혀졌다. 이번 장에서는 도시환경에 적응하면서 겉모습이 빠른 속도로 크게 바뀌는 진화 과정을 거친 동식물들을 몇 가지 더 소개한다. 그러기 전에 먼저 회색가지나방의 공업암화와 관련하여 한 가지 더 짚고 넘어가야 할 내용이 있다. 나방들의 세계에서 일반적으로 자연스레 진행되는 진화가 도시 버전으로 이루어졌다는 이야기다.

버나드 케틀웰은 흑색화가 진행된 나방에 관한 저서를 발표했다. 영국에서만 수십여 종에 달하는 나방이 색이 두 단계 이상 어두워지는 진화를 겪었다. 그을음에 덮인 나무껍질 때문에 이루어진 변화가 아니라, 각기 다른 서식지에서 좀 더 원활하게 생활하기 위해, 영국 각지에서 벌어진 현상이었다. 앨버트 판은 다윈에게 보낸 편지에서 다음과 같이 고리무늬나방의 사례를 들어 이미 이런 현상을 암시했다. "토탄이 남아 있는 뉴포레스트에서는 거의 검은색을 띠고 석회석 지역에서는 회색이며 루이스 인근의 백악질 지역에서는 거의 흰색을 띱니다. 또 점토가 많은 곳이나 헤리퍼드셔의 적색토 지역에서는 갈색을 띱니다." 토양의 종류에 따라 나방이 가장 우수한 위장술을 갖출 수 있도록, 자연선택은 지역마다 각기 다른 날개 색이 나오도록 유전자 발현을 조정했다. 나방이 두 지역이 인접한 곳에서 태어나 살던 곳과 다소 멀리 떨어진 곳까지 날아가서 짝짓기를 할 경우, 뉴포레스트 지역에서도 날개 색이 옅어지는 유전자가 발현된 자손이 태어나고 헤리퍼드셔에서 검은 날개 유전자가 발현된 자손이 태어나기도 했다. 그러나 그러한 자손의 숫자는 지리학적인 날개 색 패턴에 혼선을 가져올 만큼 많지 않았다. 각 지역에 알맞은 색깔이 아닌 다른 색 날개를 가진 나방은 그 지역의 조류에게 쉽게 포착되기 때문이다.

케틀웰은 '자연적인' 암화 현상을 밝히는 연구에도 매진했다(그가 사용한 표현은 공업암화가 아닌 '시골 암화'였다). 그의 제자였던 스티븐 서턴Stephen Sutton은 1960년에 케틀웰과 함께 오텀널 러스틱autumnal rustic, 학명 Eugnorisma glareosa이라는 나방에서 발생한 시골 암화를 연구하기 위해 셰틀랜드제도에 갔던 기억을 떠올렸다. '내가 배치된 곳은 흰 모래언덕이었다. 다른 보조 연구원들도 운스트섬까지 셰틀랜드제도 전체에 일정 간격으로 배치되었다. 내가 있던 모래언덕에서는 나방의 색이 굉장히 흐렸고 운스트섬의 토탄 지대에서 발견된 나방은 새카맸다. 여름철인 6월에는 갈매기가 날이 어둑해진 밤에 먹이를 찾아다니므로 날개 색이 주변 색과 일치하는 것이 생존 여부를 결정한다.'

그러므로 어떤 의미에서는 19세기 말부터 20세기 초에 영국 지도 곳곳에 나타난, 검은 날개를 가진 회색가지나방은 오래전 뉴포레스트에서 짙은 색 토양 지대에 나타난 검은색 고리무늬나방이나 셰틀랜드 황야 지대에서 관찰된 '새카만' 오텀널 러스틱과 다르지 않다. 전부 날개 색에 변화가 생기는 돌연변이와 눈으로 먹이를 찾는 새에 영향을 받은 진화 결과다. 다만 회색가지나방에 공업암화가 훨씬 더 빠른 속도로 일어났는데, 이는 주변 환경이 그만큼 더 빠르고 극적으로 바뀌었기 때문이다. 우리가 눈으로 확인할 수 있을 정도로 엄청난 속도였다.

회색가지나방의 경우 도시에 발생한 오염이 진화의 원인이었다. 본질적으로는 수백 년 동안 자연 조건에서 새들이 진화의 중개자 역할을 하면서 나방이 진화해온 방식과 동일하고 진행된 속도만 빨라졌을 뿐이다. 그러나 새들 역시 도시 진화에 영향을 받는다. 이 부분을 이해하기 위해서는 셰익스피어의 작품을 참고할 필요가 있다.

『헨리 4세』 1부에서 핫스퍼는 찌르레기가 자기 아내의 오빠인 모티머의 이름을 끝도 없이 반복해서 말하도록 훈련시켜서 헨리 4세를 미치게 만든다는 계획을 세운다. "아니다, 나는 찌르레기가 '모티머' 외에 다른 말은 한 마디도 못 하도록 가르칠 것이다. 왕에게 그 새를 주면 분노가 계속될 것이야." 핫스퍼는 고민 끝에 이런 생각을 떠올린다. 구체적으로 알려지지는 않았지만 셰익스피어 작품에 등장한 이 유럽찌르레기Sturnus vulgaris는 1877년, 미국에 정착할 식민지 개척자들과 함께 이주할 동식물 목록에 포함되어 있었다. 제약업을 하던 유진 시펠린Eugene Schieffelin은 그해에 환경 순화 학회American Acclimatization Society의 회장이 되었다. 해당 학회는 '다양한 외래 동식물을 방출함으로써 유익하고 흥미로운 결과를 얻고 북미 대륙을 개선'하는 것을 자신들의 소명으로 여긴 이상주의자의 조직이었다. 시펠린은 다소 이해하기 힘든 이유로, 셰익스피어 작품에서 언급된 모든 새들을 순화하기 위해 미국 땅에 데려갈 생물로 지정했다.

시펠린의 목적이 가장 성공적으로 이루어진 사례가 바로 핫스퍼가 이야기한 찌르레기였다. 1890년과 1891년에 80여 쌍의 찌르레기가 영국에서 배를 통해 뉴욕으로 옮겨져 센트럴파크에 방출되었다. 풀려난 새들은 왕의 이름을 반복해서 부르며 가만히 앉아 있는 대신, 미국 도시와 마을 곳곳에 빈 서식지를 찾아 지체 없이 정착하고 수를 늘렸다. 이에 관한 연구에 따르면, 찌르레기 서식지는 방출된 시점부터 연간 약 85킬로미터의 속도로 확산되었으며 개체수도 증폭했다. 이 마을에서 저 마을로, 다시 작은 동네로 훌쩍 이동하는 수준이었다. 1920년에는 미국 동부 해안 전체를 차지했다. 제2차 세계대전이 끝날 무렵에는 대초원 지대를 건넜고 1960년대에는 서부 해안까지 진출한 다음 1978년에 알래스카 내륙까지 뻗어나갔다. 현재 북미 대륙에 서식하는 찌르레기의 숫자는 전체 인구수에 맞먹는다.

셰익스피어 시대에 맡겨진 역할로 새로운 대륙에 도입된 유럽찌르레기는 분명 사느냐, 죽느냐의 선택 앞에서 사는 쪽을 택한 것 같다. 그러나 갓 생겨난 미국의 도시환경에 살아갈 터전을 마련하기 위해서는 그 민첩한 몸으로 반드시 이겨내야만 했던 일들이 있었을 것이다. 캐나다의 두 학자는 그 과정에서 영국의 식민지 개척자들이 맨 처음 데리고 온 찌르레기와는 신체적으로 다른 특징이 생겼을 것으로 추정했다. 이를 확인하기 위해, 두 사람은 북미 대륙에서 운영되는 자연사박물관 여덟 곳의 조류 전시물을 조사하여 1890년에 센트럴파크에 처음 도착한 후 120년 동안 살았던 박제된 찌르레기 312마리의 날개 형태를 분석했다. 캐나다 윈저 대학교 소속인 이 두 과학자, 피에르 폴 비튼Pierre-Paul Bitton과 브렌단 그레이엄Brendan Graham은 이 연구에서 흥미로운 사실을 발견했다. 시간이 갈수록 찌르레기의 날개가 점점 둥근 모양이 된다는 점이었는데, 이는 둘째 날개깃('아래쪽 팔'에 붙어 있는, 몸통과 가장 가까운 곳에 붙어 있는 깃털)의 길이가 4퍼센트 정도 길어지면서 나타난 변화였다.

새의 날개 형태는 마음대로 진화가 일어날 수 있는 부분이 아니다. 새가 살아가는 방식과 너무나 밀접한 관련이 있기 때문이다. 길고 끝이 뾰족한 날개는 일직선으로 빠르게 날아갈 때 유리한 반면 길이가 짧고 둥근 날개는 재빨리 방향을 전환하거나 신속하게 날아오를 때 중요한 기능을 한다. 급강하 폭격기처럼 움직이는 송골매는 전자와 같은 날개를 가졌지만 공중 곡예사처럼 움직이는 댕기물

떼세는 후자와 같은 날개를 가진 이유도 이 때문이다. 날개가 둥글수록 상황 변화에 빠르게 반응할 수 있다는 장점은 신대륙에 정착한 찌르레기의 날개가 그와 같은 형태로 진화한 여러 이유 중 하나일 것으로 추정된다. 이 120년의 기간 동안 북미 대륙 서부 지역(찌르레기가 확산된 지역)의 인구는 50배 가까이 늘어났다. 처음 도착했을 때만 해도 수적으로 매우 적었던 찌르레기는 불과 몇십 년 사이에 도심에서 크게 증가했다. 도시화가 진행된 후 도시에 사는 새들이 맞닥뜨린 새로운 위험 요소는 고양이와 자동차다. 그러므로 미국에 정착한 찌르레기의 날개 모양은 달려드는 고양이나 자신들이 있는 방향으로 쌩쌩 돌진하는 자동차를 피할 수 있도록 진화했을 가능성이 상당히 높다.

찌르레기의 날개에서 빠른 속도로 이루어진 진화는 원인을 추정만 할 수 있지만 미국의 길가에서 볼 수 있는 삼색제비Petrochelidon pyrrhonota는 진화의 원인이 정확히 밝혀졌다. 남자든 여자든 어떤 생물학자가 자신의 평생을 바쳐서 연구하는 새는 축복 받은 존재라 할 수 있을 것이다. 그런데 삼색제비의 경우, 남녀 학자 모두가 그와 같은 연구를 실시했다. 메리 봄버거 브라운Mary Bomberger-Brown과 찰스 브라운Charles Brown은 1982년부터 매년 봄마다 네브래스카주에서 삼색제비 군락을 연구했다. 연구를 시작한 무렵에는 대부분 절벽에서 파삭파삭한 재질의 바위가 툭 튀어나온 곳이나 모래로 된 곳을 찾아 진흙으로 박 형태의 둥지를 짓고 살던 삼색제비는 시간이 흐르자 새로 건설된 고속도로의 단단한 콘크리트 다리나 도로변 지하 배수로를 서식지로 택했다. "우리가 이 새들에게 더 나은 절벽을 제공한 겁니다." 봄버거 브라운의 설명이다. 시간이 흘러 이러한 인공 구조물에 지어진 삼색제비 둥지만 무려 6,000개에 달할 만큼 서식지는 크게 확대됐다. 두 과학자는 매년 삼색제비가 서식하는 곳으로 가서 현장 조사 기간 동안 매일 같은 도로를 자동차로 이동하면서 포획 그물로 제비를 잡아 다리에 숫자를 새긴 작은 고리를 끼워서 표시했다. 그리고 도로변에 떨어져 있는 죽은 삼색제비를 수거해서 날개 길이 등을 측정했다.

과학계의 연구에서 자주 일어나는 일이지만, 두 사람의 꼼꼼함과 열정, 지루한 일을 묵묵히 해낸 노력은 결국 훌륭한 성과로 돌아왔다. 2013년에 학술지 《현대 생물학Current Biology》에 발표한 두 쪽짜리 논문을 통해 두 사람은 30년간 제비 날개를 분석해서 얻은 데이터를 모두 종합하여 발표했다. 삼색제비가 도로 시설물에 처음 둥지를 틀기 시작한 1980년대에는 죽은 새와 살아 있는 새 모두 날개 길이가 약 10.8센티미터로 거의 동일했다. 그런데 시간이 갈수록 살아 있는 새의 날개가 10년에 2밀리미터 정도로 더 짧아지는 양상이 나타났다. 이 정도면 그리 큰 변화는 아니다. 도로변에 죽은 채로 발견된 새에서 정반대되는 결과가 나오지 않았다면 중요한 사실인 줄도 몰랐을 것이다. 그런데 2010년까지 조사한 결과 길가에 죽어 있던 새의 날개는 살아서 행복하게 날아다니는 새들의 날개보다 약 0.5센티미터가 더 긴 것으로 나타났다. 또한 조사 지역의 교통량은 과거와 같은 수준이거나 오히려 늘어났지만 죽어서 발견되는 새의 숫자는 90퍼센트 가까이 감소했다.

포장된 도로에 있다가 다가오는 자동차를 보고 수직으로 날아오를 수 있을 정도로 짧은 날개를 가진 새만 가까스로 위기를 모면할 수 있었고, '날개가 짧아지는 유전자'가 삼색제비의 전체 유전자 중 하나로 널리 확산됐다는 결론을 내릴 수밖에 없는 결과였다. 날개가 길어서 피하는 속도가 느린 새들은 갓길에서 숨이 끊어진 채로 발견되고, 이들이 보유한 '날개가 길어지는 유전자'는 전체 유전자에서 배제됐다. 그리고 살아남은 새들이 다가오는 차량을 점점 더 잘 피할 수 있게 되자 사고로 목숨을 잃는 새도 크게 줄어든 것이다.

대서양 반대쪽 프랑스 남부에서도 생존에 큰 방해가 되는 포장도로가 진화를 유도했다. 이 경우는 새가 아닌 식물에서 일어난 진화였다. 프랑스 국립과학연구센터CNRS 몽펠리에 지부 소속 식물학자 피에르 올리비에 셉투Pierre-Olivier Cheptou는 도시 보행로에 자라난 잡초를 연구해왔다. 보다 구체적으로는 인도를 따라 나무가 줄지어 세워진 1제곱미터 크기의 정사각형 토양에 자란 잡초를 조사했다. 셉투가 발표한 여러 논문 중 한 편에서 설명한 것처럼 '이와 같은 소규모 토양은 거리의 총 길이에 따라 5미터에서 10미터 간격으로 형성된다.' 실제로 구글 어스를 이용하여 몽펠리에의 거리를 따라 걸어가듯이 이동해보니 정사각형 모양의 자그마한 토양이 내 컴퓨터 화면으로도 충분히 확인할 수 있을 만큼 온 동네에 형성되어 있었다. 오귀스트 브루소네 거리Rue Auguste Broussonet며 앙리 마레 거리Avenue Henri Marès, 바크 도로Chemin des Barques를 따라 흡사 베르사유 궁전을 조각조각 분리한 것과 같은 기하학적인 패턴으로 형성된 이 토양을 활용하면, 도시 전체에서 생태학적인 실험을 실시할 기회를 얻을 수 있다. 셉투와 동료 연구자들은 정확히 이 기회를 활용한 것이다.

이렇게 조각조각 형성된 토양에는 약 100종의 각기 다른 야생식물이 자란다. 국화과 잡초인 크레피스 상크타Crepis sancta도 그중 하나로, 민들레와 비슷해 보이지만 노란색 꽃이 하나로 뻗은 줄기가 아닌 여러 갈래로 나뉜 줄기 꼭대기에 저마다 올라앉아 있다. 개화기가 끝나면 민들레와 마찬가지로 꽃이 보송보송한 형태의 씨앗으로 바뀐다. 씨앗은 대부분 작고 가벼우며 낙하산처럼 생긴 정교한 우산 모양 구조에 달려 있지만 개중에는 낙하산 장치가 붙어 있지 않고 무게도 훨씬 무거운 씨앗도 섞여 있다. 씨앗의 이러한 이중적인 형태는 크레피스 상크타가 두 마리 토끼를 모두 잡기 위해 택한 방식이다. 즉 무거운 씨앗은 바닥에 곧장 떨어져서 부모 식물의 뿌리 근처에서 적당히 비옥한 토양을 확보할 수 있고, 낙하산이 달린 씨앗은 바람이 불거나 지나가던 아이가 발견하고 후 하고 불면 공기 중으로 둥둥 떠다니다가 부모 식물과 멀리 떨어진 어딘가에 착륙한다. 약간의 운이 따른다면 비어 있고 뿌리 내리기에 적당한 땅을 만날 것이다.

이것이 크레피스 상크타가 야생에서 살아가는 방식이긴 하지만, 몽펠리에 도심에서는 '약간의 운'을 기대하기가 힘들다. 보도블록 군데군데 금이 간 부분을 제외하면 개똥이나 사탕 포장지, 담배꽁초가 너저분하게 널린 그 가로세로 1미터 크기의 토양이 싹을 틔울 만한 유일한 장소다. 크레피스 상크타가 도심을 서식지로 삼을 수 있었던 것은 '낙하산 같은 구조가 달린 씨앗'이 여기저기 날아간 덕분이지만, 일단 정착한 뒤에 번식할 수 있는 확실한 단 한 가지 방법은 '토양에 곧장 떨어지는 무거운 씨앗'이었다.

그러므로 도시에서 자라는 크레피스 상크타의 입장에서는 낙하산이 달린 씨앗의 수를 줄이고 무거운 씨앗을 더 많이 만드는 것이 진화적 측면에서 이치에 맞는 일일 것이다. 셉투는 정확히 그러한 변화가 일어났다는 사실을 발견했다. 그는 몽펠리에 도심의 거리 일곱 군데에 보도를 따라 띄엄띄엄 형성된 토양에서 크레피스 상크타 씨앗을 표본으로 채취했다. 그리고 몽펠리에 주변 시골의 목초지와 포도밭 네 군데에서도 크레피스 상크타를 찾아 마찬가지로 씨앗을 채취했다. 이렇게 모은 씨앗은 모두 프랑스 국립과학연구센터로 옮긴 후 같은 온실에서 동일한 조건을 적용하여 키웠다.

꽃이 핀 후, 셉투는 두상화 전체를 대상으로 무거운 씨앗과 낙하산이 달린 씨앗이 각각 몇 개씩 만들어졌는지 세어 보았다. 그 결과 도시에서 채취한 씨앗에서 자란 식물이 시골에서 채취한 씨앗에서 자란 식물보다 무거운 씨앗이 거의 1.5배 더 많은 것으로 나타났다. 낙하산이 달린 씨앗의 수는 반대로 더 적었다. 다시 말해 도시에서는 크레피스 상크타가 무거운 씨앗을 더 많이 만들기 위해 낙하산 달린 씨앗의 생산을 줄이는 쪽으로 진화한 것이다. 자손 세대의 상실과 씨앗 생산이 유전학적 특징에 얼마나 좌우되는지 분석한 내용을 토대로, 셉투는 이와 같은 진화적 변화가 약 열두 세대에 걸쳐 이루어졌다는 계산 결과를 얻었다. 크레피스 상크타는 한해살이 식물이고 셉투가 표본을 채취한 도심 거리는 10~30년 전에 재포장되었으므로 굉장히 빠른 속도로 진행된 도시 진화의 사례로 볼 수 있다.

그러나 도시 내부에서 이토록 신속하게 진행된 진화가 전례 없는 현상은 아니다. 몽펠리에에서 자라는 크레피스 상크타는 본질적으로 섬에 서식하는 식물과 같다. 침투가 불가능한 아스팔트와 콘크리트가 바다처럼 펼쳐진 곳에 1제곱미터 크기로 마련된 섬 같은 토양에서 자라는 동안 크레피스 상크타가 만들어내는 씨앗의 유형이 달라진 것은 실제로 바다 위에 섬에서 자라는 식물들에서 나타나는 현상과 동일하다. 로스앤젤레스 캘리포니아 대학교의 마틴 코디Martin Cody와 제이콥 오버튼Jacob Overton은 캐나다 바클리 해협 지역에 형성된 스물아홉 곳의 작은 섬에서 민들레와 닮은 또 다른 잡초, 서양금혼초Hypochaeris radicata 씨앗에 이와 매우 유사한 변화가 일어났다는 사실을 발견했다. 크레피스 상크타와 달리 서양금혼초의 씨앗은 낙하산 아래 씨앗이 매달린 한 가지 형태로만 만들어진다. 그런데 코디와 오버튼이 씨앗과 낙하산의 크기를 측정한 결과, 섬에서 자란 식물은 캐나다 본토에서 자라는 동종 식물보다 씨앗이 훨씬 더 무겁고 낙하산은 더 작아졌다는 사실을 확인했다. 이 변화도 몽펠리에의 크레피스 상크타와 똑같이 해석할 수 있다. 즉 가벼운 씨앗을 만들어내자 자손이 바다 쪽으로 훨훨 날아가 자연선택의 혹독한 결과를 겪었고 이로 인해 전보다 훨씬 작고 약한 낙하산 아래에 더 묵직한 씨앗이 매달린 형태로 씨앗을 만들어내는 진화가 이루어진 것이다!

아놀도마뱀속Anolis에 해당되는 도마뱀은 진화 방식이 엄청나게 다양한 생물에 속하는데 최근 들어 도시환경에 맞는 변화가 추가적으로 일어났다. 아프리카 지역의 대규모 호수에 서식하는 시클리드 어종이 2,000종으로 크게 축소된 것과 달리 아놀도마뱀은 지중해와 중앙아메리카, 남아메리카에서 척추동물 가운데 진화적으로 가장 폭넓게 다양화된 생물로 꼽힌다. 적응방산[*]을 보여주는 대표적인 사례로 교과서에 등장하는 생물답게 약 400종으로 나뉜 이 도마뱀은 각각의 종마다 특징과 서식지가 다르다. 몸길이가 겨우 몇 센티미터인 아주 작은 개체도 있지만 최대 50센티미터까지 이르는 초대형 개체도 있다. 예쁜 녹색, 청록색, 회색, 갈색무늬 등 색깔도 다양하고 코 모양도 아놀리스 니텐스Anolis nitens처럼 납작한 경우도 있지만 '피노키오 도마뱀'이라는 별명까지 붙을 정도로 길쭉한 경우도 있다(아놀리스 프로보시스Anolis proboscis). 또 카멜레온처럼 다부진 체형에 달팽이나 나방 번데기를 거뜬히 부수는 종이 있는가 하면 미끈한 체형에 물에서 수영하며 가재를 잡아먹는 종도 있다. 나무에 사는 아놀도마뱀도 각양각색이다. 나무줄기에 사는 아놀은 땅으로 점프하고 먹이를 쫓아갈 수 있도록 다리가 긴 편이고 나뭇가지에 사는 아놀은 가지를 단단히 붙들 수 있도록 다리가 짧다. 나뭇가지가 덮개처럼 우거진 윗부분에 사는 종은 미끄러지기 쉬운 나뭇잎 위에서도 안정적으로 버틸 수 있도록 발가락 바닥 부분이 넓다. (도마뱀 중에서 도마뱀붙이 외에 발가락 하나로 매달릴 수 있는 종은 이 아놀도마뱀이 유일하다.) 풀숲에서 사는 종은 꼬리가 굉장히 길고 세로로 길게 줄무늬가 있어서 발견하더라도 꼭 풀줄기처럼 보인다. 이처럼 다양한 아놀도마뱀은 저마다 다른 섬에서 반복적인

[*] 같은 종류의 생물이 여러 환경 조건에 적응하고 진화, 분화하여 비교적 짧은 시간에 다수의 다른 계통으로 갈라지는 현상.

진화 과정을 거쳤다. "대앤틸리스제도Greater Antilles의 섬 네 곳에서 네 차례 거듭해서 이루어진 변화에요!" 아놀도마뱀속 진화 연구 분야에서 세계 최고로 꼽히는 하버드 대학교 소속 조너선 로소스Jonathan Losos가 감탄하며 전했다.

아놀도마뱀이 현재와 같이 다양해지기까지는 5000만 년의 세월이 소요됐지만, 이것이 진화가 느리게 진행됐다는 의미는 아니다. 1977년에 시작된 유명한 실험에서 연구진은 바하마의 작은 섬 스태니얼 키Staniel Cay에 서식하는 갈색 아놀Anolis sagrei을 잡아 조사한 다음, 가까운 섬 가운데 이전까지 아놀도마뱀이 서식하지 않는 곳으로 알려진 섬 열네 군데에 수컷과 암컷을 조금씩 풀어놓았다. 약 10년이 지난 후, 연구진은 다시 그곳으로 돌아가 새로운 섬에 정착한 후손들을 잡아서 조사했다. 그 결과 새로운 장소에 정착한 도마뱀들이 스태니얼 키에 서식하던 개체군과 다르게 진화했다는 사실이 발견됐다. 전체적으로 다리는 짧아지고 발가락은 넓어졌으며 이 변화는 새로운 환경에 풀이 우거질수록 더 명확히 나타났다. 원래 서식지인 스태니얼 키에서는 커다란 나무줄기에서 빠르게 뛰어다녔으므로 다리가 길고 발가락은 좁을수록 더 유리했다. 그러나 새로운 서식지에서는 가느다란 나뭇가지와 풀잎에서 살아야 하므로 그 위에 매달릴 수 있어야 하고, 좁고 미끄러운 표면을 단단히 붙잡으려면 다리가 짧고 발가락이 끈적끈적할수록 유리하다. (이 사실은 연구진이 다양한 너비로 경사로를 만들고 도마뱀이 쫓기도록 한 적절한 실험을 통해 확인되었다.)

이처럼 스태니얼 키 실험에서 아놀도마뱀속 도마뱀은 빠르게 진화할 수 있는 생물로 밝혀졌다. 얼마나 빠르게 진화했을까? 진화생물학자들은 '다윈'이라는 단위로 이를 나타낸다. 1다윈은 1,000년에 대략 0.1퍼센트가 증가하거나 감소한다는 의미다. 스태니얼 키섬의 도마뱀들은 30~1,200다윈의 속도로 진화했다(1,200 다윈을 1.2킬로다윈이라고 부르기도 한다). 세계 최고 기록은 아니지만 상당히 놀라운 속도다.

이는 도시 진화를 해석하는 또 다른 관점을 제공한다. 아놀도마뱀속을 연구해온 크리스틴 윈첼Kristin Winchell이 발견한 것처럼, 이 도마뱀들도 도시를 피하지 않았다. 윈첼은 푸에르토리코섬 전역에서 나무줄기에 서식하는 작은 도마뱀 푸에르토리코 아놀Anolis cristatellus을 시골과 도시에서 찾아 조사해보기로 했다. 푸에르토리코에서 규모가 가장 큰 도시 세 곳의 거주 지역과 각 도시의 가장자리에 위치한 숲에서 잡은 도마뱀을 비교하고, 총 여섯 곳의 조사 대상 지점마다 길이를 조정할 수 있는 낚싯대 끝에 실크 재질의 올가미 밧줄을 연결한 장비를 이용하여 각각 50마리의 도마뱀을 잡았다. 붙잡힌 도마뱀은 꼬리 끝을 조금 잘라내고 이동식 X선 촬영 장비로 검사했다. 그리고 평판 스캐너로 발을 스캔한 뒤 비늘에 작은 글씨로 숫자를 써두었다. 다 끝나면 혼란스러워하는 도마뱀을 다시 원래 앉아 있던 곳에 돌려놓았다. (이 일을 겪은 도마뱀은 자손들에게 지금도 외계인에게 붙잡혀 갔던 날의 이야기를 들려주고 있을지 모른다.)

2016년에 학술지《진화Evolution》에 발표한 윈첼의 연구 결과에서는 도시 진화의 징후가 뚜렷하게 나타났다. 도시에 사는 도마뱀은 다리가 더 길고 발가락 아래쪽의 박막층도 더 많이 형성되었다. 그럼에도 잘라낸 꼬리 조각에서 얻은 DNA를 분석한 결과 각 도시에 사는 도마뱀은 다른 도시에 사는 도마뱀이 아닌 가까운 숲에 사는 도마뱀과 가장 가깝게 닮은 것으로 확인됐다. 즉 도시 도마뱀에서 발견된 차이는 세 차례 독자적으로 이루어진 진화였다. 다리와 발가락에 나타난 변화가 유전적 특징에 해당된다는 사실을 확인하기 위해, 윈첼은 도시와 숲에서 잡은 도마뱀 100마리를 보스턴에 위치한 자신의 연구소로 데려왔다. 도마뱀들이 알을 낳자 자손 세대는 전부 동일한 조건에서 자라도록 했다. 이렇게 원래 살던 곳이 아닌 새로운 장소에서 태어나 자란 도마뱀들 역시 부모가 도시 출신인 경우 숲에 사는 부모에게서 태어난 자손 세대보다 다리가 길고 발가락의 박막층이 더 많은 것으로 나타났다. 이러한 차이는 DNA에 좌우된 것이며, 단순히 도시환경에서 자라면서 생긴 변화가 아님을 확인할 수 있는 결과였다.

종합하면, 도시에 사는 아놀도마뱀은 도시에서 각자 살고 있는 장소에 알맞게 적응했다는 사실을 알 수 있다. 보통 나무줄기보다는 벽에 앉아 있다가 위험이 발생하면 재빨리 더 멀리 달아나야 하는 환경에 적응한 것이다. 또한 도마뱀이 도시에서 앉아 있는 곳은 아주 미끄러우므로(페인트가 칠해진 콘크리트 벽이나 금속 표면) 발가락으로 더 단단히 붙잡고 매달릴 수 있어야 한다. 실제로 10년 전에 발표된 한 연구 결과에는 도시에 사는 도마뱀은 숲에 사는 도마뱀보다 더 빈번하게 추락하고(떨어져 부딪히는 표면도 훨씬 더 단단하다) 이로 인해 다치거나 심지어 죽음에 이르는 일이 더 많다는 내용이 있다. 사고는 대부분 집 안에서나 집 주변에서 일어난다는 말이 도마뱀들에게도 적용된 것이다.

아놀도마뱀, 크레피스 상크타, 찌르레기, 삼색제비의 사례는 도시 진화가 빠르게, 관찰 가능한 수준으로 사실상 매우 단순하게 이루어진다는 것을 보여준다. 이어지는 내용에서는 도시 진화가 이와 달리 복잡하고 수많은 우여곡절을 거쳐, 직관과 어긋나는 방향으로도 일어날 수 있음을 살펴볼 예정이다. 그러기 전에 먼저 단편화 현상에도 주의를 기울여야 한다. 우리가 도시 곳곳에 만들어놓은 그 많은 방해물로 인해 도시 생물의 유전자가 최소 단위까지 쪼개진다면 진화가 이루어질 수 있는 바탕이 어떻게 마련될 수 있을까?

10
시골 쥐와 도시 쥐

파리 중심에 위치한 뤽상부르 공원에 세워진 마틸드 여왕의 대리석 동상을 보면, 공원 곳곳에 세워진 다른 동상들과 마찬가지로 머리에 길고 가느다란 바늘 같은 것들이 꽂혀 있다. 언뜻 보면 이 프랑스 귀족들이 하늘과 무선으로 연결된 것 같은 착각을 불러일으키지만 '안테나'처럼 생긴 이 바늘은 사실 공원에 날아다니는 새들이 왕의 머리를 배설물에 덮인 흉한 모습으로 만들지 못하도록 차단하는 기능을 한다. 그럼에도 머리에 고리 모양 무늬가 있는 앵무새 한 마리는 이런 조치 따위 개의치 않고 베르트 여왕의 왕관 위에 가볍게 자리를 잡고 앉는다. 녀석이 보란 듯이 갈긴 똥이 여왕의 볼에 떨어지는 동안 다시 푸드득 날아간 새는 새된 소리로 시끄럽게 울어대며 높다란 플라타너스 사이를 지그재그로 날아가는 앵무새 무리에 합류한다.

파리의 앵무새들. 흡사 마티스의 몽환적인 그림 제목으로도 손색이 없어 보이는 이 문구는 1970년대부터 프랑스 수도를 대표하는 아주 생생한 이미지가 되었다. 목도리앵무Psittacula krameri는 유럽 여러 도시에 성공적으로 침입한 새들 중 하나다(규모는 유럽보다 작지만 일본과 북미 대륙, 중동 지역, 호주도 마찬가지다). 인도와 아프리카가 원산지인 이 밝은 초록색의 앵무새는 빨간 부리와 긴 꼬리가 특징이다(수컷은 목에 검은색과 분홍색 무늬가 스카프를 맨 것처럼 나타나고 꼬리는 하늘색이다). 20세기 대부분의 기간 동안 새장에서 기르는 새로 엄청난 인기를 누렸다. 상품으로 판매되는 숫자가 크게 늘어난 만큼(1980년부터 서유럽에 40만 마리 가까이 수입됐다) 원래 서식지인 열대 지역에서는 개체수가 감소했다. 유럽 전역의 도시에서는 필연적으로, 붙잡혔다 탈출한 앵무새들이 점점 늘어나 자체적인 서식지가 구축됐다.

사람들의 이목이 집중된 행사를 통해 여러 차례 특별사면 조치를 받은 앵무새들도 있었다. 지미 헨드릭스가 1960년대 말, 런던 카나비 거리에서 앵무새 한 쌍을 풀어준 유명한 일을 두고 현재 런던에 앵무새의 개체수가 대폭 늘어나는 데 일조했다고 이야기하는 사람들도 있다. 벨기에의 한 동물원 주인은 1974년 '브뤼셀에 더 많은 색상을 부여하기 위해' 앵무새 40마리를 풀어주었고 이때 날아간 새들이 현재 3만여 마리에 이른 벨기에 전체 개체군을 구성했다. 브뤼셀 드 네크 거리에 사는 인구보다 4,000마리 이상 더 많은 규모다. 당시 동물원 책임자였던 기 플로리주네Guy Florizoone가 의도했던 것보다 더 많은 녹색과 붉은색, 오렌지색, 노란색, 파란색이 사람들의 눈에 들어오는 결과도 얻을 수 있었으리라.

목도리앵무도 집까마귀와 마찬가지로 열대 지역 출신임에도 북유럽 지역에서 큰 노력을 들이지 않고 도시 새로 번성했다. 도심 열섬 현상이 생존에 유리한 요소가 된 데다 도시에서는 겨울철에도 먹이를 구할 수 있다는 점 덕분이었다(특히 사람들이 명금처럼 몸집이 더 작은 새에게 던져주는 땅콩을 이 앵무새들이 모두 독차지하곤 한다). 목도리앵무의 기존 서식지가 히말라야의 낮은 산까지 포괄하는 넓은 범위라 추운 날씨에도 이미 적응했다는 점도 도시에 정착하는 데 도움이 되었다. 이 모든 요소들 덕분에 꽥꽥 울어대며 쏜살같이 날아다니는 앵무새는 이제 대부분의 유럽 도심에서 흔히 볼 수 있게 되었다. 나도 파리에 있을 때면 이 새들이 베르사유에 우뚝 서 있는 나무의 텅 빈 줄기 속에 먼저 들어가려고 옥신각신 다투는 모습이나, 다 함께 모여 잠을 청할 장소로 즐겨 찾는 몽수리 공원으로 가기 위해 저녁 무렵, 몽파르나스 대로를 따라 하늘 높이 떠들썩하게 쌩 날아가는 모습을 보곤 한다. 파리 식물원 주변을 날아다니기도 하고 뤽상부르 공원의 키 큰 플라타너스 사이를 돌아다니기도 한다. 프랑스 국립 자연사박물관 소속 생물학자인 아리안 르 그호Ariane le Gros는 "개체수가 아주 빠른 속도로 늘어나고 있어서 앞으로 파리의 공원에서 더욱 더 많은 앵무새를 볼 수 있을 겁니다"라고 설명했다.

르 그호는 도시에 서식하는 생물 종의 전체 유전자가 어떻게 구성되어 있는지 '계통생물지리학'으로 알려진 분야에서 연구하는 생물학자 중 한 사람이다. 1980년대에 등장한 계통생물지리학은 동물과 식물이 자연에서 어떤 진화를 거쳤는지 분석하는 학문이다.

이를 위해 특정 생물 종이 분포하는 여러 장소에서 다량의 표본을 채취하고, DNA에서 변이가 발생할 수 있는 다양한 부분을 '표식'으로 삼아 해당 생물 종의 유전적 구성에 관한 정보가 충분히 확보되면 이를 토대로 진화의 역사를 추적하는 것이다.

또한 계통생물지리학자들은 그 지역에 생물이 정착하게 된 가장 가능성 높은 경로가 무엇인지도 계산한다. 과거에 개체수가 크게 감소한 적이 있는지, 있다면 그 기간이 얼마나 지속됐는지도 파악할 수 있다. 예를 들어 아직까지 인간 화석은 단 하나도 발견된 적이 없지만, 현재 살아 있는 사람들의 DNA를 계통생물지리학적으로 분석하여 우리가 아프리카에서부터 진화해왔다는 사실과 지구상 곳곳에 살게 된 경로, 그 과정에 방해가 된 산과 사막, 이주 과정이 한 단계 진행될 때 동시에 이동한 규모와 같은 정보를 얻을 수 있다. 각 단계가 얼마나 오래 지속됐는지도 알 수 있다. 북유럽의 경우 오랫동안 여행과 무역 활동을 통해 다른 대륙에서 온 사람들과 결혼한 사례가 많아서 전체 유전자의 구성이 골고루 잘 섞인 것이 특징이라는 점도 그렇게 파악된 정보 중 하나다. 반면 뉴기니 내륙의 경우 산이 험준하고 숲이 울창하여 다른 곳으로 이동하기가 불가능해서 유전자가 전체적으로 매우 단편화된 경향이 나타난다. 이처럼 계통생물지리학은 특정한 생물 종이 현재 보유한 유전자를 통해 과거를 들여다보는 하나의 방식이라 할 수 있다.

최근 수년 간 이 계통생물지리학 분야의 학자들은 도시 생물에 관심을 기울이기 시작했다. 도시에 서식하는 식물군과 동물군의 DNA를 분석하면 다른 방법으로는 얻을 수 없는 여러 가지 중요한 정보를 얻을 수 있다. 아리안 르 그호는 '파리에 사는 앵무새들은 어디에서 왔을까?'라는 질문을 던졌다. '이 앵무새들은 유전자가 골고루 혼합된 단일 종일까, 아니면 여러 종류로 세분되었을까?'도 르 그호가 해결하고 싶었던 의문이었다. 이 의문들의 답을 찾기 위해, 르 그호는 파리 북부 소셋 공원Parc du Sausset과 파리 남부 쏘 공원Parc de Sceaux 주변의 개인 정원에서 100여 마리의 앵무새를 포획했다. 그리고 새의 혈액과 가슴 부위에서 뽑은 털의 모근에서 분리한 DNA 검체를 분석하여 앵무새 염색체에 존재하는 총 열여덟 가지 '표식'을 찾아 계통생물지리학적인 연구에 돌입했다.

놀랍게도 분석 결과 파리 남부와 북부에 서식하는 앵무새는 유럽 다른 도시에 사는 앵무새와 다를 뿐만 아니라 서로 간에도 차이가 있는 것으로 나타났다. 이에 르 그호는 파리에 사는 앵무새가 최소 두 가지 다른 계통의 새 군락에서 왔다는 결론을 내렸다. 이는 곧 파리 내에서 앵무새가 최소한 두 차례 방출되거나 탈출했다는 것을 의미하지만 르 그호는 이보다는 이 두 종류 중 하나 혹은 둘 모두가 다른 곳에서 파리로 유입되었을 가능성이 더 높다고 보았다(예를 들어 파리 북부에 서식하는 앵무새는 마르세유 궁전에 사는 새들과 매우 흡사한 반면 파리 남부에 서식하는 앵무새는 유전자 구성에서 유럽 내의 독특한 특징이 그대로 나타난다). 어느 쪽이든 확실한 사실은 이 앵무새들이 각자 현재 사는 곳에 정착한 이후에는 유전자가 서로 거의 섞이지 않았다는 점이다. 워낙 빠른 속도로 날아다니는 새들이라 20킬로미터쯤 되는 파리 북부와 남부 사이의 거리 정도는 손쉽게 이동할 수 있다는 점을 감안하면 놀라운 결과가 아닐 수 없다.

그러나 실제로는 그렇지 않다고 르 그호는 설명한다. 이 새들이 하루에 최대 15킬로미터를 날아갈 수 있는 건 사실이나 건물이 가득 들어선 지역을 날아가는 것은 앵무새들에게 별로 즐겁지 않은 일이기 때문이다. 도시에 서식하는 여러 다른 새들과 달리 목도리앵무는 나무가 없으면 살지 못한다. 발도 비둘기처럼 툭 튀어나온 돌 위에도 앉을 수 있는 형태가 아니라서 밤에는 나무 위에 앉아서 쉬어야 한다. 또한 도시에 살면서도 나무줄기의 텅 빈 공간에 알을 낳고 부화시키는 방식을 고수하고 있으므로 둥지가 반드시 필요한 새이기도 하다. 대부분 돌로 이루어진 파리 같은 도시에서는 보주 광장이나 튈르리 정원처럼 유명한 공원마저도 빈약한 흙길에 먼지를 뒤집어쓴 나무들이 몇 줄 늘어선 정도가 전부라 녹지 공간이라고 부르기 힘들다. 그러니 목도리앵무로써는 적합한 서식지를 쉽게 찾을 수 없다. 그러므로 파리에서 앵무새가 '진정으로' 집이라 여기는 공원들 사이사이에 나무 한 그루 없는 도심이 펼쳐지고 공원들이 서로 분리되어 있다면 같은 도시에 살더라도 유전자가 서로 혼합될 기회가 없는 게 당연하다.

새들만 해도 이런데, 땅에 사는 도시 동물들은 어떨지 생각해보라. 실제로 단편화 현상은 갈수록 극심해지고 있다. 보브캣으로도 불리는 붉은스라소니Lynx rufus의 예를 살펴보자. 전 세계에 서식하는 네 가지 종의 스라소니 가운데 몸집이 가장 작은 붉은스라소니는 대부분 북미 대륙 전역에 살고 있다. 덩치는 반려동물로 키우는 일반적인 고양이의 두 배 정도 되고 예나 지금이나 운동하듯 사냥에 집중적으로 몰입하는 붉은스라소니는 멋진 무늬가 매력적이며 털이 부드럽다. 지금까지 꽤 성공적으로 생존해온 데다 최근 몇 년 동안 개체수가 약간 늘어나는 추세도 나타났다. 교외 지역을 서식지로 삼는 경우도 점점 더 늘어나 반려견에게 쫓겨 나무 위로 달아나는 모습이 가끔 목격되기도 한다. 원래 붉은스라소니가 선호하는 서식지는 토끼와 설치류가 많은 숲 가장자리지만, 이제는 도시 안쪽까지 과감하게 들어와서 사는 개체도 나타났다.

야생동물을 연구해온 생물학자 로렐 세리에이스Laurel Serieys는 캘리포니아 남부에서 로스앤젤레스의 경계 안쪽과 북쪽 지역, 그리고 북서부 지역에 서식하는 보브캣에 관한 계통생물지리학적 연구를 실시했다. 무질서하게 뻗어나간 도시 외곽 지역과 농지, 초목이 자라는 언덕들과 거주지가 조각조각 형성된 광범위한 지역이다. 물론 도로도 굉장히 많다. 세리에이스가 조사한 가로 90킬로미터, 세로 50킬로미터 면적에는 동서 방향으로 이어지는 101번 국도와 남북으로 이어진 405번 주간고속도로까지, 미국에서 가장 혼잡한 고속도로로 꼽히는 두 개의 고속도로가 관통하며 크게 네 부분으로 나뉜다. 매일 약 70만 대의 차량이 할리우드 차량 추격 장면에 자주 등장하는 10차선 고속도로를 달리다 곳곳으로 이어진 이차, 삼차 도로로 흩어진다. 세리에이스는 이 도로들이 사람들을 이어주며 교통의 동맥과 같은 역할을 하는 반면 보브캣은 서로 다른 개체와 단절하는 경향이 매우 강력하게 나타난다는 사실을 발견했다.

세리에이스와 동료 연구진은 동물 친화적인 포획 장비(발판이 달린 덫, 케이지 형태의 덫, 상자 덫)을 이용하고 때때로 길 위에 발견되는 사체도 수거하여 해당 지역을 조용히 돌아다니는 붉은스라소니 약 400마리의 DNA 샘플을 수집했다. 그 결과 붉은스라소니의 유전정보를 토대로 도로가 서식지를 어떻게 분할했는지 명확하게 알 수 있었다. 로스앤젤레스 북쪽 끄트머리 지역으로(베벌리힐스, 할리우드, 그리고 할리우드 원형극장 주변) 405번 주간고속도로의 동쪽, 101번 국도의 남쪽에 서식하는 붉은스라소니들은 하나의 집단을 이루고 있으며, 101번 국도의 북쪽에 사는 같은 동물들과 유전적으로 큰 차이가 있는 것으로 나타났다. 계획도시인 사우전드 오크스Thousand Oaks가 자리한 이 북쪽 지역은 1969년에 영화 〈타잔〉이 촬영된 정글랜드Jungleland가 설립된 곳이기도 하다. 이 사우전드 오크스에 서식하는 보브캣은 101번 국도의 남쪽이자 405번 주간고속도로의 서쪽, 도시가 아닌 산타 모니카 산악 지역에 사는 보브캣과도 달랐다.

보브캣은 고속도로를 건너가지는 못하지만 그보다 작은 도로는 쉽게 횡단한다. 그러므로 집단별 유전학적 구성은 대규모 고속도로의 영향만 받는다. 쥐처럼 몸집이 작은 동물이라면 작은 거리 하나에도 영향을 받을 수 있다. 뉴욕에서는 포드햄 대학교의 동물학자 제이슨 문시사우스Jason Munshi-South가 뉴욕 도심의 야생 쥐를 대상으로 계통생물지리학적인 특성을 정확하게 분석하여 이름을 알렸다.

나는 문시사우스를 2005년에 처음 만났다. 호리호리한 체형이던 그는 당시 내가 근무하던 말레이시아 보르네오섬의 대학에서 정글에 사는 소형 포유동물을 연구하는 열대우림 생태학자로 박사학위 과정을 밟고 있었다. 2017년에 그와 스카이프를 통해 다시 만났을 때 나는 전혀 다른 사람을 만난 기분이었다. 정글 탐사 복장 대신 셔츠와 스웨터를 입은 문시사우스는 열대 지역에서 봤을 때와는 달리 수염을 기른 탓인지 도시인 특유의 탄탄한 인상이 느껴졌다. 그러나 포드햄 대학교의 큼직한 오크 책상에 앉아 나와 대화를 나눌 때 그의 뒤로 벽에 걸린 각종 설치류 연구 장비들을 보니 여전히 현장에서, 자연에서 발로 뛰는 동물학자의 면모가 그대로 남아 있음을 알 수 있었다. 다만 그 '자연'이 열대우림이 아니라 뉴욕 도심의 공원들로 바뀌었을 뿐이다.

"원래는 부가적인 프로젝트였어요." 그는 흰발붉은쥐Peromyscus leucopus를 2007년에 처음 연구하기 시작한 배경을 이렇게 설명했다. "뉴욕에서 어떤 모임에 참석했는데 그곳에서 누군가 시민 과학과 소형 포유류 동물을 주제로 프레젠테이션을 했습니다. 흥미가 생기더군요. 그래서 대학원생 몇몇을 모아서 그해 여름에 처음으로 덫을 설치하기 시작했어요."

문시사우스는 흰발붉은쥐(크고 새카만 구슬 같은 두 눈에 등은 회갈색 털로, 배와 발은 새하얀 털로 덮여 있다)에 대해, '집에 나타나 여기저기 뛰어다니는 쥐와 다르며 토착 동물이라 사람이 살기 훨씬 전부터 이곳에 살았다'고 알려주었다. 앞서 1장에서 언급한 에릭 샌더슨의 매나하타 프로젝트에서도 도시가 재탄생하기 전인 수백 년 전에는 숲과 목초지가 뉴욕 전체를 차지했다는 사실이 밝혀졌듯이, 당시에는 흰발붉은쥐도 어디에나 서식했다. 집단이 단절될 일이 없었으므로 유전자 전체가 골고루 섞여 DNA 교환도 자유롭게 이루어졌다. 북미 동부 해안의 비도시 지역에서는 지금도 그렇게 살고 있다. 그러나 21세기 초부터 뉴욕시에 남아 있던 쥐들은 점점이 흩어져 녹지로 남은 곳이나 현재 우리가 공원이라 부르는 장소에 분리되어 살고 있다. 맨해튼의 센트럴파크와 브루클린의 프로스펙트 공원이 가장 큰 서식지가 되었고 퀸즈의 윌로우 레이크에도 토종 쥐가 소규모로 살고 있다.

이렇게 비록 공원에 갇혀 사는 신세나 다름없지만(쥐들은 초목 아래로만 돌아다니며 대부분의 공원과 공원 사이에는 어떤 형태건 자연이라 부를 만한 곳이 없다) 상당히 잘 살고 있다. 특히 부엉이나 여우 같은 포식 동물이 서식할 공간이 없는 아주 작은 공원이 쥐들에게는 잘 지낼 수 있는 장소가 된다. "경쟁해야 할 동물이 별로 없으니까요. 특히 사슴 같은 동물이 많은 곳에서는 식물의 하층부가 아예 사라지는데, 이런 곳은 흰발붉은쥐가 이용할 수 있는 자원이 부족합니다. 그러나 도시에는 이 쥐들이 경쟁해야 하는 동물이 거의 없어요." 문시사우스의 설명이다.

이러한 이유로 뉴욕시의 공원마다 흰발붉은쥐의 개체수가 크게 늘어났다. 19세기 말, 도시 개발로 공원이 제각기 분리된 이후부터 이런 현상이 이어지고 있다. 문시사우스가 학생들과 함께 시내 공원 열네 곳에 새 모이를 미끼로 넣은 케이지 덫을 설치하여 수백 마리의 쥐를 포획한 결과, 120여 년의 기간은 공원마다 그곳에 서식하는 흰발붉은쥐의 DNA에 각기 다른 특징이 생기기에 충분한 기간이었음을 알 수 있었다고 밝혔다. 연구진은 붙잡은 쥐의 꼬리 끝을 1센티미터 잘라낸 후에 다시 풀어주었다. 쥐에게 큰 해를 입히지 않고 유전학적 검사를 실시할 수 있는 양의 생체 조직을 확보하는 방법이었다. 검사 결과 모든 공원마다, 설사 바로 옆에 붙어 있는 공원이라 해도 각각 고유한 유전학적 특징이 있는 것으로 나타났다. 보통 자연환경에서는 주 전체와 같이 훨씬 더 넓은 지역 단위로 차이가 나타난다. "누군가 우리 연구진에게 쥐를 한 마리 주고 어디서 잡았는지 알려주지 않아도 우리는 어느 공원에 살던 쥐인지 알 수 있습니다. 그만큼 서식지마다 확실한 차이가 있다는 뜻입니다." 문시사우스가 말했다.

뉴욕의 공원에 서식하는 흰발붉은쥐는 로스앤젤레스 근방에 사는 보브캣이나 파리에 사는 앵무새와 마찬가지로, 도시환경이 조각조각 분리된 경우가 많고 이로 인해 도시에 사는 동식물의 전체 유전자가 아주 세밀하게 쪼개져 수많은 종류로 나뉜다는 사실을 보여준다. 전 세계 포장도로의 규모가 3600만 킬로미터에 달하고 지구 전체 지표면의 20퍼센트는 도로가 없는 부분의 면적이 1제곱킬로미터도 채 안 될 정도로 도로가 매우 밀도 높게 형성되어 있다는 사실을 감안하면 그리 놀라운 일도 아니다. 포장도로와 더불어 철로, 보도 역시 일직선으로 길게 이어진 장벽으로 작용하고 그 위를 달리는 차량들, 길을 따라 줄지어 선 빌딩들도 동식물의 전체 유전자를 분리하고 서로의 만남이나 유전정보의 자유로운 교환이 이루어질 수 없도록 차단한다.

도시의 기반 시설 자체가 특정 생물의 서식지가 되기도 한다. 머리말에서 소개한 런던 지하철 모기가 그와 같은 경우로, 지하철 노선마다 각기 다른 모기 집단이 사는 것으로 밝혀졌다. 본 대학교의 마틴 쉐퍼Martin Schäfer가 유럽 다섯 개 도시의 건물을 대상으로 집유

령거미*Pholcus phalangioides*를 연구했는데 여기서도 마찬가지 결과가 나왔다. 동일한 건물인 경우 거미가 사는 집이 달라도 전체 유전자는 동일하지만 다른 건물에 사는 거미와는 전체 유전자에 차이가 있었다. 거미들이 집과 집 사이는 돌아다니지만 한 건물에서 다른 건물로 넘어가는 경우는 드물기 때문이다.

생물학자들 사이에서는 전체 유전자의 단편화가 해당 생물의 생존율에 악영향을 주는 것으로 받아들여진다. 이처럼 각기 고립된 소규모 집단이 형성되면 동종 번식이 늘어난다. 즉 같은 가족 사이에서 교배가 이루어지는 경우가 많은데, 만약 그중 한 마리가 유전적으로 결함이 있는 개체일 경우 교배 상태에서도 동일한 결함 유전자를 보유하고 있을 가능성이 있고 두 개체가 낳는 자손도 마찬가지다. 또한 확률적으로 유전적 변이도 사라진다. 즉 한 집단을 구성하는 전체 개체의 5퍼센트에서 유전적 변이가 존재한다고 할 때 이 집단이 규모가 매우 큰 경우에는 5퍼센트가 수백만 마리에 달하므로 자손을 낳지 않고 생을 다하는 개체가 단 한 마리도 없을 가능성은 없다. 그러나 집단의 전체 규모가 몇 십 마리 정도로 작다면 변이 유전자를 보유한 개체도 몇 안될 것이고, 운 나쁘게도 이 개체들이 전부 새끼를 한 마리도 낳지 못한다면 특이한 유전자도 함께 무덤에 묻힐 것이다. 이렇게 소규모 집단을 구성하는 개체들의 유전자가 점차 동일해지는 경향을 '유전적 부동'이라고 한다. 부동과 동종 번식은 그 집단의 '유전적 건강'에 해가 된다. 유전적 질병이 더 굳게 뿌리를 내리고, 유전학적 다양성이 사라지면 환경 변화에 적응할 수 없다.

환경 운동가들이 멸종 위기 동물들이 이용할 수 있는 통로나 집단 간 연계가 필요하다고 계속해서 이야기하는 이유도 이 같은 잠재적인 문제 때문이다. 도시처럼 세분화된 환경에서는 수많은 생물 종이 결국 버티지 못하고 사라질 수도 있다. 그러나 생존하는 동안에는 고립된 집단마다 유전적 부동과 동종 교배가 무작위로 이루어지고, 이를 통해 유전자 구성이 제각기 달라진다. 그 결과 보브캣과 앵무새, 흰발붉은쥐를 비롯해 전체 유전자가 마음껏 자유롭게 교환되지 못하는 다른 생물들도 유전체를 검사하면 유전적 단편화가 일어났다는 사실을 알 수 있다.

문시사우스는 전체 유전자가 단편화된다고 해서 해당 생물 종이 전부 사라지는 것은 아니라고 설명했다. "그렇지 않은 종도 있습니다. 우리가 생각지도 못한 종, 그냥 그곳에 계속 살고 있는 동물들이 있죠. 저는 그런 동물이 아주 흥미롭나고 생각합니다." 그가 조사한 흰발붉은쥐도 그렇게 생존한 동물 중 한 가지에 속한다. 도심 공원마다 유전학적 특성이 세분화되었음에도 불구하고 동종 교배나 유전적 부동의 악영향 때문에 살기 힘든 것 같지는 않다. 오히려 번성하고 있는 모습이 보인다. "도시 여러 곳에서 개체군의 밀도가 비교적 높은 수준에 도달한 생물은 대체로 잘 지낸다고 볼 수 있어요."

문시사우스는 서식하는 공원에 따라 흰발붉은쥐의 유전 구성이 모두 다른 이유는 동종 번식과 유전적 부동뿐만 아니라 '국지적 적응' 때문이라고 이야기했다. 각 공원에는 흰발붉은쥐가 각각 독립적인 집단을 이루며 살아가고, 이들은 다른 곳으로 이동하지 않으므로 그 한정된 공간의 환경에 맞게 적응하는 건 당연한 일이다.

문시사우스는 이 흥미로운 가능성을 좀 더 자세히 연구하기 위해 스티븐 해리스Stephen Harris라는 학생과 함께 혁신적인 유전학 연구 프로젝트를 진행했다. 두 사람은 뉴욕시 공원 몇 군데와 도시 외곽 지역 몇 군데에서 쥐를 포획했다. 쥐의 유전체에서 무작위로 선정한 표식만 분석하는 것에 그치지 않고 신체 기관에서 실제로 활성화된 다수의 유전자를 조사하는 것이 이 연구의 목표였다. 이를 위해서는 안타깝게도 쥐의 꼬리만 잘라내는 것에 그치지 않고 과감히 쥐를 해부해야 했다. 연구진은 포획한 쥐를 죽인 후 간과 뇌, 생식선을 분리하여 각 기관에서 메신저 RNA를 추출했다. 메신저 RNA(줄여서 mRNA)는 세포가 유전자에 담긴 정보를 이용하여 단백질을 만들기 전 단계에 생성되는 유전자의 복사본이다. 그러므로 특정 생물에게서 추출한 mRNA로 어떤 유전자가 활성화됐는지, 정확히 어떤 정보가 DNA 암호로 저장됐는지 알 수 있다.

이렇게 마련한 대량의 유전정보를 바탕으로, 연구진은 유전자에서 우연으로 보기는 힘들고 서식하는 공원에 따른 차이로 볼 수 있는 모든 변화를 집어냈다. 공원마다 각각 진화의 방향성이 명백히 다른 유전자가 그 대상이었다. 예를 들어 센트럴파크에 서식하는 쥐는 AKR7 유전자에서 뚜렷한 변이가 나타났다. 이 유전자는 아플라톡신의 영향을 중화하는 기능을 하는데, 암 유발 물질인 이 독성 아플라톡신은 견과류나 씨앗에 곰팡이가 생길 때 형성되는 경우가 많다. 그러므로 센트럴파크에 사는 쥐들은 어떤 연유로 인해(사람들이 버린 간식이 아닐까?) 아플라톡신 노출 빈도가 더 높은 것으로 보인다. 센트럴파크 쥐들에게서 두드러지게 발달한 것으로 보이는 또 한 가지 유전자는 지방 함량이 높은 먹이를 먹었을 때 이를 처리하는 FADS1 유전자였다. 이 공원에 사는 흰발붉은쥐가 서식지에서 평소에 찾을 수 있는 음식들을 먹을 수 있게끔 진화해왔다는 뚜렷한 흔적이다. 다른 여러 공원에서도 제각기 다른 유전자가 크게 발달한 것으로 나타났다. 식생활과 관련된 유전자이거나 오염에 노출되었을 때 대처하는 상황에 필요한 유전자가 대부분이었다. 면역 기능과 관련된 다양한 유전자에서도 변화가 나타났다. 문시사우스는 '소규모 집단으로 살아가면 병이 굉장히 쉽게 퍼질 수 있으므로' 충분히 납득할 만한 변화라고 설명했다.

다시 할리우드의 보브캣으로 시선을 돌려보자. 고속도로를 기준으로 나뉘어 각기 다른 개체군을 이루면서 사는 이 동물 가운데 한 집단에서도 면역 체계가 발달한 것으로 보이는 흔적이 나타났다. 사우전드 오크스에 서식하던 집단 가운데 101번 국도를 사이에 두고 분리된 보브캣 집단에 2002년과 2005년 사이, 옴이 확산됐다. 기생 진드기로 인해 발생하는 심각한 피부 질환이었다. 미국 국립공원관리청의 조사 결과 옴에 타격을 받은 보브캣은 각 가정과 해충구제 업체에서 마음대로 사용하는 쥐약에 노출되어 이미 쇠약해진 개체인 것으로 확인됐다. 독약을 먹은 설치류를 보브캣이 잡아먹고 면역 체계가 옴에 취약해질 만큼 무너진 것이다. 옴은 장기적으로 치명적인 결과를 초래할 수 있는 병이고, 실제로 몇 년 동안 아주 강력한 자연선택이 이루어지는 원인이 되어 수많은 보브캣의 목숨을 앗아갔다. 80퍼센트에 가까웠던 연간 생존율이 겨우 20퍼센트로 감소할 정도였다. 그런데 로렐 세리에이스가 수집한 유전학적 데이터에서 이로 인해 보브캣의 면역 기능이 매우 빠른 속도로 진화한 흔적이 포착됐다. 세이에이스는 옴이 확산되기 전과 후에 붙잡힌 보브캣에서 MHC 유전자와 TLR 유전자에 큰 차이가 발견되었다고 밝혔다. 이 두 유전자는 병을 일으키는 미생물이 체내에 들어오면 이를 인지하는 단백질을 만들어낸다. 진드기 자체가 그 대상일 수도 있고, 진드기가 파고들면서 생긴 피부의 침입 경로에 감염되는 세균도 감지 대상이 된다. 옴이 확산되었을 때 면역 기능을 좌우하는 유전자가 알맞은 조합을 이루었던 보브캣만 살아남아 생존의 가느다란 기회를 붙잡았고, 그에 따라 병이 확산된 지역에 서식하던 보브캣의 유전자 구성이 아예 바뀐 것으로 볼 수 있다.

옴이 101번 국도의 북쪽에 살던 보브캣 집단에서 확산된 이유는 유전적 부동과 동종 교배로 이미 건강이 허약해진 상태였기 때문일 수도 있다. 그러나 살아남은 쪽을 보면 개체군이 작은 것도 특정 지역에 발생한 문제에 대처할 수 있는 방향으로 매우 신속하게 적응하는 요소가 되었다. 개체수가 더 많은 경우 환경에 적응하지 못한 유전자도 널리 확산될 수 있으므로 이 같은 대처가 불가능할 수 있다. 흰발붉은쥐의 경우도 마찬가지다. 센트럴파크에 사는 쥐들이 그곳의 특정 환경에 적응할 수 있었던 것은 다른 공원에 사는 쥐들과 충분히 거리를 두고 분리되었기 때문이다. 파리의 앵무새도 북부 지역에 사는 새와 남부 지역에 사는 새의 머리와 날개 형태가 약간 다르다. 정착할 때부터 생김새가 달랐을 수도 있지만 도시 어느 지역에 사느냐에 따라 그곳의 미세하게 다른 환경 조건에 맞게 적응했다는 의미로도 해석할 수 있다.

이처럼 유전학적 단편화가 도시 동식물에게 재난을 가져온다고 보던 시각에서 단편화된 차이는 각 서식지의 환경적인 요구에 적응할 수 있는 기회라고 보는 시각으로 인식이 바뀐 것은 오히려 문시사우스에게 연구 열의를 북돋우는 요소가 되었다. "제가 지금 바로 하고 싶은 일은 개체군 전체를 조사하는 겁니다. 도시에 사는 몇몇 집단, 도시에서 방사형으로 퍼진 교외 지역과 시골 지역에 서식하는 몇몇 집단을 조사하고 뉴욕 전체에 서식하는 모든 개체군에서 나타나는 일반적인 특징이 있는지 알아보는 것이죠. 적절한 기술이 갖추어지면 다른 도시들에서도 이런 연구를 할 수 있을 것입니다. 저는 도시 진화가 바로 그런 방향으로 가야 한다고 생각해요. 아직 해답이 없는 문제이고, 굉장히 중요한 일입니다."

11
비둘기가 중금속에 대처하는 법

더글러스 애덤스Douglas Adams가 쓴 『안녕히, 그리고 물고기는 고마웠어요So Long, and Thanks for All the Fish』(그가 쓴 재미있는 소설 『은하수를 여행하는 히치하이커를 위한 안내서』 시리즈의 네 번째 이야기)에는 주인공 프리펙트가 꾼 꿈 이야기가 나온다. 뉴욕 이스트강이 '터무니없을 정도로 엄청나게 오염된' 바람에 그곳에서 새로운 형태의 생명체가 나타나 자신들의 복지 보장과 투표권을 요구한다는 내용이다. 공상과학 장르인 이 소설 속 이야기가 현재 우리의 현실과 얼마나 가까운지 알게 된다면, 고인이 된 애덤스는 물론이고 아마추어 동물학자, 환경보호 운동가들도 모두 흥미롭게 여기리라.

오늘날 수많은 국가들이 인구 밀도가 높은 국토에서 타당한 이유 없이 오염 물질을 사용하거나 방출하는 행위를 차단하고 법적으로 금지하려고 노력하지만, 인간이 사는 곳에서는 오염을 완벽하게 막을 순 없다는 사실을 받아들여야 한다. 어마어마하게 촘촘히 모여 사는 셀 수 없이 다양한 인간의 활동은 각종 물질을 자연에 기본적으로 존재하는 수준 이상으로 계속해서 배출한다. 극도로 유해한 오염 물질이 덜 위험한 물질로 교체되고, 유해 물질의 사용과 확산이 최대한 규제되고 조정되더라도 도시환경에 서식하는 동식물은 오염되지 않은 환경에 사는 동식물이 접하지 않는 화학물질, 혹은 조합이 더 다양하고 농도도 더 높은 화학물질에 '노출될 수밖에 없다.' 그리고 이 모든 물질은 동식물의 생리적인 기능이 원활히 돌아가는 데 방해 요소가 될 수 있다.

그러므로 환경오염 물질이 다양화되고 끊임없이 바뀌는 상황에 대처하는 것은 도시에 서식하는 생물들이 살아남기 위한 여러 요건 중 하나라 할 수 있다. 레이첼 카슨도 50년도 더 전에 출간한 1962년의 저서 『침묵의 봄』 첫머리에서 농약이 단시간에 보편화됐다는 사실을 지적하고, 가만히 앉아 걱정하는 것 말고 다른 대책이 전혀 없다는 사실을 맹비난했다.

> 생물은 주어진 시간에, 몇십 년이 아닌 몇백 년에 걸쳐 적응한다. …… 시간은 반드시 필요한 요소이나 현대 사회에는 시간이 없다. …… 찬찬히 움직이는 자연과 달리 충동적으로 경솔하게 움직이는 인간으로 인해 변화는 가속화되고 새로운 상황이 펼쳐지는 속도도 빨라졌다. …… 이러한 화학물질에 적응하려면, 자연이 움직이는 속도를 기준으로 시간이 주어져야 한다. 단순히 인간의 수명에 해당하는 수십 년이 아니라 여러 세대의 삶을 고려해야 한다.

그러나 이제 우리는 자연이 오염 물질과 맞닥뜨리면 카슨이 우려한 것처럼 항상 느리게 반응하지만은 않는다는 사실을 잘 알고 있다. 강력한 오염은 생물로 하여금 해로운 수렁에서 빠져나오게끔 진화하도록 자극하고, 실제로 수많은 동식물이 뉴욕시의 흰발붉은쥐와 같은 변화를 마쳤다. 오염이 스패너라도 날아온 것처럼 느닷없이 생리적인 기능을 방해하자 수리공이 등장하여 손을 본 것이다.

대서양 송사리mummichog도 생체를 구성하는 톱니바퀴에 이러한 변화가 일어난 유명한 동물 중 하나다. 독특한 이름이 마치 더글러스 애덤스가 지었을 것만 같다. 하필 이 물고기는 우주로 날아간 최초의 어류이기도 하다. 어류학자들 사이에서는 펀둘루스 헤테로클리투스Fundulus heteroclitus라는 학명으로 알려진 이 대서양 송사리는 해수어로, 크기는 집게손가락 정도지만 몸이 단단하다. 올리브색을 띠는 갈색 바탕에 멋진 은빛 광택이 점점이 보인다. 서식지는 북미 동부 해안으로 플로리다부터 노바스코샤까지 강어귀며 습지에서 두루 볼 수 있다. 이처럼 방대한 지역에 서식하는 강인한 어류라 19세기 후반부터 대서양 송사리는 각종 연구에 활용되었다. 1973년에는 무중력 환경에서 균형과 방향감각의 변화를 확인하기 위해 우주정거장 스카이랩Skylab에서 실시된 실험 대상으로도 선정됐다.

자연도 대서양 송사리를 대상으로 나름의 실험을 진행해왔다. 대서양 송사리가 확산된 지역 중에는 북미 대륙에서 가장 거대한 도시와 가장 혼잡한 항구도 포함되었고, 이 자그마한 물고기가 환경오염의 대가를 톡톡히 치렀다는 사실이 목격됐다. 매사추세츠 뉴베드퍼드항과 코네티컷 최대 항구도시 브리지포트에서 진흙탕에 배를 뒤집고 뒹구는 모습이 발견된 것이다. 오염 물질이 고인 이 진흙탕에는 폴리염화비페닐PCB이 퇴적물 1킬로그램당 최대 20밀리그램씩 들어 있다. 21세기에 수십 년간 산업폐기물을 아무런 제재 없이 곧바로 버린 바람에 초래된 결과다. 20밀리그램은 그다지 많은 양이 아닌 것 같지만, 한때 냉각, 윤활, 인쇄 등 광범위한 용도로 '무분별하게' 사용된 PCB는 지난 세기에 생산된 합성 물질 가운데 가장 해롭고 지속성이 강한 물질이다. 이름은 그럴듯한 다환 방향족 탄화수소PAH도 대서양 송사리가 서식하는 도시환경에 다량 존재하고 PCB 못지않게 해로운 영향을 준 물질이다.

PCB와 PAH가 이토록 유해한 이유는 두 물질이 아릴 하이드로카본 수용체AHR라는 단백질과 결합하기 때문이다. 물고기뿐만 아니라 인체에도 존재하는 AHR은 배아가 발달하는 프로그램을 끄거나 켜는 스위치 역할을 한다. 따라서 동물이 고농도의 PCB나 PAH에 노출되면 몸속 AHR이 계속해서 영향을 받고, 결국 배아 발달 프로그램이 너무 일찍 활성화되거나 적절한 시점에 비활성화되지 못하는 문제가 발생한다. 이는 기형아의 출생을 유발하며 특히 태아의 심장과 혈관 발달에 악영향을 끼친다. PCB에 노출된 대서양 송사리 새끼는 꼬리에 출혈이 발생할 확률이 높고 심장이 부풀거나 제대로 형성되지 못하며 대부분 발달 도중에 폐사한다. 대서양 송사리는 전체 어종 가운데 PCB와 PAH 오염에 가장 민감하게 반응하는 어류에 속한다.

여기까지가 '평균적인' 대서양 송사리 새끼에 관한 이야기다. 브리지포트, 뉴베드퍼드 항구와 같이(그리고 북미 동부 해안에서 오염도가 높은 항구도시 중 최소 두 곳도 마찬가지) 독성 오염 물질이 잔뜩 포함된 진흙탕에서 헤엄치는 대서양 송사리는 평균적인 수준에서 벗어나 지저분한 화학물질에 대처할 수 있는 방향으로 진화해 왔다.

데이비스에 위치한 캘리포니아 대학교의 생물학자 앤드류 화이트헤드Andrew Whitehead는 대서양 송사리의 신속한 진화 능력을 연구하기 위해 오염도가 높은 환경(미국이 연방 차원에서 환경오염 개선 사업을 실시하고 이에 따라 '슈퍼펀드'가 배정된 지역)에 서식하는 대서양 송사리와 오염되지 않은 인근 해역에 서식하는 대서양 송사리를 비교했다. 예를 들어 뉴베드퍼드항에서 남서쪽으로 약 70킬로미터 떨어진 곳에 위치한 블록섬은 PCB가 검출 가능 농도보다도 적어서 훼손되지 않은 자연을 즐길 수 있다. 이 정도 수치면 뉴베드퍼드보다 오염도가 8,000배 더 낮은 수준이다. 또 독성 물질에 찌든 브리지포트 시내에서 남쪽으로 15킬로미터 떨어진 롱아일랜드 해협의 반대쪽에는 PCB가 극소량도 검출되지 않은 플랙스 연못의 아름다운 늪에서 대서양 송사리가 행복하게 잘 살고 있다.

화이트헤드는 이 두 곳 외에도 오염된 곳과 오염되지 않은 곳 두 군데씩을 더 선정하여 각각의 장소에서 대서양 송사리를 포획한 후 일반적인 DNA 검사를 실시한 뒤 서로 비교했다. 그 결과 제법 맞아떨어지는 공통점이 발견됐다. 즉 플랙스 연못에서 잡은 물고기와 근처 브리지포트에서 잡은 물고기는 원형 어종이 동일한 것으로 나타났고, 뉴베드퍼드와 인접한 블록섬에서 각각 잡은 대서양 송사리도 마찬가지였다. 그러나 공통분모는 여기까지였다. 그 밖에 다른 여러 항목에서는 오염된 곳에서 잡은 대서양 송사리와 지리적으로는 가깝지만 오염되지 않은 환경에서 자란 대서양 송사리가 엄청나게 다른 방향으로 진화한 사실이 확인됐다. 화이트헤드가 밝힌 첫 번째 차이는, 실험실 환경에서 실시된 연구 결과 오염된 곳에서 잡은 대서양 송사리의 경우 보통 폐사를 유발하는 수준으로 PCB에 노출되더라도 견딜 수 있었다는 점이다. 블록섬에서 잡은 대서양 송사리를 열 배 이상 많이 폐사시킨 PCB 농도에 똑같이 뉴베드퍼드항에서 잡아온 튼튼한 대서양 송사리를 노출시키자 단 한 마리도 죽지 않았다. 브리지포트와 플랙스 연못에서 각각 잡아 온 대서양 송사리에서도 같은 결과가 나왔고, 그 외 다른 두 쌍에서도 마찬가지 현상이 나타났다.

화이트헤드 연구진은 2016년 학술지 《사이언스Science》에 실린 논문에서 대서양 송사리가 어떻게 오염된 환경에서 견딜 수 있었는지 설명했다. 연구진은 총 여덟 곳에서 잡은 대서양 송사리 50여 마리의 유전체를 분석했다(모든 염색체를 대상으로, 전체 길이에 담긴 유전정보를 분석했다는 뜻이다). 그 결과 오염된 지역에서 잡은 물고기는 전부 AHR 단백질의 유전정보가 담긴 유전자에 돌연변이가 발생했고, 일부 대서양 송사리는 AHR과 상호작용하는 다른 단백질의 유전자에도 돌연변이가 생긴 것으로 나타났다. 더욱 흥미로운 사실은 오염된 장소마다 제각기 다양한 돌연변이가 발생했다는 점이다. PCB 내성을 유발하는 진화가 반복적으로, 그리고 개별적으로 이루어졌다는 것을 알 수 있는 부분이다.

다음으로 연구진은 이러한 돌연변이가 살아 있는 물고기에 어떤 영향을 주는지 조사했다. 그리고 오염에 내성이 생긴 대서양 송사리의 경우 AHR이 거의 활성화되지 않는다는 사실을 발견했다. 즉 PCB에 노출되면, 깨끗한 환경에서 사는 대서양 송사리처럼 AHR이 활발히 활성화되지 않았다. 개체가 발달하고 유지되도록 하면서도 취약한 개체는 사라지도록 하는 방향으로 진화한 것이다. 그로 인해 다른 유전물질이 어딘가에 삽입됐을 수도 있고 정상적인 개체만큼 기능이 원활하지 않을 수도 있으나, 중요한 것은 이처럼 신속히 진행된 도시 진화 덕분에 대서양 송사리가 상식적으로는 결코 생존할 수 없는 환경에서 살아남았다는 사실이다. "정말 놀랍지 않습니까?" 화이트헤드가 격양된 목소리로 이야기했다. "심지어 단 수십 세대 만에 자연선택으로 이 같은 진화가 이루어진 겁니다!"

PCB는 우리가 도시에 잔뜩 내버린 온갖 화학물질 중 한 가지에 불과하다. 도로에 뿌리는 소금을 생각해보라. 겨울철에 얼음이 얼지 않도록 도로에 염화칼슘을 넉넉히 뿌리는 조치는 전 세계 추운 지역에서 일반적으로 행해진다. 미국에서만 매년 겨울 250만 킬로그램이라는 엄청난 양의 소금이 길에 뿌려진다. 1세제곱킬로미터의 10퍼센트에 해당하는 거대한 소금 덩어리를 매년 길에 뿌린다는 뜻이다. 소금은 당연히 환경에 침투한다. 제빙을 목적으로 염화칼슘을 뿌린 도로에서 2킬로미터 떨어진 지역에서도(그리고 60층 높이만큼 높은 지역에서도) 소금이 검출됐다는 결과도 있다. 이로 인해 대도시 운하와 하천의 물에는 겨울 내내 염분이 섞여 있다.

염분이 증가한 환경은 대다수의 생물에 악영향을 줄 수 있다. 학창 시절에 배운 내용을 떠올려보면, 수분이 염도가 더 높은 쪽으로 이동하는 삼투압 현상이 발생한다. 염도가 높은 환경에서는 동식물을 구성하는 세포 밖으로 물이 빠져나가므로 수분이 부족하지 않도록 하려면 더 열심히 수분을 끌어당겨야 한다. 소금이 해로운 이유는 또 있다. 화학적으로 나트륨은 칼륨과 매우 유사하다. 칼륨은 동식물의 세포에서 이루어지는 여러 기능에 반드시 필요한 물질이지만, 나트륨이 칼륨의 자리를 차지하면 그 기능이 작동하지 않는다. 환경에 염분이 많아지면 세포에서 칼륨의 작용으로 이루어지는 기능에 나트륨이 슬며시 끼어들 확률도 높아지고, 이는 심각한 문제를 초래할 수 있다.

염도가 높은 상황에서도 견딜 수 있는 생물들은 대체로 염분이 세포에 악영향을 주지 못하도록 차단하는 메커니즘이 발달했다. 도로에 뿌린 소금에 절어 있는 상황이 일상적으로 반복되는 서식 환경에서는 그러한 메커니즘이 발달하지 않아 죽고 마는 생물이 생기고 차단 기능을 보유한 생물이 얼른 그 자리를 차지한다. 앞에서 언급했듯이 염분을 견딜 수 있는 해변 식물이 내륙의 주요 도로변에 자라는 일반적인 식물들을 몰아내고 갓길을 차지하게 된 것도 이런 차이 때문이다. 그러나 도로에 염화칼슘을 뿌리는 조치가 계속되면 원래 그 환경에 서식하던 동식물도 염분에 내성을 갖도록 진화할 가능성이 높다.

정말로 그런지 확인해보기 위해, 뉴욕 트로이에 위치한 렌셀러 폴리테크닉 대학교에서 박사과정을 공부하던 케일라 콜드스노우Kayla Coldsnow는 동료 연구자들과 함께 물벼룩*Daphnia pulex*을 대상으로 실험을 실시했다. 이들은 민물에 사는 자그마한 갑각류인 이 물벼룩 집단을 메조코즘mesocosm이라 불리는 장치에 집어넣었다(플랑크톤, 해양식물, 조개, 달팽이, 갑각류 등으로 실제 생태계 환경과 같이 꾸민 대형 탱크). 실험에 사용된 메조코즘 중에는 민물로 채운 것도 있었지만 염수로 채운 것도 있었고(염도는 해수의 약 3분의 1 수준) 염수와 해수 중간 농도로 염분을 맞춘 메조코즘도 있었다. 연구진은 물벼룩을 각각의 탱크에 넣고 10주간 두었다(번식력이 왕성한 물벼룩을 기준으로 하면 5~10세대가 새로 태어날 수 있는 기간이다). 이 기간이 종료된 후에는 유전적인 변화와 염수로 인한 다른 영향이 발생했는지 살펴보기 위해 최종 자손 개체의 일부를 염분이 없는 민물로만 채워진 깨끗한 실험용 수족관에 옮기고 3세대가 태어날 때까지 기다렸다. 그리고 각기 다른 메조코즘에서 자란 물벼룩이 염수를 얼마나 견딜 수 있는지 조사했다, 그 결과 물벼룩에는 염수에 적응하도록 진화하는 능력이 있는 것으로 나타났다. 소금이 약간 포함된 메조코즘에서 키운 물벼룩은 소금이 리터 당 1.3그램 함유된 염수에 넣어도 생존율이 꽤 높았지만(75~90퍼센트) 윗세대에서 염수에 전혀 노출되지 않았던 물벼룩은 생존율이 46퍼센트에 그쳤다.

물론 이 연구 결과는 실험실 환경에서 나온 것이지만 겨울철 도로에 뿌리는 소금으로 인해 도로 인근에 서식하는 야생 동식물 역시 환경에 적응하는 방향으로 진화할 가능성이 높다. 이러한 영향으로 추운 지역에 해당되는 도시의 동물과 식물도 해안가에 서식하는 생물군계와 비슷하게 진화해간다.

해안가 생물뿐만 아니라 광산 지역의 생물도 마찬가지다. 일반적으로 중금속(아연, 구리, 납 등)은 자연에서 찾기 힘든 물질이다. 자연환경에서는 광맥, 즉 암석의 갈라진 틈에 존재하다가 이 부분이 표면으로 올라와 외부로 드러나면 풍화되어 천천히 환경에 방출되는 것이 전부다. 그러나 금속이 유용할 수도 있고 해로울 수도 있다는 사실을 인간이 알게 되면서 상황은 완전히 바뀌었다. 먼 옛날 구리 도끼를 만들기 시작하더니 20세기에는 납이 혼합된 유연 연료를 사용했다. 이제는 코발트, 은, 금, 망간, 이트륨, 주석, 안티몬에다 스마트폰에 사용되는 갈륨에 이르기까지, 인간은 세상에서 중금속을 가장 많이 끌어모으는 존재가 되었다. 그리고 인간이 축적한 중금속은 대부분 도시 내부와 주변에서 사용된다.

중금속은 체내에서 효소와 단백질, DNA와 결합하여 정상적인 기능을 방해하므로 해로운 영향을 끼치는 경우가 많다. 자연환경에서는 중금속에 노출될 일이 거의 없으므로 대다수의 동식물은 중금속에 적응할 기회를 한 번도 얻지 못하고, 따라서 중금속의 영향을 피할 수도 없다. 그런데 호모사피엔스는 구리를 제련하고 찌꺼기를 산더미처럼 쌓질 않나 연료에 납을 섞고 가로등 기둥이며 전기 철탑 표면에는 아연을 바른다. 그러다 보니 어느 날부터 중금속은 어디에서나 검출되는 물질이 되었다. 생물은 이런 환경에 적응하거나 사라지거나, 또다시 양자택일해야 하는 상황에 놓였다.

노랑 미물루스Mimulus guttatus는 이런 환경에 적응했다. 북미 대륙 서부 전역에서 볼 수 있는 이 야생화는 코페로폴리스Copperopolis라는 경쾌한 이름이 붙여진 캘리포니아의 외딴 광산 지역에서 토양에 구리가 고농도로 섞여 있어도 살아남을 수 있도록 진화했다. 다중

구리 산화효소를 만들어내는 유전자에 변이가 생긴 덕분이었다. 세포 내로 유입된 구리 원자를 밖으로 내보내는 데 도움이 되는 것으로 추정되는 이 유전적 변이는 150년 전 이 지역에서 처음 채굴이 시작됐을 때부터 존재했던 폐석 더미 주변의 모든 노랑 미물루스에 나타나는 특징이 되었다.

아연이 코팅된 영국의 전기 송전탑 아래 풀밭에서도 비슷한 일이 벌어진 것 같다. 철탑에 입힌 아연이 이 철 구조물에서 떨어져나오는 바람에 그 아래 토양은 다른 곳보다 아연 농도가 최대 50배나 높다. 리버풀 대학교의 세딕 알 히얄리Sedik Al-Hiyali가 이끄는 연구진은 1988년에, 지어진 지 18~33년 된 송전탑 여러 곳에서 총 다섯 종의 풀을 뽑고 멀리 떨어진 초원에서도 마찬가지로 풀 표본을 채취했다. 뽑아온 풀은 실험실에서 아연이 섞인 토양에 다시 심고 기르면서 뿌리 길이를 측정하여 아연을 얼마나 견딜 수 있는지 조사했다. 그 결과 송전탑 밑에서 뽑은 풀은 굉장히 잘 자라서 뿌리 길이가 다른 곳에서 뽑아온 풀보다 최대 다섯 배나 더 길었다.

식물뿐만 아니라 도시에 사는 동물들도 중금속에 대처하는 법을 찾았다. 러시아의 유전학자 오부코바N. Yu. Obhukova는 유럽 대륙 전체를 직접 돌아다니면서 약 9,000마리의 도시 비둘기를 관찰하고 외형의 특징을 기록했다. 깃털이 흐릿한 색인지, 아니면 진한 검회색인지 구분했는데, 이는 유전적으로 결정되는 특징이다. 조사 결과 깃털에 멜라닌 색소가 훨씬 많아서 전체적으로 어두운 회색을 띠는 '흑화된' 비둘기는 도시화가 덜 진행된 곳보다 대도시에서 더 흔히 볼 수 있는 것으로 나타났다. 오부코바는 이것이 사람이 기른 비둘기와 야생 비둘기의 유전적인 특성이 섞인 결과인지, 아니면 다른 의미가 있는지 궁금했다.

오부코바가 제기한 의문을 해소하기 위해 파리에서는 소르본 대학의 마리옹 샤틀랭Marion Chatelain이 아연 농도가 높은 파리의 도시 환경에서 살아가는 비둘기를 연구하고 있다. 샤틀랭은 멜라닌이 금속 원소에 결합하는 성질이 있으므로 색이 어두운 비둘기는 아연과 같은 중금속 오염 물질이 체내에 유입되면 깃털로 보내는 방식으로 몸 바깥으로 제거하는 능력이 더 뛰어날 것으로 본다. 이를 확인하기 위해 샤틀랭은 연구원 리사 자캥Lisa Jacquin의 도움으로 파리 도시에 사는 비둘기 100여 마리를 잡았다. 포획한 비둘기는 깃털 색이 얼마나 어두운지 측정하고 실험실에 마련한 아연이 없는 새장에 두었다. 그리고 식별할 수 있도록 비둘기마다 다리에 고리를 건 다음 깃털을 두 개씩 뽑았다. 실험실 새장에서 키운 지 1년이 지나자 뽑은 깃털이 다시 자라났다. 샤틀랭은 새로 자란 깃털을 다시 뽑아서 아연이 없는 깨끗한 환경에서 1년을 보내는 동안 체내 아연을 깃털로 보내서 배출하는 기능이 어느 정도로 발휘되었는지 화학적으로 분석했다. 그 결과 색이 어두운 새의 깃털에 축적된 아연의 양이 그렇지 않은 새보다 약 25퍼센트 더 많았다.

후속 연구에서, 샤틀랭은 또다시 파리에 살던 비둘기 100여 마리를 잡아서 연구실 새장으로 옮겼다. 식별 표시를 하고 깃털을 뽑는 것까지는 앞선 실험과 동일하게 진행했지만 이번에는 연구실 새장을 중금속이 없는 환경으로 두지 않았다. 대신 새장을 나눠서 새가 먹는 물에 납이나 아연, 또는 두 가지 모두를 소량 섞었다. 결과 비교를 위해 새장은 어떠한 오염 물질도 없는 환경에 두었다. 이번 연구에서도 색이 어두운 새가 색이 밝은 새보다 아연과 납 '모두' 깃털에 축정된 양이 더 많은 것으로 확인됐다. 더불어, 생존한 새끼들 중 부모 세대뿐만 아니라 태어난 후에도 납에 노출된 경우는 납이 없는 환경에서 자란 새끼보다 깃털 색이 더 어두운 것으로 나타났다. 이는 색깔이 밝은 새끼는 생애 초기 단계에 폐사했다는 것을 의미하므로, 오염된 환경에서는 깃털 색이 어둡고 진한 것이 진화의 측면에서 더 유리하다고 해석할 수 있다.

샤틀랭의 비둘기 연구 결과를 보면 멜라닌 함량이 높은 깃털이 해독 작용도 우수하므로 도시에 사는 비둘기는 점차 색이 어둡고 진해지는 방향으로 진화할 것으로 추정할 수 있지만, 실제 상황은 더 복잡하다. 멜라닌을 만드는 유전자는 스트레스 호르몬의 조절이나 면역 체계와도 관련이 있기 때문이다. 즉 새의 깃털 색과 중금속 환경은 단순히 일대일로 연관되는 것이 아니라 더 복잡한 체계로 연관되었을 것으로 보인다. 도시에 사는 새의 면역 기능과 스트레스 반응 체계 역시 시골에 사는 새와는 양상이 다르다. 이 부분에 대해서는 뒤에서 다시 살펴볼 예정이다.

일부 동물과 식물은 인간이 환경에 내다 버린 극히 더럽고 끔찍한 물질도 이겨낼 수 있도록 진화하는 놀라운 능력을 발휘했다. 하지만 '모든' 생물이 이렇게 적응할 수 있는 것은 아니며, 적응하지 못하고 죽음을 맞이하는 개체도 많다. 적응을 '해낸' 생물일지라도 혹독한 대가를 치러야 할 때도 많다. 그럼에도 이러한 변화는 도시 진화가 얼마나 빠르게 진행될 수 있는지 보여주는 증거라 할 수 있다. 최소한 일부 생물은 서식 환경이 화학물질에 오염되는 속도에 발맞춰 적응할 수 있음을 증명한 것이다.

12
화려한 불빛에 홀리다

뉴욕시에서는 매년 9월 11일에 테러 공격으로 희생된 넋을 기리는 '추모의 빛Tribute in Light' 행사를 연다. 8,000와트 크세논 빔 88대가 영원히 아물지 않을 상처가 남은 맨해튼 시내 한복판에서 밤하늘을 향해 일직선으로 빛을 쏘아 올려 옅은 푸른색의 투명한 탑을 만든다. 이 놀랍고 멋진 광경은 2001년 비극의 날에 일어난 처참한 피해를 상기시킨다. 작고한 이 행사의 프로듀서 마이클 제임스 어헌Michael James Ahern은 이런 말을 남겼다. "온갖 종류의 감정과 기억을 환기하며 더 이상 어떠한 갈등도 비극도 없기를 열망하게 한다."

그러나 인간이 시도하는 거의 대부분의 일들이 그렇듯, 상공에서 이루어지는 디스플레이라 아무 문제 없어 보이는 이 행사도 실제로는 큰 피해를 일으킨다. 주로 야간에 이동하는 수만 마리의 철새들이 매년 이 빛으로 형성된 우리 안에 갇혀버린다. 철새들의 가을철 이동 기간 중에서도 9월 중순은 이동 규모가 최고조에 이르고 맨해튼은 지리 특성상 수많은 종류의 휘파람새가 남쪽으로 향하는 길목에 위치한다. 9월 11일에 이 행사가 열릴 때마다 당황한 휘파람새들은 쏟아지는 빔 사이를 정신없이 퍼덕대며 날아다니고, 위험을 알리는 불안한 울음소리가 울려 퍼진다. 야생동물 보호협회인 오듀본협회 자원봉사자들은 행사장에서 기진맥진한 붉은꼬리솔새며 화덕딱새류, 흑백아메리카솔새, 아메리카휘파람새와 같은 새들을 구조하고 새들이 방향을 찾아 다시 남쪽으로 계속 이동할 수 있도록 빔을 잠시 꺼달라고 주최 측에 권고한다. 이런 노력에도 불구하고 빛을 쏘는 이 행사로 인해 죽는 새들이 생기고, 이미 남쪽으로 힘들게 이동 중이던 새들의 스트레스를 가중시켜 더 지치게 만든다.

2016년 유럽 축구 선수권 대회 결승전도 동물의 대규모 이동에 영향을 준 빛 오염 사례로 꼽힌다. 프랑스와 포르투갈이 맞붙은 이 경기는 2016년 7월 10일의 무더운 여름밤, 파리의 초대형 경기장 스타드 드 프랑스Stade de France에서 열렸다. 경기 관계자들은 결승전 전날 밤 보안상의 이유로 경기장 조명을 켜두었는데, 엄청나게 밝은 투광조명에 이끌린 수천, 수만 마리의 나방이 텅 빈 컵 모양의 경기장을 향해 날아왔다. 대부분 은색 Y 나방으로도 불리는 감마밤나방Autographa gamma이었다(앞날개에 형성된 진회색 점이 알파벳 Y 형태라서 붙여진 이름이다). 감마밤나방은 철 따라 서식지를 옮긴다. 남유럽에서는 매년 봄에 수억 마리의 나방이 북쪽으로 이동하는데, 이때 지상에서 수백 미터 정도의 높이를 유지한다. 북쪽의 추운 기후로 인해 더디게 싹이 트는 양배추, 감자 등 농작물들을 소비하기 위해 가는 것이다. 때에 따라 서유럽과 북유럽 곳곳에서 한여름에 이동하는 습성의 나방이 나타나기도 하는데, 당시 축구 경기장 조명에 홀린 나방도 바로 이런 종류였다. 조명을 향해 하강한 수천 마리의 나방이 램프에서 뿜어져 나온 열기에 목숨을 잃었다. 앞이 안 보일 만큼 밝은 빛에 당황한 나머지 나방들은 경기장 잔디에 도달했다. 아침이 되어 조명이 꺼진 후에도 이 나방들은 빅 매치가 열리는 시각까지 하루 종일 잔디 사이에 숨어 있었다.

저녁이 되고 8만여 명의 관중들이 좌석을 채운 경기장에 다시 조명이 켜지자 잠들어 있던 나방들도 깨어났다. 구름 떼처럼 날아오른 나방들이 경기장 곳곳을 낮게 펄럭이며 돌아다니는 바람에 선수들은 몸도 제대로 풀 수 없었다. 마침내 경기가 시작하는 저녁 9시가 됐지만 나방 수천 마리는 여전히 선수들 사이를 지그재그로 날아다녔다. 이날 촬영된 사진을 보면 잔뜩 화가 난 대회 관계자들이 짙은 파란색 옷에 붙은 나비를 서로 떼어주는 모습이나 TV 중계 카메라 렌즈에 나방이 달라붙은 모습, 골대에 한 무리의 나방이 덕지덕지 붙어 있고 경기장 관리자들이 바닥에 그려진 선을 선명하게 유지하려고 진공청소기를 이리저리 절박하게 몰고 다니는 모습을 볼 수 있다. 하이라이트는 크리스티아누 호날두 선수가 경기 시작 24분경 무릎 부상으로 잔디에 앉아 눈물을 흘리는데, 감마밤나방 한 마리가 그의 얼굴에 붙어서 눈물을 훔치는 모습이다.

'추모의 빛' 행사에 발이 묶인 새 떼나 2016년 유럽 축구 결승전에 나타난 나방 사태는 야행성 동물이 인공조명에 이끌려서 일어난 놀라운 사례들 가운데 단 두 건에 불과하다. 사실 이런 일은 백열등이며 LED 전등, 가스등을 비롯해 우리가 어둠을 몰아내기 위해 발명한 장치의 스위치가 켜진 곳이면 언제 어디서든 벌어진다. 인간이 밤에 불을 밝히기 시작한 때부터 지금까지, 야행성 동물은 물론 식물에도 의도치 않은 연쇄적인 영향이 발생했다.

나방과 야간에 활동하는 다른 곤충들은 빛으로 인한 혼란에 가장 큰 영향을 받는 것으로 알려져 있다. 여름밤에 마당에 초를 켜두면 저 멀리에서부터 빛을 보고 날아온 벌레들이 불꽃 주변을 빙빙 돌다가 날개가 타고, 급기야 목숨 걸고 적에게 돌진하는 병사마냥 뜨거운 촛농을 향해 머리부터 들이민다. 대체 왜 이런 반응을 보이는지 과학자들도 아직 정확히 알아내지 못했다. 곤충이 지난 수백만 년에 걸쳐 진화하는 동안 인공조명이 없었던 것은 분명하므로, 전구에 홀리는 것은 자연에서 빛을 보면 촉발되는 원시적인 행동에 이상이 생긴 것으로 볼 수 있다.

한 가지 잘 알려진 이론은 밤에 날아다니는 동물이 달과 별을 기준으로 방향을 찾는다는 점을 토대로 이 현상을 설명한다. 달과 별은 지구에서 굉장히 멀리 떨어져 있고 하늘에서 천천히 움직이므로 날아가는 곤충에게는 고정된 대상이나 마찬가지고 따라서 달이나 밝게 빛나는 별 하나를 기준으로 고정된 각을 유지하면서 일직선으로 날아갈 수 있다. 인공조명을 발견한 최초의 곤충은 이와 같은 방식으로 조명에 접근했을 가능성이 있다. 문제는 지상에 켜진 인공조명은 너무 가까이에 있어서 천체와 같이 고정된 빛으로 보고 거리를 가늠할 수가 없다는 것이다. 따라서 전구나 촛불을 기준으로 고정된 각을 유지하려다가 점점 가까이 다가오고, 결국 연기를 들이킬 만큼 가까워진다. 셰익스피어가 묘사한 것처럼 '초가 나방을 태우는' 상황이 벌어지는 것이다.

이유가 무엇이든, 인간이 밤을 훤히 밝히려고 불을 피우고 횃불을 만들고 초나 고래기름을 태우는 전등, 전기 램프를 사용하기 시작한 이후로 곤충은 늘 그 불빛에 이끌려 목숨을 잃었다. 불빛에서 발산되는 열기에 희생될 만큼 너무 가까이 다가오는 바람에 타 죽거나, 가로등 기둥에서 기다리면 곤충을 손쉽게 잡을 수 있다는 사실을 깨달은 박쥐, 올빼미, 도마뱀의 먹이가 된다. 타 죽거나 먹이가 되지 않은 경우에도, 짝짓기 할 상대나 먹이를 찾을 시간에 멍하니 불빛을 응시하다 보면 최면에 걸린 것처럼 삶의 의지를 잃어버릴 수도 있다.

가로등 불빛 속에서 빙빙 도는 곤충, 환히 밝혀진 투광조명에 붙들린 곤충들이나 반투명 덮개가 씌워진 현관 등 안에 죽은 채 쌓인 벌레들이 얼마나 많은지 주의 깊게 살펴보면, 인공조명이 수많은 생물(곤충, 포유동물, 철새, 거북이, 어류, 달팽이, 양서류, 식물까지도)에 끼치는 막대한 영향에 호기심이 생길 수밖에 없다. 어두울 때 활동하는 생물들은 빛으로 인한 혼란도 비슷하게 경험한다.

최근까지도 과학계는 이 문제에 아무런 답을 내놓지 못했다. 다만 몇 가지 사례에 관한 자료가 있을 뿐이다. 1954년에는 조지아주 워너 로빈스 공군기지에서 비행기의 착륙등을 따라 지상까지 곧장 따라 내려온 새 5만 마리가 폐사한 일이 있었고 1981년에는 온타리오주 킹스턴 인근의 한 공장에서 지붕에 설치된 투광조명을 향해 새 떼가 날아들어 1만 마리 이상이 목숨을 잃었다. 영국의 곤충학자

두 명이 1949년 8월 20일 하룻밤 동안 램프 하나로 나방을 5만 마리 넘게 잡은 사례가 있고, 독일에서 다리 한 곳에 켜둔 조명에 하루살이가 대략 150만 마리 죽은 일도 있었다.

약 15년 전부터 몇몇 과학자들은 야간에 켜진 인공조명Artificial Light At Night(생태학 분야의 학술지에서는 빛 공해를 ALAN로 표기한다)의 영향을 보다 정확하게 파악하고자 연구를 시작했다. 그중 한 사람인 독일 마인츠의 요하네스 구텐베르크 대학교 소속 게르하르트 아이젠바이스Gerhard Eisenbeis는 '진공청소기 효과'라고 직접 이름 붙인 현상을 집중적으로 조사해왔다. 과거에는 어두웠던 곳에 ALAN이 등장하자마자 '마치 진공청소기에 빨려 들어가듯 곤충들이 서식지에서 벗어나 그곳으로 몰려들고 원래 그 지역에 살던 개체군은 사라졌다'는 것이 아이젠바이스의 설명이다. 외딴 지역 고속도로 근처에 주유소가 생기고 투광조명이 밝혀지면 처음에는 엄청난 수의 곤충이 모여들지만 1~2년 정도 지나고 나면 나타나는 곤충 숫자가 급속히 줄어드는 것도 이 진공청소기 효과의 예시에 속한다. 그는 도시환경 여러 곳을 실험 장소로 삼아 달빛이 보이는 날과 보이지 않는 날에 ALAN의 종류별로 몇 마리의 곤충이 목숨을 잃는지 조사한 후, 독일 전체에서 매년 여름 ALAN으로 죽는 곤충은 1000억 마리에 이른다는 추정치를 내놓았다. 이 어마어마한 숫자는 도로를 달리는 차량에 으스러지는 곤충의 숫자와 맞먹는 규모다.

새는 곤충보다 훨씬 더 면밀한 관찰이 이루어지고 있음에도 불구하고 ALAN으로 얼마나 목숨을 잃는지 추정하기가 힘들다. 확실한 데이터 몇 가지 중 하나는 캐나다 이리 호숫가에 있는 롱포인트

조류 관측소에서 나왔다. 이 관측소에서는 25킬로미터 길이로 이어지는 롱포인트반도 끝에 세워진 등대 주변에서 죽은 채로 발견되는 새가 몇 마리인지 지난 수십 년 동안 매일 살펴보았다. 1960년대와 1970년대, 1980년대에는 매년 가을철 철새 이동 시기가 되면 약 400마리가 죽어 있었고 봄철 이동 시기에는 절반 정도로 줄었다. 철새 이동 시기에는 하룻밤에 날아가는 새의 숫자가 최대 2,000마리에 이른다. 그런데 1989년, 이 등대의 불을 더 약하고 폭이 좁은 빛을 쏘아 보내는 조명으로 교체하자 폐사하는 새의 숫자가 대폭 감소했다.

앞서 5장에서 도시 정원의 생물학적 다양성을 연구해온 학자로 소개했던 도시 생태학자 케빈 개스턴도 ALAN의 영향을 파악하기 위해 일련의 실험을 시작했다. 그가 레이던 대학교에 초빙되어 강연할 때 나도 만난 적이 있는데, 친근하면서도 눈에 띄는 체형에 가무잡잡하게 탄 피부에서 생태학자보다는 뉴욕의 소방관이라고 해도 믿을 만큼 강인한 인상이 느껴졌다. "사람들은 방대한 규모로 인공조명을 설치해왔습니다. 과거에는 불빛이 없던 장소와 시간대에 전례 없던 형태로 조명이 등장한 것이죠." 그는 이렇게 설명하면서 다음과 같은 사실을 상기시켰다. "나트륨등과 같이 빛의 스펙트럼이 좁은 조명은 이제 LED처럼 스펙트럼이 훨씬 더 넓은 조명으로 바뀌고 있습니다. 빛에 생물학적으로 반응하는 범위 전체를 포괄하기 시작한 것입니다. 이는 거의 모든 측면에 영향을 줍니다."

나는 ALAN으로 인한 생물의 대규모 죽음과 진공청소기 효과, 그리고 인공조명의 침투력이 빠르게 증가한다는 사실을 들며 개스턴에게 ALAN은 생물이 빛에 홀리지 않도록 저항하는 방향으로 진화하는 동력이 될 수도 있다는 견해를 전했다. 그러나 개스턴의 답은 회의적이었다. "이 문제는 생물들이 기존에 한 번도 겪어본 적이 없는 일입니다. 전통적으로 낮의 햇빛이 기준이 되던 생활이 엉망진창이 된 겁니다. 그리고 이런 변화는 굉장히 빠른 속도로 일어났습니다. 그래서 그리 쉽게 적응할 거라고는 확신할 수 없습니다. 빛에 끌리도록 만드는 반응 체계 중 일부는 진화적으로 굉장히 오래전 형성된 뿌리 깊은 특성이고, 따라서 그렇게 진화하기란 쉽지 않을 것입니다." 그러면서도 개스턴은 아직 충분한 연구가 진행되지 않은 내용이라고 덧붙였다.

그가 지적한 내용은 사실이다. 실제로 도시 생물에 관한 문헌을 통틀어 ALAN에 따른 진화를 다룬 논문은 단 두 건에 불과하다. 실험 방법이 썩 어렵지도 않다는 점을 감안하면 굉장히 놀라운 일이다. 빛에 끌린다고 알려진 생물 중 한 가지를 선정하고, 시골 지역의 어두운 장소와 ALAN이 다량 설치된 도심지 몇 곳에서 해당 생물을 포획한 뒤 빛이 주어지면 그쪽으로 가려는 경향이 얼마나 강하게 나타나는지 확인하면 된다. 그러면 짠, 하고 진화 실험 하나가 뚝딱 완료되는 것이다.

스위스 취리히 대학교의 플로리안 알터맷Florian Altermatt은 바로 이 방법으로 연구를 진행했다. 담수 환경의 생물다양성을 전문적으로 연구해온 알터맷은 여가 시간에 나비목 곤충에도 깊은 관심을 기울였다. 그의 웹 사이트에는 다음과 같은 소개 문구가 나와 있다. "저의 즐거움에 대해 말하자면 블라디미르 나보코프의 의견과 같습니다. '인간이 가장 강력하게 끌린다고 알려진 것은 바로 글쓰기와 나비 사냥'(제 경우 카메라로)." 알터맷은 고등학교 시절부터 수은 증기를 혼합해서 빛을 내는 이동식 전등을 이용하여 유럽 전역에서 나방을 잡아 조사했고, 자연히 오래전부터 나방이 빛을 보면 거부할 수 없이 매혹되는 현상에 관심이 많았다.

알터맷은 간단한 실험을 고안하고 대상을 집나방Yponomeuta cagnagella으로 정했다. 집나방은 순백색 날개에 검은색 점이 규칙적으로 나타나는 특징 때문에 흰 족제비 털을 뜻하는 어민에 비유되어 어민 나방ermine moth으로도 불린다. 왕이 걸친 하얀 예복에 담비의 까만색 꼬리 끝부분에서 얻은 털로 군데군데 무늬를 넣은 형태라는 의미가 담겨 있다. 집나방 애벌레는 영리하게도 유럽 어디에서나 쉽게 찾을 수 있는 유럽회나무에서 공동으로 생활한다. 회나무를 들여다보면 실이 엉킨 것 같은 둥지에 애벌레가 한 치의 틈도 없이 빽빽하게 들어차 있다. 실제로 알터맷은 바젤 도시 주변과 국경 너머 프랑스를 포함한 총 열 곳의 장소에서 그리 어렵지 않게 애벌레를 가득 잡아 올 수 있었다. 애벌레 포획 장소의 절반은 인공조명이 많은 도시 지역이고 나머지 절반은 밤이 되면 깜깜한 환경이 유지되는 시골 지역으로 세심하게 선정했다.

알터맷은 플라스틱 상자 열 개를 준비하고 각각에 회나무 잎을 충분히 깐 뒤 각 장소에서 잡은 애벌레를 넣었다. 모든 상자는 실험실에 두고 애벌레가 자라서 번데기를 거쳐 나방이 될 때까지 기다렸다. 나방이 되면 밤에도 다른 도시 나방들과 구분할 수 있도록 표시했다. 시골에서 잡은 나방 320마리, 도시에서 잡은 나방 728마리에 이와 같은 표시를 한 다음 모두 한꺼번에 어두운 방 안으로 날려 보냈는데, 이 방 끝에는 형광등 덫이 설치되어 있었다. 태어난 장소에 따라 불빛을 향해 날아가는 경향에 얼마나 차이 나는지 알아본 실험이었다. 2016년 학술지 《생물학 소식》에 게재된 결과를 보면 도시 진화의 뚜렷한 징후가 나타난 것을 알 수 있다. 시골 지역에서 태어난 나방은 40퍼센트가 불빛을 향해 곧장 날아간 반면 도시 출신의 나방은 전체의 25퍼센트만 그와 같은 반응을 보였고 나머지는 풀려난 위치에 그대로 있었다.

무작위로 잡은 나방을 대상으로 한 이 간단한 실험은 ALAN이 도시에 서식하는 생물의 투쟁-도주 유전자를 없애는 역할을 한다면 어떤 결과가 초래될 수 있는지 분명하게 보여준다. 다른 곤충에서도 공통적으로 이런 반응이 나타날까? 도시에 사는 모든 곤충이 불빛의 유혹을 견딜 수 있는 방향으로 신화할까? 알디맷의 실험이 다른 생물을 대상으로, 훨씬 더 큰 규모로 실시되기 전까지는 알 수 없다.

중부 유럽에서는 빛 공해에 대한 반응으로 도시 생물의 진화가 일어난 또 다른 사례가 발견됐다. 빈 대학교의 거미 연구자인 아스트리트 하일링Astrid Heiling은 1990년대 말, 도시에 서식하는 골목왕거미Larinioides sclopetarius를 조사했다. 영어로는 다리 거미bridge spider로도 잘 알려진 이 거미는 북반구 전 지역의 도시나 시골에서 물가에(주로 다리에) 집을 짓고 사는 모습을 흔히 볼 수 있다. 하일링은 북반구 전체를 돌면서 이 거미를 조사하는 대신 빈 중심의 다뉴브 운하에 설치된 60미터 길이의 보행자용 다리를 주목했다.

골목왕거미는 다리 난간 윗부분의 개방된 공간에 거미줄을 지었다. 나중에 학술지 《행동 생태학·사회생물학》에 발표된 논문에 따르면, 이곳 다리에는 난간이 총 네 곳 설치되어 있다. 그중 두 곳에는 긴 형광등 조명이 설치되어 있고 나머지 두 곳은 밤이 되면 어두워진다. 하일링은 여름 내내 매일 이 다리를 오가면서 난간에 사는 골목왕개미가 몇 마리인지 조사했다. 지나는 행인들이 호기심 가득한 눈으로 쳐다보는 것도 아랑곳하지 않고 열심히 축적한 데이터를 분석한 결과, 거미들은 조명이 설치된 곳 주변에 주로 집을 짓는 것으로 밝혀졌다. 초가을이 되자 밤에도 훤한 난간에는 토실토실한 거미가 1,500여 마리 사는 것으로 집계됐다. 제곱미터당 평균 네 마리에 해당하는 규모라 서로의 거미집이 겹치는 곳도 있었다. 반면 밤에 어두워지는 난간에 사는 거미는 수백 마리에 불과했다. 여기서 끝이 아니었다. 인공조명으로 밝혀진 '서식지'에 사는 거미들은 어두운 곳에 사는 거미보다 먹이를 최대 네 배나 더 많이 잡아들이는 것으로 나타났다. 곤충들이 빛을 보면 날아드는 특징이 있다는 점을 감안하면 그리 놀라운 결과도 아니다.

거미는 곤충과 달리 빛에 전혀 끌리지 않는다. 오히려 반대로 인공조명을 보면 달아나고 어두운 구석에 숨으려는 경향이 있다. 하일링은 이런 사실을 토대로 다음과 같은 궁금증을 해소하고자 했다. 거미가 어떻게 곤충들이 가장 많이 찾아오는 위치를 알아낼 수 있었을까? 여기저기 돌아다니다가 빛 주변에 먹이가 많이 몰려든다는 사실을 우연히 발견했을까? 아니면 거미가 빛에 끌리도록 진화한 것일까? 답을 찾기 위해 하일링은 다시 한 가지 실험을 준비했다. 연구실에 한쪽 끝은 어둡고 반대쪽 끝은 밝은 탱크를 준비한 뒤 포획한 거미를 집어넣었다. 후천적 학습인지 빛에 끌리는 진화로 인한 결과인지 명확히 구분할 수 있도록 하일링이 연구실의 어두운 환경에서 직접 기른 거미 성체도 동일한 탱크에 집어넣고 관찰했다. 그 결과 조명이 설치된 난간에서 바로 데려온 거미는 물론 연구실에서 자라는 동안 빛에 전혀 노출된 적이 없는 거미 모두 곧장 밝은 쪽으로 이동하여 그쪽에 집을 짓는 것으로 확인됐다.

아쉽게도 하일링은 도시가 아닌 곳, 빛 공해가 전혀 발생하지 않은 장소에 서식하는 골목왕거미를 대상으로 동일한 실험을 실시하지 않았다. 따라서 하일링의 실험 결과는 완벽하다고 할 수는 없지만 거미가 인공조명에 끌려 마구 날아드는 곤충을 먹이로 활용하기 위해 빛을 선호하는 방향으로 진화했을 것으로 추정할 수 있다.

하일링과 알터맷이 밝혀낸 것과 같이 유전적 특성에 따라 ALAN에 이끌리거나 거부감을 보이는 반응에 관한 후기 연구가 절실하다. 인공조명은 야행성 동물을 무수히 희생시키고, 다른 모든 생물의 일상생활에도 영향을 줄 테니 빛을 보면 유혹을 느끼는 내재적인 반응에 내성이 생기는 진화가 분명 어디에서든 나타날 것이다. 그럼에도 이 같은 도시 진화의 메커니즘에 관심을 갖는 생물학자는 소수에 불과하다. 이 일을 밝혀내는 데 좀 더 많은 과학자가 뛰어들 때다!

13
그런데 이게 정말 진화입니까?

2016년에 나는 《뉴욕타임스》로부터 요청을 받고 도시 진화에 관한 글을 기고했다. 게재된 글을 읽은 독자들이 매우 흥미로워하며 도시에서 직접 본 야생동물에 관한 이야기를 수십 통의 편지로 전해 왔다. 칠레 산티아고에 수년 째 살았다는 스패니얼 씨는 시골에서 온 손님을 차에 태우고 가던 중 동행이 그곳의 떠돌이 개들을 보고 이렇게 외쳤다고 전했다. "저기 지나오면서 본 개 말이야, 길을 건너기 전에 '좌우'를 살펴봤어!" 스패니얼 씨는 이런 현상도 진화로 볼 수 있는지 물었다.

아마 여러분도 지금까지 이 책을 읽으면서 같은 궁금증이 생겼으리라. 혹은 내가 제시한 예들이 정말로 진화에 해당되는지 의구심을 품기도 했을 것이다. 무엇보다 몇 가지 예외를 제외하면(이 부분은 나중에 다시 이야기하겠다), 여기서 다룬 사례들은 생물이 완전히 새로운 형태로 바뀐 진화는 아니었다. 도시 진화는 대부분 미세하게 이루어진다. 굉장히 짧은 기간에 이루어진 변화임을 감안하면 당연한 일인지도 모른다. 바젤 도심에 서식하는 어민 나방은 빛에 덜 이끌리지만 시골에 사는 동일한 나방과 비교하면 그 차이는 아주 작다. 몽펠리에 도시에서 자라는 크레피스 상크타의 씨앗 중에 무거운 씨앗이 차지하는 비중은 도시 바깥에서 자라는 동일한 식물보다 약간 더 많은 수준이다. 측정할 수 있고 통계적으로 유의미한 차이지만 그래도 아주 미미하다. 도시와 시골에서 자란 크레피스 상크타가 보자마자 차이를 알아채고 놀랄 만큼 다르지는 않다는 뜻이다. 전문가가 아닌 사람의 눈에는 둘 다 똑같아 보일 것이다.

더 나아가 도시 진화로 이어진 유전학적인 변화는 새로운 일이 아닌 경우가 많다. 예를 들어 도시에 사는 비둘기의 어두운색 깃털은 중금속 처리에 도움이 되는데, 깃털이 어두운색이 되도록 돌연변이가 일어난 이 유전자는 비둘기가 인간의 손에 길들고, 도시에 사는 새로 자리를 잡기 훨씬 전 야생 바위비둘기 시절부터 존재했다. 중금속에 오염된 도시의 토양에서 식물이 자라는 데 도움이 되는 유전자 역시 수천 년 전부터 해당 식물들 사이에 전해졌고 가끔 구리나 아연과 같은 무기질 함량이 높은 경사면에서 생존해야 할 때 활용됐다.

유전학자들이 염색체를 분석할 수 있게 되자, 자연에 존재하는 대부분의 생물이 유전학적으로 매우 다양하다는 놀라운 사실이 밝혀졌다. 야생 생물 중에 무엇이든 한 종류를 택하고 아무 유전자나 하나 골라보라. 가령 푸에르토리코 여러 도시에 서식하는 아놀도마뱀의 다리 길이에 영향을 주는 유전자를 생각해보자. 일반적으로 유전학적 암호에 해당되는 DNA는 '글자' 수천 개가 연속해서 이어져 하나의 유전자를 구성한다. 이 유전학적 암호에는 특정 단백질의 세부적인 구조와 형태에 관한 정보가 들어 있다. 아놀도마뱀의 다리 길이와 관련된 유전자로 만들어지는 단백질은 배아를 이루는 세포가 적절한 속도와 방향으로 바깥으로 뻗어나가 성장하도록 이끄는 역할을 한다.

핵심은 특정 유전자에 담긴 유전학적 암호가 같은 생물 종이라도 개체마다 정확하게 동일한 경우는 굉장히 드물다는 것이다. 푸에르토리코의 한 도시에서 아놀도마뱀을 1,000마리 잡아서 다리 길이를 좌우하는 유전자의 암호를 분석해보면 30~40여 가지 다른 버전을 발견할 가능성이 아주 높다. 이렇게 다른 버전의 암호들은 대부분 극히 작은 부분에서만 차이가 나타난다. 몇 군데 글자가 다르고, DNA가 짧게 삭제됐거나 중복되는 수준이다. DNA 복제 과정에서 발생하는 이런 오류는 수 세대 이전의 일부 조상에서 발생한다. 또한 대부분 이 같은 변이가 생겨도 결과물에는 전혀 차이가 없다. 즉 도마뱀 배아에 다리가 생기는 기능은 그대로 수행하므로 변이도 아무런 제약 없이 다음 세대에서 다시 그다음 세대로 전해진다. 그러나 이러한 변이로 눈에 거의 띄지는 않지만 다른 도마뱀보다 다리가 더 가늘거나 약간 더 짧고 통통한 개체가 등장할 수 있고, 발달 과정에서 조금 더 늦게 다리가 생기는 개체도 생길 수 있다.

이처럼 유전자에는 팔레트에 담긴 색색의 물감처럼 각기 다른 미세한 변이가 발생하지만 대부분은 굉장히 비슷하다. 해당 생물에서 이루어진 진화에 아무런 영향을 주지 않는 것을 '유전자의 고정 변이standing genetic variation'라고 한다. 그러다 도시라는 새로운 그림을 그리면서 진화의 붓은 이 팔레트로 향한다. 주변 환경이 변하고, 다른 도마뱀보다 다리가 약간 더 긴 아놀도마뱀이 갑자기 생존에 유리한, 새로운 특징을 가진 최초의 개체가 될 수 있다. 그러나 이런 차이를 만든 유전자 변이는 원래 존재하며 발현되어왔고 적당한 때가 되면 등장하여 자연선택의 기회를 잡을 준비가 되어 있었다.

그러므로 고정 변이는 생물의 진화적 자본이라 할 수 있다. 즉 환경이 바뀌면 생물이 즉시 상황에 맞는 유전자의 조합을 만들어낼 수 있도록 해당 생물이 가진 능력이 압축되어 있는 유전학적인 저장고와 같다. 도시 진화가 그토록 빠른 속도로 이루어질 수 있는 것도 바로 이 기능 덕분이다. 도시환경에서 동물과 식물이 인간이 만들어낸 새로운 변화와 맞닥뜨릴 때마다 유전자에 돌연변이가 생기도록 기다릴 필요가 없다는 의미다. 필요한 변이는 대부분 이미 존재하고, 고정 변이의 하나로 대기 중이므로 자연선택을 통해 중심에 서도록 이끌고 나와서 환히 빛날 기회를 주기만 하면 된다.

생물학자들은 기존에 있던 유전자 변이를 활용하는 진화를 '연성 선택soft selection'이라고 한다. 그러나 특정 지역에서 특정 시점에 새로운 돌연변이가 발생하는(강성 선택hard selection) 진화도 일어날 수 있다. 유전학에서는 생물의 도시환경 적응과 관련이 있는 유전학적 암호를 세부적으로 분석하여 연성 선택과 강성 선택을 구분한다. 예를 들어 앤드류 화이트헤드가 PCB 오염을 견디는 대서양 송사리를 연구한 결과, 미국 동부 해안에 위치한 여러 항구에서 각기 다른 유전자가 발견됐다. 심지어 동일한 항구에서 잡은 대서양 송사리에서도 PCB로부터 개체를 보호하는 유전자 변이가 개별 개체마다 다른 경우도 있었다. 이중 구조로 된 유전 암호 중 어느 한쪽이 다른 것으로 나타난 것이다. 이는 PCB에 내성을 갖도록 하는 유전자 변이가 이미 오래전부터 존재했으나 번식 과정에서 염색체 절단과 교차를 통해 제외됐을 뿐임을 명확히 보여준다. 그러므로 대서양 송사리의 PCB 내성은 원래 가지고 있던 고정 변이를 활용한 연성 선택의 결과임을 분명히 알 수 있다.

그러나 앞장에서 살펴보았듯이 영국의 회색가지나방은 이와 다르다. 산업혁명이 시작된 바로 그 시점에 나방의 코텍스 유전자에 변이가 일어났고, 덕분에 그을음에 덮인 나무에서 살 수 있도록 적응했다. 유럽 전역에 서식하는 어두운색 회색가지나방은 변이가 일어난 코텍스 유전자를 동일하게 보유하고 있으며 이 유전자 주변의 암호까지도 동일하다. 이것은 강성 선택을 분명하게 나타내는 특징이다. 즉 새롭게 변형된 코텍스 유전자로 나방이 얻는 이점이 굉장히 커서 이 변이 유전자가 개체군 전체에 들불처럼 빠르게 확산되었고 인접한 유전자들까지 한꺼번에 전달될 정도로 침투성도 강했다. 그러다 시간이 흐르고 염색체 절단으로 이 부분이 다시 분리되어 제외된 것이다.

그러므로 도시 생물의 변화는 빠르되 미세하게 이루어질 수 있으며, 이미 해당 생물 종 내에서 전달되던 유전자들을 활용할 수도 있다. 이런 변화 역시 순수하고 단순한 형태의 진화임에는 틀림없다.

《뉴욕타임스》에 실린 내 글을 읽은 한 독자는 확신하지 못한 것 같았다. '다윈의 신Darwin's God'이라는 블로그를 운영하는 코넬리우스 헌터Cornelius Hunter는 도시 진화에 관한 내 설명을 천지창조론의 좋은 근거로 받아들이고 다음과 같이 언급했다. '적응과 진화는 전혀 다른 두 가지 개념이다. 생물학적인 적응은 이전부터 존재하던 …… 유전자, 대립유전자, 단백질 …… 등에 좌우된다. 반면 진화는 …… 이 모든 것의 기원이다.'

천지창조론자인 헌터는 연성 선택을 이미 존재하던 요소들로 불가피하게 발생하는 물리적인 변화와 완전히 새로운 유전자, 전에 없던 '새로운 종류의 유기체'가 만들어지는 기원이 된 변화로 구분했다. 후자에 해당되는 변화만 진화라 부를 수 있다는 것이 헌터의 주장이었다(물론 그는 이런 변화가 절대 일어날 수 없다고 믿었다).

진화에 관한 새로운 지식이 계속해서 밝혀지고 있는데도 무엇을 진화로 볼 것인가를 두고 계속해서 기준을 바꾸는 천지창조론자들의 태도는 참 놀랍다. 다행히 진화의 정의는 개인의 의견과 무관하다. 생물학계에서는 진화를 변이 유전자의 발생 빈도가 주로 시간이 경과하면서 바뀌는 현상으로 명확히 정의한다. 그리고 '다윈의 신' 블로그와 그 구독자들이 믿고 싶어 하는 내용과 달리 이러한 변이 유전자가 진화의 '기원'은 아니다. 그보다는 세포에서 분자 단위의 기초 재료로 DNA를 만들다가 발생한 화학적인 오류에 해당한다. 화학적으로 발생한 변이 유전자가 일반적으로 존재할지, 아니면 드문 빈도로 나타날 것인지를 결정하는 것은 자연선택이며 바로 이 과정이 진화다. 각기 다른 여러 유전자에서 단기적으로 생긴 작은 진화적 변화가 기나긴 시간이 흐르면서 합쳐져 더욱 큰 진화적 변화로 이어지고, 결국 완전히 새로운 생물이 되는 것이다.

그러나 극단적인 천지창조론자가 아니어도, 도시에 서식하는 크레피스 상크타나 대서양 송사리, 아놀도마뱀, 다리 거미, 어민 나방, 그 밖에 이 책에서 다룬 생물들이 모두 진화했다는 사실을 충분히 이해한 사람도 다른 의구심을 품을 수 있다. 무엇보다 어떤 형질이 진화하려면 유전학적인 변화, 즉 생물의 DNA에 암호화된 정보가 반드시 바뀌어야 하는데 도시 생물의 외관이나 행동에 나타난 변화를 연구하는 생물학자들이 매번 유전학적으로 확실한 근거를 제시하지는 않는다.

예를 들어 동물의 색이나 패턴은 대부분 유전이다. 우리의 머리카락, 피부, 눈 색깔을 부모님으로부터 물려받는다는 것으로도 알 수 있는 사실이다. 그런데 우리 피부는 햇볕에 타기도 하고, 머리카락 역시 햇볕에 노출되면 색이 옅어질 수 있으며 경우에 따라 눈 색깔도 나이가 들면서 변한다는 점을 생각하면 유전자가 전부는 아님을 알 수 있다. 우리의 겉모습을 좌우하는 요소는 대부분 선천적인 영향과 후천적인 영향에 모두 좌우된다. 동물도 마찬가지다. 가령 모메뚜기(주변 환경과 비슷한 칙칙한 색으로 몸을 숨기는 메뚜기)가 밝은색 모래에서 자라면 어두운색 모래에서 자란 모메뚜기보다 몸 색깔이 옅어진다. 같은 DNA에서 각기 다른 결과가 나오는 '가소성'이 존재하는 것이다. 그러므로 특정한 동물이나 식물이 도시에 서식할 때와 도시 외 다른 환경에서 서식할 때 색깔이 다르다는 사실을 발견하면 도시 진화가 일어났다고 생각할 수 있지만, 실제로는 그저 가소성이 나타난 것에 불과하다.

행동의 경우 특히 더 헷갈리기 쉽다. 예를 들어 조류 중 일부 종이 시골보다 도시에서 더 대범한 행동을 보인다고 해서 반드시 도시에 사는 개체의 유전자에 대범한 행동을 하도록 하는 유전자가 더 많은 것은 아니다. 먹이를 빼앗기기 쉽고 알 수 없는 포식 동물이 언제 어디서 나타날지 모르는 도시환경에서는 대범한 행동이 유용하다는 사실을 '학습'했을 뿐이다. 혹은 반대로 시골에 사는 새들이 야생환경에서는 좀 더 신중하게 행동하는 편이 낫다는 사실을 학습할 때 도시의 새들은 그저 아무것도 모르는 순진한 새로 남아 있는 것인지도 모른다.

우리는 많은 동물의 행동이 유전으로 결정된다는 것을 알고 있지만, 마찬가지로 행동은 가르침과 모방을 통해 제각기 다르게 학습하고 전달될 수 있다는 것도 잘 안다. 어떤 연관성이 영향을 주었는지 파악하려면 수많은 개체를 양육하고, 교차 교배하는 복잡한 실험을 해야 한다. 그러나 이런 실험이 현실적으로 항상 가능하지는 않다. 앞장에서 아스트리트 하일링이 다리 거미의 알을 실험실로 옮겨서 직접 부화시키고 키우는 고생을 감수한 이유는 거미가 빛에 끌리는 것이 인공조명으로 밝혀진 환경에서 자라면서 획득한 습성이 아니라 내재적인 특징이라는 사실을 보여주기 위해서였다. 그러나 도시 생물의 행동이 명확히 해당 동물의 학습 능력에서 나온 결과로 밝혀졌다고 해도 진화와 전혀 무관하다고 할 수는 없다. 예를 들어 대범한 행동이 생물에게 도움이 되고 여러 세대를 거쳐 그와 같은 행동이 학습되면, 나중에는 '유전자'도 변해서 날 때부터 대범한 행동을 하는 동물이 될 수도 있다. 살면서 천천히 구축할 유용한 행동 패턴이 아예 처음부터 정해지는 것이다.

후생유전학도 생각해볼 문제다. 이번 장에 새로운 용어를 너무 많이 언급한 것은 미안하게 생각하며 후생유전학이 마지막임을 분명히 해둔다. 진화를 연구해온 학계에서도 후생유전학은 새로운 개념이라 아직까지 제대로 밝혀진 것은 별로 없다.

'후생유전학'은 2008년에 콜드 스프링 하버 연구소에서 개최된 한 학회에서 확정된 용어로, 동물이나 식물에서 나타나는 일부 특징은 'DNA 염기서열은 바뀌지 않지만, 염색체가 변화'하여 나타난 결과임을 의미한다. 염색체는 DNA로 구성되는데 이게 대체 무슨 소린가 싶겠지만 그 말은 맞기도 하고 틀리기도 하다. 염색체에는 DNA가 포함되어 있지만 다른 구성 요소도 많다. 즉 에어캡처럼 DNA를 꽁꽁 감싸고 있는 단백질과 다른 분자들도 있다. 이 포장이 벗겨지고 DNA가 드러난 후에야 유전자도 기능을 할 수 있다. 그리고 포장 물질 중 일부는 동물이나 식물의 생애 중 어느 시점에 추가되거나 제거되어 유전자의 발현을 약화하거나 증폭할 수 있다는 사실이 밝혀졌다.

게다가 이 포장 물질 중 특정 유형의 물질은 자손이 물려받기도 한다. 가령 삶에 아주 힘든 상황이 발생하여 특정 유전자의 역할이 크게 가중될 경우 염색체의 포장 물질 중 몇 가지가 제거되어 해당 유전자에서 단백질이 만들어지는 속도가 더 빨라질 수 있다. 이후 태어난 자손은 처음부터 좀 더 나은 삶을 살 수 있도록, 포장 물질이 이미 제거된 DNA를 물려받을 수 있다. 이와 같은 후생유전학적인 경로에 따라 몇 세대가 지나는 동안 특정 유전자의 발현이 강화되거나 억제될 수 있다. 이러한 현상이 도시 진화를 연구하는 생물학자에게 얼마나 큰 오해를 불러일으킬지 여러분도 짐작할 수 있을 것이다. 어떤 생물의 몇 가지 특성이 그 생물에게 도움이 되어 유전되는 경우, 도시에 서식하는 생물들 사이에서 그러한 특성이 나타나는 개체가 증가하면 명백한 진화의 증거로 받아들여질 수 있지만 실제로는 DNA가 변하지 않았고 '진화'라고 생각한 결과는 그저 후생유전학적인 변화에 그친 경우일 수 있다.

케일라 콜드스노우가 연구한(11장 참고) 물벼룩의 염분 내성도 후생유전학적 현상에 해당될 가능성이 있다. 이 물벼룩은 독성 화학물질에 노출되면 해독 기능에 도움이 되는 유전자가 발현되는 것으로 밝혀졌다. 그리고 자손은 후생유전학적 변화의 스위치가 '켜진' 상태로 태어나는 것으로 보인다. 염분 내성도 동일한 방식으로 결정된다면 콜드스노우가 관찰한 것처럼 도로의 염도가 높아졌을 때 물벼룩이 그토록 빠른 속도로 적응한 이유도 이해할 수 있다. 관련 유전자에 담긴 유전 암호를 염기서열 분석을 통해 확인해야 후생유전학적인 현상인지 명확히 알 수 있을 것이다.

케빈 개스턴은 한 논문에서, 도시 진화를 연구한 사례 중에 유전학적인 적응과 후생유전학적 변화를 구분한 연구는 거의 없다고 언급하며 "이와 같은 한계는 향후 도시 생태 연구에서 해결해야 할 큰 숙제가 될 것"이라고 했다. 현시점에서는 대부분의 전문가가 도시에서 급속히 진행된 진화는 후생유전학적 변화가 아닌 DNA에 일어난 변화에 따른 것으로 생각하지만, 이를 확신하지 못하고 향후 몇 년 동안 후생유전학이 변화의 동력으로 밝혀질 수도 있다고 생각하는 학자들도 있다.

이번 장에서 후생유전학이며 가소성, 연성 선택과 강성 선택, 그 밖에 도시 진화와 관련된 온갖 복잡한 내용을 짤막하게 설명한 것에 대해 양해를 구한다. 도시 진화의 과정은 굉장히 미묘하지만 더욱 도시화된 미래 세상에서 생물다양성을 좌우하는 너무나 중요한 주제이니만큼 현대 진화생물학에서 충분히 밝혀져야 할 것이다. 자, 이제 도시 진화의 다음 단계로 나아갈 차례다. 키워드는? 붉은 여왕이다!

3부

도시에서의 조우

"제가 사는 나라에서는요, 보통 한참 동안 아주 빨리 달리면
어딘가로 갈 수 있어요. 조금 전까지 우리가 했던 것처럼 말이에요."
앨리스가 숨을 헐떡이면서 이야기했다.
"거참 느린 나라군!"
붉은 여왕이 말했다.
"여기서는 말이야, 한자리에 있으려면 계속 달려야 해.
다른 곳으로 가려면 그보다 최소한 두 배는 더 빨리 달려야 하고!"

— 루이스 캐럴 『거울 나라의 앨리스』 중에서

14
특별한 접촉, 밀착 만남

여러 마리의 범고래가 아르헨티나 해안에 나타나 무방비 상태로 있던 물개를 덥석 잡아채는 모습을 본 적이 있는가. 검은색과 흰색이 섞인 거대한 고래가 파도 사이로 모습을 드러내고 마치 진열장에 놓인 쿠키라도 집어 먹듯 물개를 잡아먹는 극적인 장면은 자연 생태 다큐멘터리에 셀 수 없이 많이 등장했다. 그런데 2011년부터 프랑스의 생물학자들은 바로 그 장면을 그대로 축소시킨 것 같은 광경을 알비Albi에서 목격했다.

프랑스 남부에 위치한 작은 도시 알비는 중세 시대 역사가 남아 있는 곳으로, 유네스코 세계유산으로 지정된 도심으로 천천히 흘러가는 타른강의 이름을 그대로 딴 타른주의 주도다. 우뚝 선 퐁 비외Pont Vieux 다리를 중심에 두고 건물들이 빽빽하게 들어선 도심은 양쪽으로 나뉜다. 전 세계 어느 도시나 마찬가지로 알비의 도심에서도 야생 비둘기 떼를 볼 수 있다. 다만 이곳의 비둘기들은 이 책 앞부분에서 살펴본 것처럼 납과 아연이 깃털에 축적되는 문제보다도 더 급박한 위기에 시달리고 있다. 이 새들이 퐁 비외 다리 아래 자갈밭에 모여 목욕하고 몸단장을 할 때, 프랑스 생물학자 줄리앙 쿠세루세Julien Cucherousset와 프레데릭 상툴Frédéric Santoul이 '민물 범고래'라 이름 붙인 존재의 사냥감이 되는 일이 발생한다.

쿠세루세와 상툴은 학술지 《PLoS ONE》에 발표한 논문을 통해 이 민물 범고래의 정체는 웰스메기Silurus Glanis라고 설명했다. 유럽 대륙에서 몸집이 가장 큰 민물고기인 웰스메기는 몸길이가 1.5미터는 거뜬히 넘어서고 가끔 2미터가 넘는 개체가 목격되기도 한다. 원래 메기는 유럽 동부와 아시아 서부가 원산지로, 서유럽 지역에서는 사람들이 여가 활동을 위해 풀어놓기 전까지는 볼 수 없었던 물고기였다. 타른강에는 1983년에 지역 낚시 단체들이 풀어놓은 것이 시작이었다. 이후 메기는 소형 어류며 진흙이 가득한 강바닥에 서식하는 가재, 벌레, 연체동물을 잡아먹고 빠르게 증식하며 잘 적응했다. 그런데 어느 시점부터 알비 도심에 사는 메기가 이전까지 그 어떤 메기에서도 볼 수 없었던 행동을 하기 시작했다. 스스로 물 밖으로 나와서 강가에서 볕을 쬐던 비둘기의 발을 꽉 물고 물속으로 끌어당겨 중금속이 잔뜩 축적된 날개까지 통째로 삼켜버리기 시작한 것이다.

쿠세루세와 상툴은 여러 명의 학생들과 함께 어느 해 여름 내내 퐁 비외에서 망원경으로 관찰하고 메기와 비둘기가 맞닥뜨리는 상황을 총 72시간 분량의 영상으로 기록했다. 다리 바로 위에서 촬영된 영상에는 긴장감 가득한 상황이 그대로 담겨 있다. 한 무리의 비둘기가 자갈밭에서 신나게 놀면서 강물에 부리를 담그기도 하고 즐겁게 날개를 퍼덕이며 몸에 물을 적시기도 한다. 누가 봐도 위험한 일은 전혀 벌어지지 않을 것 같은 풍경이다. 그때 물속에서 시커먼 형체가 위협적으로 슬금슬금 가까이 다가온다. 새들이 첨벙첨벙 물장난 치는 곳까지 도달한 메기는(딱 어울리는 배경음악을 떠올려 보시길) 기다란 수염이 자란 입을 들어 올려 사냥감의 진동을 좀 더 세밀하게 감지한다. 그리고 물가에 두 발을 딛고 있는 비둘기 한 마리를 고른 다음, 꼬리를 몇 번 거칠게 흔들며 모습을 드러내더니 우뚝 선 비둘기를 물고 재빨리 물속으로 끌고 간다. 메기는 커다랗게 벌린 입을 몇 번 움직이는 것으로 절박하게 퍼덕이던 새를 통째로 삼켜버린다. 다른 비둘기들은 깜짝 놀라 날아가지만 곧 아무 일도 없었던 것처럼 볕을 쬐던 곳으로 돌아온다. 얼마 지나지 않아 또 다른 메기가 나타나 같은 방법으로 비둘기를 노린다. 연구진이 촬영한 영상에는 총 54회의 공격이 담겼는데 그중 3분의 1은 사냥에 성공했다. 메기와 비둘기, 그 밖에 메기의 먹이가 되는 몇몇 다른 동물(소형 어류와 가재)를 화학적으로 분석한 결과 비둘기는 메기의 전체 식생활에서 약 4분의 1을 차지하는 것으로 나타났다. 심지어 새를 통해 필요한 영양분의 절반을 얻는 메기도 있었다.

새를 잡아먹다니, 그것도 '물가로 직접 나와서' 새를 잡다니! 이게 대체 무슨 상황인지 잠깐 생각해보자. 메기에 관한 정보를 찾아보면, 진흙 속을 재빨리 파고들어 물고기와 물에 사는 무척추동물을 먹고 산다는 설명이 나와 있다. 그것이 원래 메기가 살아가는 방식이다. 우락부락한 몸을 물 바깥으로 드러내고 날개 달린 동물을 억지로 잡아 끌어당기도록 진화한 경우는 한 번도 없었다. 그런데 그런 일이 벌어진 것이다. 인간이 집비둘기와 메기를 자신들이 세운 도시로 데려온 바람에 이 두 동물이 서로 맞닥뜨리게 되자, 기존에 없던 생태학적인 기회가 생겨난 것이다.

유리와 철로 이루어진 풍경, 혈관처럼 이리저리 이어지고 자동차로 가득 찬 도로, 도시 전체를 덮고 어둠 속에서도 빛나는 인공조명, 구석구석 구멍에서 지독한 악취를 풍기며 새어나오는 화학물질까지, 앞선 내용에서 우리는 동물과 식물이 도시의 물리적인 특성에 적응해왔다는 사실을 확인했다. 진화적인 사건이라 할 수 있는 이 모든 적응 과정은 도시환경과 야생 동식물이 서로 가까이에서 접촉하는, 특별한 만남에서 비롯된 결과다. 이번 장에서는 사상 최초로 벌어진 이 밀접한 만남에 대해 좀 더 알아보자. 진화하는 생물이 계속해서 움직이는 쪽이라면 도시환경의 물리적인 특성은 멈춰 있는 쪽에 해당된다.

한 예로 미국 케이스 웨스턴 리저브 대학교의 세라 다이아몬드 Sarah Diamond는 도시 열섬에 적응한 도토리개미Temnothorax curvispinosus를 발견했다. 이 개미들은 도토리 안쪽에 점처럼 무리 지어 달라붙는 특징이 있다. 오크는 도시에도 있고 도시 바깥에도 있으므로 다이아몬드가 이끄는 연구진은 도토리개미가 들어 있는 도토리를 도시 안팎의 오크에서 모두 채취하여 온도가 높은 곳과 낮은 곳에 두고 개미가 고온에 얼마나 잘 견디는지 조사했다. 그 결과, 도시에 사는 개미는 시골 개미보다 열을 더 잘 견디며, 이 차이가 부분적으로는 유전적 특징이라는 사실이 밝혀졌다. 앞에서 살펴본 여러 사례들처럼 또 하나의 아주 멋진 도시 진화의 사례가 확인된 것이다. 단, 한 가지 유념할 점은 이것이 일방적인 적응이라는 것이다. 즉 개미가 열섬 현상에 적응했을 뿐, 그 현상 자체는 개미의 적응에 아무런 영향을 받지 않는다.

도토리개미에서 도시의 열기를 잘 견디는 능력이 발달한 것과 열섬이 형성되는 현상 사이에는 아무런 상호 관계가 없지만 프랑스 알비에서 벌어진 메기와 비둘기의 불운한 만남과 같은 밀접한 접촉은 경우가 다르다. 즉 맞닥뜨린 양쪽이 서로에게 적응하는 상황이 벌어졌다. 메기는 새를 잡는 능력이 발달하고, 비둘기는 물가에서 좀 더 신중하게 행동하도록 진화했을 가능성이 있다. 현시점에서 이 두 동물이 진화 중이라는 증거는 밝혀지지 않았지만, 그럼에도 메기와 비둘기의 만남은 쌍방향 진화를 위한 준비 단계라 할 수 있다.

진화가 한 방향으로 진행되었는지, 혹은 쌍방향으로 진행되었는지 여부는 도시에서 일어나는 밀접한 만남을 첫 번째와 두 번째로 구분하는 중요한 기준이다. 그런데 두 종류의 차이는 방향 말고도 더 있다. 첫 번째 종류는 원칙적으로 상황이 종료되는 특징이 있다. 가령 브리지포트의 대서양 송사리가 PCB 최대 농도까지 견딜 수 있는 상태가 되면 진화는 완료되고, PCB가 존재하는 환경에도 살 수 있도록 새롭게 진화한 대서양 송사리는 오염된 물에서도 마음껏 살아갈 수 있다. 반면 두 번째 종류는 이처럼 진화적인 종착 지점에 절대 도달하지 못한다. 비둘기가 좀 더 조심스럽게 행동하도록 진화하면 메기는 더 빠르게 공격할 수 있도록 진화하고, 이는 비둘기가 더 빠르게 날아가는 반응이 발달하는 결과로 이어지고 이로 인해 메기 수염의 민감도가 증대되는 식의 반응이 계속해서 일어날 수 있다. 물론 이런 일이 실제로 벌어질 가능성은 없다. 메기가 전적으로 비둘기만 먹고 사는 것도 아닌 데다 비둘기는 매일 몸단장할 곳으로 메기가 없는 장소를 선택할 수도 있기 때문이다. 그러나 이론상으로는 쌍방향으로 진행되는 도시 진화가 메기의 공격과 비둘기의 방어처럼 끝없이 이어질 수 있다.

이처럼 끊임없는 진화적 적응이 다른 생물의 물리적인 특성이 아니라 스스로 진화할 수 있는 다른 생물 자체에 적응하는 방향으로 흘러갈 때, 두 번째 유형의 진화는 한층 더 강력한 효과를 발휘한다. 즉 서로가 진화의 파트너가 되어 한쪽이 진화하면 다른 한쪽의 진화도 강화되는 것이다. 이 관계는 마치 상대가 먼저 침략을 감행하지 못하도록 계속해서 군비 경쟁을 벌이는 두 나라처럼, 생태학적인 상호 관계에서 서로가 하나로 묶이는 결과를 가져온다. 진화생물학자들이 이러한 적대적인 적응 방식을 '붉은 여왕 효과'라고 칭하는 것도 그러한 이유에서다. 『거울 나라의 앨리스』에 등장하는 붉은 여왕이 주인공 앨리스에게 "여기서는 말이야, 한자리에 있으려면 계속 달려야 해"라고 한 말에서 탄생한 용어다.

하지만 서로 이를 바득바득 가는 적대 관계여야만 서로의 진화에 영향을 주는 것은 아니다. 생태적 상호 관계가 계속해서 변화하는 초대형 태피스트리라면 도시환경에 서식하는 모든 동식물은 이를 구성하는 한 가닥 한 가닥의 실과 같다. 물론 이 방대한 도시 생태계에는 상대방의 목을 졸라버릴 기회만 호시탐탐 노리는 생물도 많다. 동시에 보도의 쩍 갈라진 틈을 차지하려고 애쓰는 생물도 많고, 생존의 발판을 마련할 수 있도록 서로 돕는 생물들도 많다. 건물 외벽을 타고 올라가는 담쟁이덩굴 속에 둥지를 튼 참새들, 정원으로 꾸며진 건물 옥상에서 자라는 다육식물을 쉼터로 삼는 톡토기를 떠올려보라. 어떤 관계를 형성하든, 하나의 생물이 진화하면 그것이 도시 생태계에서 그 생물과 연관되어 있는 다른 몇 종의 생물에도 영향을 준다. 섬처럼 뚝 떨어져서 사는 생물은 없다.

지금까지 살펴본 특징을 모아 보면 도시는 광기 어린 과학자와 비슷하다. 원래 있던 요소와 외부에서 유입된 요소를 전부 도시라는 용광로에 집어넣어서 엉뚱하고 기발한 생태학적 혼합물을 만들어낸다. 우리가 사는 집 정원과 베란다, 공원에는 전 세계 곳곳에서 온 식물들이 가득하고 이 식물들은 여러 대륙에서 건너온 다양한 동물들의 식량이 된다. 피리에 사는 인도 목도리앵무는 북미 대륙이 원산지인 아까시나무의 씨앗을 먹고, 말레이시아에서는 유럽 집비둘기가 도로변에서 자라는 중국 히비스커스 덤불에 피어난 꽃봉오리를 뜯어 먹는다. 호주 퍼스에는 1898년에 이곳으로 옮겨진 인도 북방의 야자 다람쥐가 이 지역에 풍성하게 자라는 아프리카산 대추야자와 기타 외래종 야자나무 덕분에 안정적인 개체군을 유지하면서 지금까지 잘 살고 있다.

도시라는 베틀은 우연히 함께 유입된 요소들을 씨줄과 날줄로 삼아 먹이사슬을 만들어내고 각 생물 종은 이에 따라 새롭고 흥미진진한 패턴으로 서로 관계를 맺는다. 이와 같은 생태학적 상호작용은 하늘이 맺어준 인연이라기보다는 정략결혼에 가깝다. 따라서 서로 연결 고리가 형성된 생물들은 새로운 생태학적 파트너의 영향에 대처하는 과정에서 환경에 적응한다. 초식동물에서 이 특징을 가장 생생하게 확인할 수 있다. 예를 들어 플로리다의 토종 곤충인 무환자나무벌레Jadera haematoloma는 (역시나 이 지역 토종 식물인) 풍선덩굴Cardiospermum corindum의 씨앗을 먹고 산다. 풍선덩굴이라는 이름은 이 식물의 자그마한 씨앗이 지름 2센티미터의 초록색 풍선 모양 구조 안에 들어 있기 때문에 붙여진 것인데, 무환자나무벌레는 거의 9밀리미터나 되는 기다란 주둥이로 이 씨앗 주머니에 구멍을 뚫고 그 중심에 있는 씨앗을 겨우겨우 끄집어낸다.

중국 모감주나무Koelreuteria elegans는 1955년경 플로리다 공원 관리 당국이 지역 공원과 도로변에 심기 시작한 외래종 나무 중 하나였다. 이 나무는 풍선덩굴과 관련이 있지만 씨앗이 담긴 캡슐이 훨씬 작고 납작하다. 그런데 중국 모감주나무가 등장한 후 어느 시점부터 무환자나무벌레가 이 나무의 씨앗도 먹이로 삼기 시작했다. 그 결과 1990년대에 캘리포니아 대학교의 스캇 캐럴Scott Carroll이 밝힌 내용처럼 모감주나무에 서식하는 무환자나무벌레는 아예 별도의 새로운 종이 될 만큼 다르게 진화했다. 40년 만에 모감주나무가 플로리다 어느 거리에서든 흔히 볼 수 있게 되자 이 나무에 사는 무환자나무벌레가 낳는 알도 늘어났는데, 이 알들은 기존의 동일한 벌레가 낳은 알보다 더 작고 발달 속도가 빠른 데다 풍선덩굴이 아닌 모감주나무의 냄새에 이끌리는 특징을 보였다. 그러나 가장 두드러지는 차이는 이 벌레의 주둥이였다. 모감주나무에 사는 무환자나무벌레는 주둥이가 약 6.6~7밀리미터 정도로 더 짧다. 풍선덩굴에 서식하는 이전 세대의 벌레보다는 짧지만(이 정도 길이로는 풍선덩굴에서는 씨앗을 꺼낼 수 없다) 캡슐이 훨씬 작은 모감주나무에서 씨앗을 꺼내기에는 충분한 길이다. 캐럴은 기존의 무환자나무벌레와 새로 등장한 동일 벌레에서 나타난 이 같은 차이가 모두 DNA에 암호화되어 있다고 밝혔다.

2005년에 캐럴은 추가로 일어난 흥미로운 변화에 대해서도 보고했다. 호주에서도 동일한 일이 벌어진 것으로 확인됐는데, 남반구답게 정반대의 현상이 나타난 것이다. 호주 브리즈번에서 무환자나무벌레의 또 다른 종인 렙토코리스 타갈리쿠스Leptocoris tagalicus는 호주 토종 식물인 무환자나무과 식물 알렉트리온 토멘토수스Alectryon tomentosus를 주된 서식지로 삼았다. 그런데 미국의 풍선덩굴이 유입된 1960년경에는 호주 전역으로 퍼져 해충이 된 것이다. 이즈음에 풍선덩굴이 대폭 늘어나자 호주의 무환자나무벌레는 얼른 이 새로운 식물로 뛰어들어 서식지로 삼았다. 캐럴이 호주 자연사박물관에 보관 중이던 렙토코리스 타갈리쿠스와 이들의 주둥이 길이를 비교한 결과, 1965년 전에는 모두 주둥이 길이가 짧았지만 그 이후부터 주둥이가 긴 벌레가 등장하기 시작했다는 사실을 발견했다. 아마도 처음에는 1965년 이전에 살았던 주둥이가 긴 무환자나무벌레가 풍선덩굴에 정착해서 적응하기 시작했을 것이다. 캐럴의 연구 결과에 따르면 현재 렙토코리스 타갈리쿠스는 주둥이 길이가 알렉트리온 토멘토수스의 씨앗 캡슐보다도 약간 더 길어서 그 안에 담긴 씨앗에 더 원활하게 접근할 수 있게 되었다.

피노키오마냥 주둥이가 길어지거나 줄어드는 이 변화는 초식동물이 새로이 등장한 식물을 먹이로 삼은 경우 어떻게 진화하는지 보여주는 대표적인 사례로 꼽힌다. 농업에서는 농작물의 변화가 새로운 해충이라는 무서운 결과로 이어지는 경우가 많다. 예를 들어 미국 허드슨 밸리 지역에는 산사나무 파리가 서식하는데, 유럽인들이 이곳에 정착하고 사과를 기르기 시작하자 지난 수백 년에 걸쳐 사과과실파리Rhagoletis pomonella라는 새로운 종이 되었다. 사과과실파리는 산사나무 파리와 다른 점이 너무 많아서 많은 사람들이 별개의 생물로 생각할 정도다.

쑥 줄기에 구멍을 파고 사는 유럽의 토종 생물 콩줄기명나방Ostrinia scapulalis이 1500년경 미국에서 유럽 대륙으로 옥수수가 전해진 이후 유럽조명나방Ostrinia nubilalis이라는 새로운 종으로 바뀌었다. 콩줄기명나방이 500여 년의 세월 동안 옥수수에 서식하기 좋은 특징이 여러 가지 발달하면서 유럽조명나방이 된 것으로, 특히 매우 흥미로운 변화가 한 가지 있다. 여름이 끝날 무렵이 되면 나방의 애벌레는 줄기 안쪽을 갉아 먹고 소위 '휴면기'로 불리는 휴식에 들어간다. 힘들고 고된 변태 단계가 시작되기 전에 길고 긴 휴식을 취하는 것이다. 그런데 콩줄기명나방의 애벌레는 식물의 줄기 중간쯤에 자리를 잡고 쉬는 반면 유럽조명나방 애벌레는 땅에 이를 때까지 줄기 속을 파고든다. 왜 그럴까? 옥수수가 늦여름에 콤바인으로 수확된다는 사실을 감안하면, 수십 년간 어떤 자연선택이 이루어졌는지 아마 여러분도 짐작할 수 있을 것이다!

과학자들은 외래 식물에 자리를 잡고 사는 초식동물 중에서 무환자나무벌레나 사과과실파리, 유럽조명나방과 비슷한 방식으로 적응한 수십 건의 사례를 연구해왔다. 나도 제자들과 함께 그 대열에 동참하여, 네덜란드 북부에서 원래 이곳 토종 식물인 마가목Sorbus aucuparia에 서식하던 잎벌레Gonioctena quinquepunctata가 악명 높은 외래종 식물인 세로티나 벚나무Prunus serotina로 서식지를 바꾼 사실을 발견했다. 이 같은 변화는 아주 최근에 일어났으나(1990년대) 벌써 잎벌레의 몇 가지 유전자에도 변화가 나타났다.

초식동물이 먹이가 될 만한 새로운 식물에 적응하는 것이 '붉은 여왕 효과'의 한 줄기를 이룬다면, 식물이 새롭게 등장한 초식동물에 적응하는 것은 다른 한 줄기를 이룬다. 대서양 연안 전 지역에서 해안가 습지에 자라는 강인한 식물, 끈풀cordgrass도 그중 하나다. '스파르티나Spartina'라는 인상적인 학명만큼 질기고 강하기로 유명한 이 식물은 과녁판의 중심을 만드는 재료로도 사용된다. 그리고 인간이 전 세계 모든 해안의 염습지마다 옮겨 심어도 잘 자랄 정도로 튼튼하다. 그중 연한 끈풀에 속하는 갯쥐꼬리풀Spartina Alterniflora은 원래 북미 대륙의 동부 해안에 자라던 식물이지만 어쩌다 인간의 손길을 타 서부 해안가로 옮겨졌고, 이제는 워싱턴주의 청정 지역인 윌라파만(갯쥐꼬리풀이 1900년경부터 서식한 지역)이나 샌프란시스코만의 도시화된 해안에서나(1970년에 유입된 곳) 똑같이 무성하게 잘 자라고 있다.

그러나 도시와 시골 중 어느 곳을 서식지로 삼느냐에 따라 똑같은 갯쥐꼬리풀에도 차이가 나타난다. 윌라파만에서는 어떠한 해충의 영향도 받지 않고 편안하게 자랄 수 있지만 샌프란시스코에서는 프로켈리시아 마지나타Prokelisia marginata라는 멸굿과 곤충의 공격을 받아 잎이 바싹 마르는 피해를 입게 된 것이다. 동부 해안이 원산지인 이 곤충은 샌프란시스코를 '프리스코'라고 부르는 사람들만큼이나 서부 해안에서는 낯선 존재다. 커티스 댈러Curtis Daehler와 도널드 스트롱Donald Strong 두 과학자는 온실을 이용하여 갯쥐꼬리풀이 서식하는 환경에 따라 각기 다른 방향의 진화가 유도되었는지 조사했다. 충분히 짐작할 수 있겠지만, 연구 결과 샌프란시스코에서 자란 식물은 해충의 공격을 받아도 잎의 20퍼센트 정도만 잃고 계속 잘 자랐지만 세 개 주만큼 위로 더 올라간 지역에서 자라던 동일 식물은 해충에 대한 진화적인 대비가 전혀 되어 있지 않아서 공격을 받으면 잎의 80퍼센트를 잃고 공격당한 식물의 절반 가까이가 시들어버리는 것으로 확인됐다. 서식 지역이 다른 두 갯쥐꼬리풀은 해충 저항성이 전혀 다르게 발달했음을 분명하게 알 수 있는 결과로, 아마도 해충의 입에 잎이 더 맛없게 느껴지도록 화학적 변화가 일어난 것으로 보인다.

식물이 초식 곤충들로부터 스스로를 지키고 인간의 손길에서 벗어나기 위해 만들어내는 화학물질을 둥지를 보호하는 천연 살충제로 활용하는 새들이 있다는 사실도 새롭게 밝혀졌다. '방금 내가 제대로 읽었나?' 싶을 만큼 굉장히 흥미로우면서도 이게 무슨 소린가 싶을 것이다. 2011년에 멕시코시티에 위치한 멕시코 국립대학교 캠퍼스 안에서 집참새와 멕시코 양지니house finch라는 새 둥지에 담배꽁초가 모여 있는 광경을 처음 발견했을 때 멕시코의 조류학자인 몬세라트 수아레스 로드리게스Monserrat Suarez-Rodriguez가 얼마나 당황했을지 생각해보라. 버려진 담배꽁초는 전 세계 어디를 가든 눈

살을 찌푸리게 만드는 골칫덩이다. 우리는 학교에서 길에 쓰레기를 함부로 버리면 안 된다고 배우지만, 흡연자들은 이 규칙이 멋진 척하며 꼬나문 담배에는 적용되지 않으며 굳이 신경 써서 쓰레기통에 버릴 필요는 없다고 생각하는 것 같다. 전 세계적으로 매년 소비되는 필터담배는 5조 개비(5에 0을 열두 개 붙인 숫자)에 이르고, 이 가운데 상당수가 자연에 그냥 버려지는데 이 필터담배가 완전히 분해되려면 몇 년이나 걸린다. 그러니 멕시코시티에 사는 새들이 둥지 재료를 모을 때 담배꽁초를 일일이 골라내기가 어려우리라는 점도 충분히 이해할 수 있다. 수아레스 로드리게스는 둥지 하나에 최대 48개의 꽁초까지 사용된 것을 확인했다. 말 그대로 재떨이 안에서 새끼를 키우는 것이나 다름없다.

수아레스 로드리게스는 과연 새가 실수로 꽁초를 다른 재료와 함께 섞어서 둥지를 지은 것인지, 아니면 다른 목적이 있는지 궁금했다. 실제로 둥지를 만들 때 진드기나 벼룩, 이가 접근하지 못하도록 막아주는 화학성분이 함유된 녹색 식물을 둥지 재료로 활용하는 새들이 있다는 사실도 알려져 있다. 담배는 담배 식물의 잎으로 만들고, 담뱃잎의 주된 성분이 벌레를 물리치는 효과가 있는 니코틴이므로 그는 대학 캠퍼스에 사는 새들도 인간이 기호품으로 이용하는 니코틴의 기능을 간접적으로 활용하고 있을지도 모른다는 가정을 세웠다. 이를 확인하기 위해 수아레스 로드리게스는 동료 연구자들과 함께 60여 개의 둥지를 찾아 담배꽁초가 얼마나 포함되어 있는지 조사했다. 그리고 둥지마다 진드기가 얼마나 생겼는지도 함께 확인했다. 그러자 아주 멋진 음의 상관관계가 밝혀졌다. 둥지에 담배꽁초가 많을수록 진드기는 적었고, 둥지를 흡연실처럼 꾸미는 방식을 택하지 않은 새들은 청결을 유지하는 대신 혹독한 대가를 치러야 했다. 그런 둥지에는 피를 빨아먹는 진드기가 최대 100마리까지 발견된 것이다. 반면 담배 물질이 10그램 이상 포함된 둥지에는 진드기를 거의 찾을 수 없었다.

아쉽게도 아직까지 우리는 이 새들이 어쩌다 담배꽁초를 살충제처럼 사용하게 되었는지 알지 못한다. 꽁초에 남은 니코틴을 감지하고 실제 나무에서 자란 잎으로 생각해 둥지의 재료로 사용한 것일 수도 있고, 여러 세대를 거치면서 둥지에 꽁초를 깔면 더 포근하다고 느끼게 되었을 수도 있다. 혹은 유전적인 변화도 동반된, 새로이 진화한 벌레 퇴치 전략일 수도 있다. 실제로 그렇다면 멕시코의 연구진은 도시의 새 둥지에 사는 진드기가 니코틴 저항성을 갖는 방향으로 진화하고 있는지도 추가로 확인해봐야 할 것이다.

물론 이 책에서 이야기한 사례로 '붉은 여왕 효과'가 나타난 진화를 완전하게 설명할 수는 없다. 여기서 살펴본 것은 인간이 자신들이 사는 환경에 가져다 놓은 식물에 초식동물이 적응해왔다는 것, 그리고 인간의 개입을 계기로 자신들을 먹이로 삼는 초식동물에 적응한 '다른' 식물들도 있다는 사실이다. 또 기생하는 진드기를 물리치기 위해 도시 사람들의 흡연에 사용되는 식물을 살충제로 사용하는 새들도 있다는 사실을 살펴보았다. 그러나 생태학적인 상호작용이 공격과 방어, 그에 대한 또 다른 공격과 다시 방어 기술이 등장하는 진화적 주기를 형성하면서 연이어 이루어진다는 사실을 입증하는 믿을 만한 사례는 아직 발견되지 않았다. 생물학자가 동물학이나 식물학 모두에 정통한 경우는 드물고 대부분 어느 한쪽 분야에만 전문가라는 현실도(즉 이와 같은 상호작용을 식물이나 초식동물 어느 한쪽의 입장을 중심으로 보게 된다) 이러한 한계와 관련이 있을 것이다. 여러 생물에서 이 같은 주기가 단편적으로 관찰된 만큼, 실제로 공격하고 다시 되갚고 또 공격하는 식의 쌍방향 적응이 바로 이곳에서 지금도 계속 이어지며 도시의 새로운 생태학적 관계를 형성하고 있을 가능성은 매우 높다.

15
절대 멈출 수 없다

가루가 부스러져 떨어지는 콘크리트 벽과 경사로가 들어선 곳, 아스팔트가 깔린 방대한 공간에서 똑같이 생긴 은회색 자동차들이 천천히 선회하거나 바닥에 놓인 원뿔 모양의 교통 표지물 사이를 지그재그로 지나간다. 일본 센다이시에 위치한 카단 운전학교는 뜻밖에도 도시 생물학자들에게 아주 소중한 장소다. 나를 포함한 네 사람의 연구자는(생물학 전공생인 미노루 치바와 야와라 다케다, 생물학자 이바 눈주까지) 그곳의 낡은 벽 위에 몇 시간째 앉아서 이 운전학교가 널리 알려지게 된 그 현상이 벌어지기만을 기다렸다.

카단 운전학교는 1975년에 이 지역에 서식하는 까마귀Corvus corone가 자동차를 이용해 견과류 껍데기를 깬다는 사실이 처음 발견된 곳이다. 센다이시에 많이 열리는 일본 호두Juglans ailantifolia는 까마귀가 무척이나 좋아하는 먹이다. 그런데 귀엽게 생긴 일본 호두는

(시중에서 볼 수 있는 호두보다 약간 더 작고 반으로 가르면 알맹이가 예쁜 하트 모양으로 들어 있다) 까마귀가 부리로 깨기 힘들 정도로 껍데기가 굉장히 단단하다. 그래서 먼 옛날부터 까마귀들은 공중에서 바위가 있는 곳으로 떨어뜨려서 껍데기를 깨곤 했다. 센다이시에서도 주차장마다 알맹이가 없는 빈 호두 껍데기를 어디에서나 볼 수 있다. 까마귀들이 호두를 물고 와서 공중에서 떨어뜨리거나 근처에 있는 건물 꼭대기에서 아스팔트가 깔린 바닥 경계면 쪽에 떨어뜨린 흔적이다.

그러나 이런 방식으로 호두를 깨려면 번거롭게 높이 날아올랐다가 다시 가지러 내려와야 한다. 때로는 여러 번 떨어뜨려야 겨우 깨진다. 그래서 언젠가부터 까마귀들은 더 나은 방법을 궁리했다. 천천히 달리는 자동차 바퀴가 지나갈 위치에 호두를 떨어뜨린 다음 차가 가고 나면 알맹이를 수거하는 것이다. 이 같은 행동은 느릿느릿 달리는 차들이 많은 카단 운전학교에서 처음 목격되었고 다른 까마귀들도 곧 따라 하기 시작해 센다이 전체에 널리 퍼졌다. 특히 도로가 급하게 꺾이는 구간이나 교차로 근처에서 천천히 달리는 자동차가 거대한 호두까기로 활용되는 장면을 흔히 볼 수 있게 되었다. 그런 현상이 목격된 장소에서는 까마귀들이 호두를 높은 곳에서 떨어뜨리지 않고 도로변에 앉아 있다가 원하는 위치에 정확히 호두를 내려놓는다. 시간이 흘러 이 방식은 일본 다른 도시까지 유행처럼 번졌다.

센다이시 도호쿠 대학교의 동물학자 요시아키 니헤이는 까마귀의 이러한 행동을 면밀하게 살펴보았다. 그리고 까마귀들이 신호등 근처에서 기다렸다가 빨간불이 되면 정차한 자동차 앞쪽으로 걸어가서 호두를 바닥에 두고 총총 뛰어서 도로 경계석에 돌아온 뒤 신호가 바뀌기를 기다리는 모습을 목격했다. 차량이 지나가고 나면 까마귀는 다시 아스팔트 위 호두를 두고 온 곳으로 가서 먹이를 수거했다. 까마귀가 자동차를 호두 껍데기를 부수는 '도구'로 다룰 줄 안다는 사실이 밝혀진 연구였다. 가령 호두가 바퀴에 깔리지 못해서 깨지지 않은 채로 시간이 한참 흐르면 다시 그 지점으로 가서 호두가 놓인 위치를 몇 센티미터 정도 옮긴다. 니헤이는 심지어 까마귀 한 마리가 자동차가 달려오는 길로 걸어 들어가서 놀란 운전자가 브레이크를 밟을 수밖에 없도록 만든 다음 얼른 그 차량의 앞바퀴 쪽으로 호두를 물어서 던지는 모습도 보았다.

이 놀라운 관찰 결과는 1997년까지만 해도 비교적 잘 알려지지 않은 일본 학술지에 보고된 것이 전부였다. 그러다 《BBC》가 방송인이자 동물학자 데이비드 아텐버러David Attenborough의 〈새들의 생활The Life of Birds〉 시리즈에서 이 까마귀를 소개하기 위해 센다이시로 찾아왔다. 데이비드 경의 음성으로 전해진 이곳 까마귀들의 특징은 금세 큰 관심을 불러일으켰다. "이 까마귀들은 횡단보도에서 기다립니다. 신호등이 정지 신호로 바뀌기를 기다리는 겁니다. 신호가 바뀌면 껍데기가 깨진 호두를 안전하게 수거하는 것이죠!"

우리 일행도 하루를 통째로 할애해서 센다이시의 유명한 까마귀를 직접 관찰하기로 했다. 미노루와 야와라는 까마귀의 솜씨가 이 지역에서 유명하다고 전했다. 까마귀들에게 호두를 던져두고 어떻게 하나 지켜보는 것이 주민들의 즐거운 여가 생활일 정도였다. 우리는 네덜란드에서 사 온 호두 한 봉지를 들고 운이 따라주기를 기대했다. 하지만 까마귀들은 협조해주지 않았다. 오전 내내 여러 교차로를 찾아 신호등 앞에 천으로 된 접이식 의자를 놓고 앉아 쉴 새 없이 지나가는 운전자들이 던지는 시선을 그대로 견디면서 기다렸다. 하지만 아무런 소득이 없었고, 결국 우리가 기다리는 장면이 맨 처음 목격되어 명성을 떨친 카단 운전학교를 찾아왔다. 기온은 점점 올라가고 우리는 허기와 피로에 지쳐 운전 연습장 여러 곳에 쌓아둔 호두 더미를 그저 멍하니 응시했다. 운전 연습을 하러 온 사람들은 조심스럽게 우리를 피해 갔고 까마귀들은 머리 위를 날아다녔지만 내려올 기미는 보이지 않았다. 도심에서 실시하는 현장 연구는 대부분 이런 사태를 맞이한다.

미노루와 야와라는 너무 이른 시기에 온 것 같다고 이야기했다. 견과류가 아직 충분히 익지 않았고 새끼 까마귀는 이제 막 깃털이 다 자란 시기라는 것이다. 까마귀들은 잘 익은 오디를 비롯해 이 시기에 어디에서든 실컷 먹을 수 있는 다른 먹이를 구하러 다니느라 바쁠 것이라는 의견도 나왔다. 나는 한숨을 쉬며 좀 더 지켜보았다. 그때, 뒤쪽에서 호두 껍데기가 부서지는 소리가 났다. 놀라서 돌아보니 이바가 호두를 까서 먹는 모습이 보였다. 내가 쳐다보자 이바는 대뜸 이야기했다. "어때서요? 까마귀는 오지도 않는데요, 뭘!"

까마귀를 일본에서만 볼 수 있는 건 아니다. 차도 많고 교차로와 호두도 많은 서유럽에서도 까마귀를 볼 수 있다. 그러나 유럽에 서식하는 까마귀는 어찌된 영문인지 일본의 까마귀들처럼 인간이 타고 다니는 차량을 활용하는 이 까다로운 방식을 터득하지 못했다.

그렇다고 유럽인이 새에게 전혀 이용당하지 않는다고 생각하면 오산이다. 거의 1세기 가까이 우유병을 활용할 줄 아는 기술을 발휘하며 유명해진(그리고 짜증을 유발한) 박새만 봐도 알 수 있는 사실이다. 생기발랄한 명금류의 일종인 박새는 노란색과 검은색, 푸른색이 섞인 종류(푸른 박새Cyanistes caeruleus)와 올리브색을 띠는 (녹색 박새Parus major)로 나뉜다.

사실 박새뿐만 아니라 조류는 전부 우유를 소화하지 못한다. 포유동물과 달리 젖산을 분해하는 효소가 없기 때문이다. 그러나 과거에 균질화 공정을 거치지 않고 유통되던 우유의 경우 상층에 형성된 크림 층에는 젖산이 거의 없었다. 그래서 겨울철 배고픈 새들이 우유병 목 부분에 형성된 풍부한 크림을 꼭 필요한 지방 섭취원으로 활용한 것 같다. 실제로 19세기 말부터 20세기 초까지, 영국과 유럽 여러 지역에서 정확히 그런 광경이 목격됐다. 당시에는 우유 배달원이 뚜껑 없는 병에 담긴 우유를 아침마다 대문 앞에 놓고 갔는데, 그 집에 거주하는 포유동물이 문을 열고 나와 우유를 챙겨가기 전에 박새가 급강하하여 우유병 위에 앉아 부리를 쑥 담그고 내용물이 1인치가량 줄어들 때까지 크림을 먹는 일이 벌어졌다.

아쉽게도 서로를 지치게 만들던 인간과 새의 이 초창기 싸움은 먼 옛날의 일이 되었다. 우유 배달원이 집 앞에 나타나자마자 사람이 얼른 대문을 열고 우유를 가지고 들어가는 일이 잦아지자 박새는 크림을 훔쳐 먹을 틈도 없었을 것이다. 그렇다고 가만히 당하고 있을 수만은 없었는지, 박새는 우유가 배달 올 시간이 되면 현관 근처에서 대기하고 있다가 인간이 나타나기 전에 먼저 우유를 마실 기회를 노린 것으로 보인다. 20세기 초에 우유 업체들이 밀랍을 이용하여 우유병 입구를 판지로 막기 시작했지만 이것도 일시적인 해결책일 뿐이었다. 1921년에 사우샘프턴에서 박새가 이 판을 뜯어내거나 입구를 막은 마분지를 한 겹씩 뜯어내서 얇게 만든 다음 날카로운 부리로 뚫어버리는 일이 벌어진 것이다. 뚜껑을 마분지 대신 알루미늄으로 바꿨지만 이 역시 오래 효과를 보진 못했다. 1930년이 되자 영국 전역의 10여 개 마을에서 금속 뚜껑을 개봉하는 법을 배운 박새들이 나타났다. 이 새들은 부리로 툭툭 쳐서 구멍을 낸 다음 포일을 쭉 벗겨냈다. 게다가 완전히 벗겨낸 뚜껑을 발톱으로 꼭 쥐고 은신처로 가져가서 안쪽에 묻어 있는 크림을 쪼아 먹기도 했다. 박새가 즐겨 찾는 나무마다 말끔하게 닦인 우유병 뚜껑이 점점 쌓여갔다. 탐욕이 도를 넘어 화를 자초하는 경우도 있었다. 박새의 행동을 연구하던 영국의 조류학자 로버트 하인드Robert Hinde와 제임스 피셔James Fisher는 푸른 박새가 우유병에 머리를 넣은 채로 익사한 사례를 여러 차례 확인했다. '부리를 너무 깊이 담그려다가 균형을 잃은' 결과였다.

하인드와 피셔가 이 같은 사례를 알게 된 것은 1947년에 시민 과학 프로젝트로 실시된 '아방 라 레트르avant la lettre'를 통해서였다. 이 프로젝트에서 두 조류학자는 조류 관찰자와 동식물 전문가, 우유 배달원, 우유를 배달 받아서 먹는 가정집, 의사, 그리고 '과학 교육을 받은' 사람들 수백 명을 대상자로 선정하여 우편으로 설문 조사를 실시했다. 응답자들이 작성해서 보낸 결과를 토대로, 두 사람은 영국 전역의 박새들 사이에서 흡사 전염병처럼 널리 퍼진 우유병 공격 기술과 이를 막기 위해 인간이 마련한 각종 조치들의 이력을 상세히 정리했다. 이후 유럽 여러 지역과 유럽 대륙 전체를 대상으로 한 후속 연구도 진행됐다.

《영국의 새들British Birds》에 게재된 하인드와 피셔의 글에는 응답자들이 알려준 몇 가지 사례들도 포함되어 있다. 그 내용을 보면, 인간이 생쥐만 한 적과 누가 더 영리한지 겨루면서 얼마나 큰 절망을 느꼈는지 고스란히 드러난다. 사람들은 우유병이 현관 앞에 놓이면 박새가 재빨리 먹어 치운다는 사실에 크게 분노했다. 우유 배달원이 우유를 내려놓고 채 몇 분도 지나지 않아 그런 일이 벌어졌기 때문이다. 마치 새가 우유를 기다리고 있었던 것마냥! (정말 기다린 것으로 추정되는 일도 있었다. 한 우유 배달원은 심지어 어떤 박새들은 우유병을 현관에 내려놓도록 기다리지도 않고 배달 카트 주변을 둘러싸고 날아다녔다고 한탄했다. 그는 자신이 우유병을 배달하고 다시 카트로 돌아오면 다른 박새들이 방금 놓고 온 우유병을 향해 날아가곤 했다고 전했다.) 대규모 피해로 꼽히는 사례 중에는 한 학교에 배달된 우유 300병 가운데 57병이 뚜껑이 열린 채로 발견된 일도 있었다. 교장이 사태를 발견하고 내쫓기 전에 벌어진 일이었다. 일부 지역에서는 사람들이 묵직한 금속 뚜껑이나 돌, 천 등을 준비해서 우유 배달원에게 뚜껑 위에 올려놓고 가라고 부탁하기도 했는데, 어떤 방법을 쓰든 박새는 항상 그 장애물을 제거하는 방법을 터득했다.

하이드와 피셔가 쓴 글에는 박새들 사이에 우유병 뚜껑을 여는 기술이 확산된 지역이 표시된 지도도 포함되어 있다. 놀랍게도 뚜껑 여는 기술은 맨 처음 등장한 사우샘프턴에서부터 점진적으로 퍼진 게 아니었다. 여러 마을과 도시에 산발적으로 등장한 뒤 그 주변 지역으로 우유병 공격 기술이 전해지는 양상이 나타났다. 박새는 일 년에 10~20킬로미터 이상 이동하는 경우가 드문데, 박새가 우유병을 공격하는 문제가 발생한 마을로부터 20킬로미터 이상 떨어진 새로운 동네에서 갑자기 우유를 노리는 배고픈 박새가 나타나는 식이었다. 그러므로 유독 영리한 새들이 이와 같은 기술을 독자적으로 터득했고, 다른 새들이 보고 따라 했을 가능성이 크다.

예를 들어 웨일스의 라넬리는 뚜껑을 개봉할 줄 아는 박새가 있다고 알려진 가장 가까운 지역과 수백 킬로미터나 떨어진 곳이었다. 300가구가 모여 사는 라넬리의 한 마을에서 1939년에 딱 한 집에서 우유를 도둑맞는 일이 벌어졌다. 7년이 지난 후에는 이곳에 서식하는 박새가 모두 같은 기술을 발휘했다. 암스테르담에서는 니코 틴베르헌이 제2차 세계대전이 발발하기 전과 후에 우유병 뚜껑을 여는 박새를 연구했다. 그 결과 전쟁이 한창이던 기간과 종전 직후에 먹을 것이 부족하던 기간에 우유 배달이 이루어지지도 않는데도 우유병 뚜껑을 여는 새들이 목격됐다. 전쟁 전에 살았던 새가 남아 있을 리 만무한 1947년에도 우유 배달부가 다시 거리에 등장하기 시작하자 또다시 그와 같은 일이 벌어졌다.

그러다 지난 수십 년간 박새는 우유를 벌컥벌컥 마셔대는 라이벌, 인간에게 마침내 패한 것으로 보인다. 우선 탈지유와 균질화 처리가 된 우유가 등장하여 우유병 상단에 크림 층이 형성되지 않은 것도 새들이 흥미를 잃은 원인이다. 한동안 박새들은 정통 방식대로 유지방이 그대로 함유된 우유를 병뚜껑 색깔로 구분하는 법을 터득하며 이 문제를 극복하려고 했으나 이후 알루미늄 뚜껑을 사용하는 유리 용기가 다른 용기로 서서히 교체되었다. 동시에 우유를 집 앞까지 배달하는 배달원도 사라지고 슈퍼마켓이 등장했다. 이제는 한동네에 사는 새들이 배달 온 우유를 먹어치우면 얼마나 화가 치미는지 그 심정을 아는 사람이 거의 없다.

우유병에 대한 새의 꾸준한 도전을 들여다보면 많은 수수께끼가 담겨 있고 이는 도시 생물학자들의 호기심을 자극한다. 우유병 뚜껑을 여는 기술이 새들 사이에서 어떻게 전해졌을까? 도시에 서식하는 새는 시골에 사는 새보다 이 새로운 기술을 더 빨리 익히고 더 능수능란하게 활용했을까? 도시 새에게 시골 새는 모르는 새로운 입맛이라도 생긴 걸까? 만약 그렇다면 이유는 무엇일까?

이 가운데 첫 번째 의문, 즉 똑똑한 새가 깨우친 신종 기술이 다른 새들에게 전달된 방법은 최근 옥스퍼드 대학교의 호주 출신 과학자 루시 에이플린Lucy Aplin을 통해 밝혀졌다. 에이플린은 앞서 8장에서 버나드 케틀웰이 트레일러에 머물면서 회색가지나방을 수집했던 위담 숲에서 실험을 진행했다. 차이가 있다면 현대 과학자들은 케틀웰이 사용한 모슬린 재질의 덫보다 훨씬 더 세련된 장비를 사용한다는 것이다. 에이플린은 숲 전체에 자동으로 작동하는 기계장치인 '퍼즐 박스'를 설치했다. 퍼즐 박스란 생물학자들이 동물의 문제 해결 능력을 우회적으로 평가하기 위해 사용하는 장치로, 보통 특정한 행동을 하면 보상으로 동물이 좋아하는 맛있는 먹이가 제공되는 형태로 되어 있다. 에이플린이 박새를 평가하기 위해 준비한 퍼즐 박스는 플라스틱 상자에 새가 앉을 수 있는 막대기가 꽂혀 있었다. 새가 부리를 이용하여 이 막대기를 오른쪽이나 왼쪽으로 밀면 상자가 열리고 살아 있는 맛있는 벌레를 발견할 수 있다.

이것으로 끝나지 않았다. 위담 숲의 박새들은 잠시도 가만히 있지 못하는 여러 생물학자들의 관심을 받으며 강도 높은 집중 분석 대상이 되었다. 과학자들은 새 한 마리 한 마리에 초소형 트랜스폰더 칩이 내장된 고리를 다리에 끼우고 새가 둥지로 삼도록 설치해 둔 상자와 먹이를 차려놓은 테이블에 안테나를 설치하여 각각의 새를 추적했다. 몇 살인지, 어떤 새와 함께 둥지를 만들었는지, 친한 새는 누구고 잘 어울려 다니는 새들은 누구인지도 알 수 있었다. 에이플린이 설치한 퍼즐 상자의 막대기에도 안테나가 숨겨져 있어서 그 위에 새가 앉을 때마다 그 새의 개별적인 식별 코드를 확인했다. 퍼즐 박스의 플라스틱 문과 연결된 스위치를 특정 새가 발견해서 열었는지 여부는 물론 핵심적인 정보, 즉 새가 문을 왼쪽으로 열었는지 오른쪽으로 열었는지도 추적할 수 있었다.

위담 숲은 이곳에 서식하는 박새를 기준으로 할 때 총 여덟 구역으로 나뉘고 각 구역마다 약 100마리의 박새가 모여서 살아간다. 같은 구역에 사는 새들은 다른 구역의 새들보다 사이가 더 가깝다. 박새를 조사한 옥스퍼드 연구진은 이 구역을 '하위 개체군'으로 명명했다. 에이플린은 다섯 곳의 하위 개체군에서 퍼즐 박스의 원리를 깨우친 '얼리 어답터'의 명예를 얻을 수컷 새 두 마리를 각각 지정했다. 이 열 마리의 새들은 연구진에게 먼저 붙잡혀서 사전에 문 여는 법을 배운 새들의 행동을 지켜보고 퍼즐 박스를 어떻게 여는지 배웠다. 에이플린은 일부는 문을 오른쪽으로 열도록 가르쳤고 나머지는 왼쪽으로 열도록 가르쳤는데 같은 개체군에서 잡아온 두 마리는 모두 동일한 방향으로 문 여는 법을 익히도록 했다(왼쪽 또는 오른쪽 중 한 가지). 기술을 익힌 새들은 다시 살던 개체군으로 돌려보내고 퍼즐 박스라는 복음을 전파하기를 기대하면서, 에이플린은 숲 곳곳에 설치한 퍼즐 박스의 배터리가 충분한지 확인하고 신선한 벌레도 가득 채워두었다.

이후 4주 동안 퍼즐 박스의 스위치와 안테나, 디지털 하드웨어가 쉴 새 없이 돌아가며 그곳에 오고간 새들과 왼쪽 또는 오른쪽으로 문이 열린 상황이 모두 기록됐다. 성대한 잔치가 끝나자 에이플린은 퍼즐 박스를 치우고 그동안 축적된 데이터를 모두 다운로드해서 분석했다. 그 결과, 퍼즐 박스의 비밀에 정통한 새를 풀어놓은 다섯 곳의 하위 개체군 모두 구성원 대부분이 문 여는 법을 터득한 것으로 나타났다. 반면 '숙달된 조교'가 없는 하위 개체군에서는 문 여는 법을 파악한 새가 일부에 지나지 않았다. 한 개체군에서는 전체의 10퍼센트에도 미치지 않을 정도였다.

더불어 지식은 평소 친하게 지내던 새들의 네트워크를 통해 전달됐다는 사실도 분명하게 확인됐다. 연구진에게 교육받은 새와 가장 친하게 지내던 새가 제일 먼저 상자에 와서 문을 열었고, 다시 다른 새에게 새로운 지식을 전달했다고 밝혔다. 실험 장치에 각각의 새들이 기술을 활용하는 상황이 정확히 기록되었으므로 에이플린은 새들의 사회적 네트워크를 통해 밈meme🍃이 전파되는 상황을 확인할 수 있었다. 상자의 문을 오른쪽과 왼쪽 중 어느 쪽으로 열 것인지도 그 과정에서 전해졌다. 맨 처음 기술을 배운 새가 어느 방향으로 여는가에 따라 그 새가 속한 하위 개체군의 문 여는 방향이 좌우된 것이다. 즉 문을 오른쪽으로 열면 된다고 배운 새의 하위 개체군은 모두 그 방향으로 문을 열었고 반대의 경우도 마찬가지였다. 에이플린은 심지어 1년이 지난 후에도 이 지역의 새들은 문 여는 기술을 그대로 기억하고 있다는 사실도 확인했다.

영국의 박새들을 통해, 우리는 어떤 동물은 인간이 정한 암호를 해독할 수 있으며 절친한 친구들에게 그 비밀을 알려준다는 것을 알 수 있다. 인간이 이를 차단하는 조치를 마련할 때까지 이 행위는 지속된다. 도시에 사는 동물과 인간이 끊임없이 다투는 것도 이런 이유에서다. 동물이 정보를 학습하고 다른 동물에게 전달하기 위해서는 반드시 특정한 능력을 갖추어야 한다. 그 첫 번째는 문제 해결에 필요한 지능이다. 푸른 박새와 박새가 우유병 입구를 막고 있는 알루미늄포일을 뜯어야 맛있는 크림을 먹을 수 있다는 사실을 알았던 것과 같은 지적 능력이 필요하다. 두 번째로 갖추어야 할 요건은 새로운 것을 좋아하고 미지의 물체에 관심을 갖는 태도다. 박새들 중에 일부는 유리병에 담긴 우유가 맨 처음 나타났을 때 소스라치게 놀라기보다는 찬찬히 다가가서 혹시 영양 성분을 얻을 수 있는지 살펴보았을 것이다. 나중에는 성난 우유 배달원이나 문 밖으로 뛰쳐나와 행주를 마구 휘두르는 집주인과도 대적해야 했으므로 전

유전적인 요소가 아니지만 모방 등을 통해 다른 개체에게 마치 유전적인 요소처럼 전달되는 문화 요소를 일컫는다.

보다 사람들에게 더 가까이 다가갈 줄 알아야 했다.

우유병 공격에 성공한 박새들이나 루시 에이플린이 만든 퍼즐 박스의 비밀을 배운 새들은 새로운 것에 관심을 보이고 인내심을 갖고 문제 해결 능력을 발휘한 덕분에 득이 되는 결과를 얻었다. 그러나 상황이 항상 이렇게 흘러가지는 않는다. 실제 자연에서는 주춤하며 보수적인 태도를 유지하고 새로운 것을 두려워하는 편이 더 안전한 경우가 많다. 오랫동안 안정적으로 유지된 환경에서는 사람을 비롯한 덩치 큰 동물은 위험할 수 있으므로 피하는 것이 낫다. 인간이 만든 물건은 대개 움직이는 부분들로 구성되어 있고 잘못 건드렸다가 목숨을 잃을 수도 있으므로 아쉬워도 안전을 택하는 편이 현명하다.

그러나 도시에서는 이처럼 신중히 반응하는 전통적인 행동 양식을 재고해야 했을 것이다. 인간은 엄청나게 풍부한 먹이를 공급해 줄 수 있는 존재이자 쉴 곳과 둥지를 지을 만한 장소를 만들고 전반적으로 새로운 기회를 제공한다. 더욱이 최소한 도시에서는 인간이 조그마한 새나 포유동물을 호의적으로 대하는 경향이 있고 해를 가하는 경우는 별로 없다(인간보다는 인간이 키우는 애완동물이 해를 가할 가능성이 크다). 무엇보다 인간은 끊임없이 새로운 것들을 만들어낸다. 맥플러리 아이스크림 컵에 머리가 거꾸로 처박혀버린 고슴도치처럼 때로는 새로운 물건이 위험할 수도 있지만 위험보다 이득이 더 큰 경우가 많다(우유병을 생각해보라). 그러므로 도시에 사는 동물들은 함께 사는 인간을 잘 활용할 줄 아는 방향으로 진화했을 것으로 추정된다. 우유병 뚜껑을 열 수 있게 하는 유전자가 개체군 내에 확산된 결과라기보다는(분명 그런 유전자는 존재하지 않는다), 잘 견디고 탐구심을 발휘할 줄 아는 유전적 성향이(이를 좌우하는 유전자는 '분명히' 존재한다) 인간을 어떻게 활용하면 좋은지, 쉴 새 없이 변화하는 인간의 특성을 어떻게 이용할 수 있는지 신속하게 익히는 데 도움이 될 것이다. 빠른 학습 능력이 갖추어지면 이 유전자가 확산되고, 그 동물은 시골에 살며 고루한 태도를 유지하던 동물보다 도시에 살기에 적합한, 거리 생활에 더 알맞은 버전으로 진화한다.

도시 동물이 겁 없이 문제를 해결하고 새로운 것을 좋아하는 경향이 있다는 사실을 뒷받침하는 증거도 있다. 섬나라 바베이도스에는 캐나다 몬트리올의 맥길 대학교가 소유한 현장 연구센터가 있는데 이곳에서도 확인됐다. 수도 브리지타운 끝 쪽에 자리한 이 연구센터에서 맥길 대학교의 연구진과 학생 들은 오랫동안 현장학습과 석사과정 연구 프로젝트를 진행해왔다. 센터 내에는 흠잡을 곳 없는 구내식당도 있지만, 무엇보다도 매력적인 해변과 태양이 빛나는 지중해가 있다! 게다가 호화로운 숙박 시설인 '콜로니 클럽'도 바로 옆에 있으니, 현장 연구를 떠나기 전후에 연구원들은 꽤 오랜 시간을 이곳에서 보내곤 한다. 2000년에 맥길 대학교의 생물학자 몇몇은 바로 이 콜로니 클럽의 말끔하게 정돈된 야외 테이블에서 피리새*Loxigilla barbadensis*가 분명 사람 먹으라고 테이블 위에 올려둔 작은 설탕 봉지에 뻔뻔하게 다가와서 솜씨 좋게 그 종이봉투를 뜯는 모습을 처음 목격했다. 피리새는 영국의 푸른 박새가 우유병에서 크림을 먹던 것과 매우 흡사한 방식으로, 한쪽 발의 발톱으로 설탕 봉지를 꽉 붙들고 단단한 부리로 봉지를 찢고는 설탕을 한입 가득 몇 차례 삼킨 후 날아갔다. 나중에는 이 새들이 또 다른 테이블 매너도 습득한 것 같았다. 설탕이 담긴 작은 용기 뚜껑도 열고(묵직한 도자기 뚜껑을 부리로 밀었다) 커피용 크림을 훔쳐 먹기도 한 것이다. 장 니콜라스 오데Jean-Nicolas Audet라는 한 대학원생은 이런 말을 남겼다. "바베이도스에서 테라스에 앉으려면 거의 매번 피리새와 동석해야 한다."

오데는 박사 후 과정을 밟고 있던 사이먼 듀카테Simon Ducatez와 함께 피리새의 행동을 연구했다. 덕분에 콜로니 클럽의 레스토랑 테이블에 장시간 앉아 있어야만 하는 확실한 이유도 생긴 셈이다. 두 사람은 콜로니 클럽뿐만 아니라 근처에 있는 코랄 리프 클럽과 호화로운 로열 파빌리온도 연구 장소로 삼아야 한다고 지도 교수를 설득했다. 브리지타운은 인구밀도가 높고(1제곱킬로미터당 평균 700여 명) 도시화가 진행된 곳이지만 바베이도스 북동쪽 가장자리 지역은 아직 시골이다. 이에 오데는 시골에 서식하는 피리새의 문제 해결 기술과 도시 피리새의 기술이 얼마나 일치하는지 확인해보기로 했다.

그는 이 의문을 풀기 위해 두 가지 퍼즐 박스를 고안했다. 투명한 플라스틱 상자 안에 보상으로 씨앗이 들어 있다는 것까지는 동일하지만 하나는 문을 앞으로 잡아당기거나 뚜껑을 밀어서 열어야 하는 구조로 되어 있고('서랍' 상자) 다른 하나는 이 두 가지 행동을 모두 할 줄 알아야 씨앗을 얻을 수 있었다('터널' 상자). 즉 서랍을 당긴 다음 뚜껑을 밀어야 하는 구조였다. 오데는 도시에 사는 피리새 스물여섯 마리와 시골에 사는 피리새 스물일곱 마리를 포획하여 현장 연구센터로 옮긴 뒤 퍼즐 박스에서 씨앗을 꺼낼 수 있는지(만약 그렇다면 얼마나 빨리 그 기술을 익히는지) 실험했다.

그 결과 서랍 상자의 경우 모든 새가 결국에는 열 수 있게 되었으나 도시 새들이 시골 새들보다 두 배 더 빨리 비밀을 푼 것으로 나타났다. 이보다 복잡한 터널 박스는 도시에서 살던 새들 중 열세 마리만 열 수 있었고 시골 새들의 경우 성적이 더 형편없었다. 겨우 일곱 마리만 상자를 열 수 있었고, 문제를 해결하기까지 소요된 시간도 도시의 피리새보다 평균 약 세 배는 더 걸렸다. 도시에 서식하는 피리새는 인간이 제공한 먹이에 접근할 수 있는 새로운 방법을 터득하는 능력이 분명 더 뛰어나다. 이들과 시골에 사는 피리새의 문제 해결 기술 관련 유전자에 실제로 차이가 있는지는 아직 의견이 분분하다. 오데는 그러한 차이가 생기기에는 섬이 너무 작고 피리새들도 수시로 이동한다고 설명했다. 그러나 문제 해결 기술의 차이로 얻는 이점이 충분히 크면, 늘 그랬듯이 자연선택은 그 한계를 뛰어넘을 것이고 서서히 유전적인 변화도 일어날 수 있다.

문제 해결 능력은 첫 번째 필수 성향이지만 문제를 해결할 수 있더라도 환경에서 발견한 새로운 것, 낯선 물체를 덜 조심스럽게 대하는 태도도 필요하다. 뭐든 익숙하지 않은 것이 나타나면 적극적으로 다가가서 살펴보려고 해야 한다. 호기심이 많아야 한다는 뜻이다.

실험 생물학자들은 지난 수년 동안 도시 동물들이 새로운 것을 얼마나 선호하는지 확인하기 위한 현장 연구를 실시했다. 별의별 물건들을 멋지게 조합해서 아무것도 모르는 실험 동물들 앞에 놓아 두고 어떻게 반응하는지 지켜보는 것보다 더 재미있는 일이 있을까? 몰래카메라를 찍는 기분이었을 거다. 그리하여 도시 행동생물학이라는 이름으로 호주의 구관조들 앞에는 초록색 빗과 노란색 박스 테이프가 나타나고 영국의 까마귀들 앞에는 포테이토칩 봉지와 잼이 담긴 병, 패스트푸드를 담는 폴리스티렌 용기가 나타났다. 미국 테네시주에 사는 박새들은 레고 듀플로 블록으로 지은 멋진 탑과 마주했다. 이와 같은 실험에서 거의 대부분 도시 새들이 조심성 많은 시골 새들보다 이상한 물체에 신속히 접근하며 더 큰 관심을 보였다.

그중에 아주 세밀하게 진행된 한 연구를 살펴보자. 표트르 트리야노스키Piotr Tryjanowski가 이끄는 연구진은 폴란드 여러 도심과 도심 주변에 설치된 새 모이통 160곳을 조사 대상으로 삼았다. 모이통의 절반은 바깥에 '껌과 털 뭉치로 만든, 아주 밝은 녹색' 물질을 붙였다. 나중에 《과학 보고서Scientific Reports》지에 실린 논문에서 연구진은 다음과 같이 밝혔다. "환경에서 이 물질과 조금이라도 비슷한 것은 본 적이 없을 정도로, 새들이 완전히 새로운 것이라 여길 수밖에 없는 물질이었다." 나머지 모이통 절반은 꾸미지 않고 그대로 두었다. 그리고 지켜본 결과, 전체 모이통에는 총 네 가지 종류의 새가 찾아왔고(박새, 푸른 박새, 방울새, 참새) 시골에 사는 새들은 낯선 것을 두려워하는 것으로 나타났다. 시골 새들은 지붕에 희한한 녹색 물체가 달린 모이통을 피했지만 도시에 사는 새들은 정반대의 반응을 보였다. 오히려 화려하게 장식된 모이통 위에 삼삼오오 모여든 것이다.

문제 해결 능력과 새로운 것을 좋아하는 태도 다음으로 도시환경에 살기에 적합한 세 번째이자 마지막 특성은 수용성, 즉 인간을 봐도 덜 겁내는 태도이다. 2016년 학술지 《생태학 · 진화 프런티어Frontiers in Ecology and Evolution》에 게재된 논문에서 호주 디킨 대학교의 매튜 시몬즈Matthew Symonds 연구진은 42종의 새를 대상으로 사람이 평균적으로 얼마나 가까이 다가가야 도망가는지를 의미하는 '도주 시작 거리'를 비교한 결과를 발표했다.

역시나 새의 종류를 불문하고 도시에 서식하는 새는 시골에 사는 새보다 사람에 대한 수용성이 더 큰 것으로 나타났다. 뿐만 아니라 도시에 서식한 기간이 길수록 이 격차도 커졌다. 예를 들어 도시에 사는 갈까마귀Corvus monedula는 사람이 8미터 이내로 접근해야 겁을 먹는 반면(1880년대부터 도시에 서식지가 형성된 종) 시골에 사는 갈까마귀들은 30미터 이내에 사람이 나타나면 날아갔다. 반면 1970년 이후부터 도시에 살기 시작한 오색딱따구리Dendrocopos major는 도시에 사는 새들과 시골 새들의 도주 시작 거리가 각각 8미터, 12미터로 아직 비슷한 수준이었다.

도시에 서식한 기간이 길수록 수용성이 높아지는 이러한 특징은 인간에 대한 수용성이 '진화했다'는 것을 보여준다는 점에서 중요한 의미가 있다. 세대가 바뀌면서 각 세대가 부모 세대보다 사람을 약간 덜 경계하도록 '학습'됐을 가능성은 매우 낮다. 이보다는 더 빠른 속도로 변화가 이루어진 것으로 보이므로, 수용성이 높을수록 얻는 것이 많아지자 이와 같은 수용성을 결정하는 '유전적 변화'가 점차 축적되어 해당 생물의 행동 특성이 바뀌었을 가능성이 있다. 시몬즈 연구진의 조사에서 새의 수용성은 뇌의 크기와 아무런 관련이 없다는 사실까지 확인된 점을 감안하면 이 같은 추정이 사실일 가능성이 높다. 머리가 더 좋은 새일수록 그렇지 않은 새보다 사람에 대한 수용성이 더 빨리 높아지는 것은 아니라는 의미다.

문제 해결 능력과 새로운 것을 좋아하는 태도, 수용성은 모두 도시 진화가 원활히 이루어지도록 하는 요소로 보인다. 이 책에서 나중에 제시될, 도시 진화를 보여주는 '결정적인 증거'를 보면 정말로 그렇다는 사실을 여러분도 이해할 수 있을 것이다. 일단 우리가 기억해야 할 것은 도시에 함께 사는 인간과 먹이, 기타 자원에 대한 접근성을 놓고 계속해서 경쟁을 벌이는 것이 도시에 사는 동물에 가해지는 진화적 압력에 중요한 부분을 차지한다는 점이다.

도시에서 진화가 이루어지는 전체적인 상황은 이제 거의 다 밝혀졌다. 도시의 물리적, 화학적 구조(열, 빛, 오염, 침투가 불가능한 표면, 그 밖에도 2부에서 살펴본 도시의 특징들)가 생물과 접촉하는 것이 그 일차적인 단계다. 이러한 접촉의 결과로 이루어진 진화는 적응이 완전한 수준에 도달할 때까지 그 상태로 머무르기도 한다. 그러다 또다시 훨씬 더 흥미롭고 새로운 접촉이 이루어진다. 도시의 동적인 요소와 상호작용하는 동식물들에게서 일어나는 일이다. 바로 그 지점에서 인간을 포함한 모든 동식물이 원칙적으로는 스스로를 변화시켜 반응함으로서 변화에 관여한다. 무엇보다 이와 같은 접촉이 흥미로운 이유는 '붉은 여왕 효과'에 해당되는 진화로 이어질 수 있기 때문이다. 즉 양쪽 모두가 더 우위에 오를 수 있는 새로운 방법을 계속 찾으면서 진화적 경쟁을 벌이는 것이다. 이론적으로 이와 같은 진화는 절대 중단되지 않는다.

그러나 도시 진화의 전체적인 그림에는 아직 우리가 제대로 살펴보지 않은 마지막 부분이 남아 있다. 지금까지 우리는 여러 생물 종 '사이에' 일어나는 '제2종과의 조우'에 대해 살펴보았다. 하지만 생물 종 '내부에서' 유독 밀접한 접촉이 일어난다면 어떻게 될까? 동일한 종의 수컷과 암컷이 서로에게 적응하기 위해 진화하는 것을 '성선택'이라고 한다. 도시환경이 동물들의 사랑에 아무런 영향도 주지 않을 거라 순진하게 생각한다면 큰 오산이다.

16
도시의 소리

매년 9월이 되면 나는 레이던 대학교 진화생물학 석사과정을 처음 시작하는 생물학 전공생들을 위한 오리엔테이션 수업을 준비한다. 첫 주 강의 주제는 항상 도시 생태와 진화다. 달팽이 껍질이 더 밝은색으로 빛나는 도심 열섬 지역을 알려주는 스마트폰 어플리케이션을 이용하여 숲달팽이grove snail를 찾아 나서기도 하고(이 내용은 20장에서 다시 설명할 예정이다) 특별한 현장 수업도 실시한다. 대다수의 학생은 수업 내용을 확인하고는 잔뜩 찌푸린 얼굴로 당황스러워하며 이런 질문을 던지곤 한다. "음… 그런데 '도시… 음향생태학'이 뭔가요?" 잠자코 기다리면 금방 알 수 있다. 학생들은 모두 생물학과 건물 밖에서 오후 수업을 진행할 내 동료 한스 슬라베쿠른Hans Slabbekoorn을 기다린다. 바로 도시 음향생태학 전문가다.

오후 한 시 반이 되자 슬라베쿠른이 나타난다. 카키색 셔츠와 반바지 차림에 머리카락이 길고 희끗한 그의 목에는 쌍안경이 걸려 있다. (음향 생태학자들 사이에서는) 특별할 것 없는 모습이다. 기대감 가득한 눈빛으로 서 있는 서른 명 남짓한 학생들 앞에 태평양 연안 북서부 지역의 원주민이 만든 장식이 달린 가방을 어깨에 메고 선 그는 오후에 어떤 활동을 할 것인지 설명한다. 인간은 굉장히 시각 지향적인 동물이며, 우리는 주변 환경을 가장 먼저 정면에 달린 두 눈으로 인지한다고 이야기한다. 그러나 소리로 소통하는 동물도 많은 만큼 생물학자는 주변 환경의 소리를 인지하는 것이 매우 중요하다는 점을 짚어준다. 따라서 소리를 인식하는 능력을 촉진하는 활동을 해보기로 한다. "우리는 조용히 산책을 할 겁니다. 한 줄로 일체 말을 하지 않고 걸으면서 주변에서 들리는 모든 소리에 귀를 기울여봅시다." 슬라베쿠른의 설명이다. 눈을 감고 걷는 편이 더 좋지만 방향을 잡으려면 신경 써야 할 것들이 너무 많으므로 자제한다.

설명을 마치고 슬라베쿠른이 앞장서서 대학 근처 주거지역을 향해 걸어간다. 목적지는 가까운 도시 공원이다. 학생들도 어쩔 수 없이 그를 따라가고 나도 맨 뒤에서 함께 간다. 처음에는 키득대며 웃거나 조용히 하라고 서로 주의를 주지만 곧 모두가 큰 도로를 따라 말없이 걸어간다. 부르릉 엔진 소리를 내며 골목에서 나온 차들은 우리가 지나가도록 기다려주고 행인들은 걸음을 멈추고 이 복잡한 길에서 한 무리의 사람들이 한 마디 말도 없이 줄지어 걸어가는 낯선 광경을 지켜본다. 지나가면서 오리 흉내를 내며 일부러 꽥꽥 이상한 소리를 내는 사람들도 있다. 하지만 우리는 침묵을 지키려고 애쓰면서 슬라베쿠른이 이야기한 것을 실천하려고 노력한다. 도시의 소리 풍경에 집중하는 것이다.

그러면 마침내 느낄 수 있다. 이렇게 해보지 않았다면 듣지 못했을 소리들이 들린다. 디젤로 움직이는 차와 휘발유로 움직이는 차의 서로 다른 엔진 소리, 무언가가 삐걱대는 소리, 낡은 자전거가 지나가면서 벨을 땡땡 울리는 소리, 머리 위로 날아가는 제트여객기 소리, 철거 중인 건물에서 뭔가 쉼 없이 부서지고 깨지는 소리……. 동시에 우리는 바람에 갈대가 바스락거리는 소리와 포플러 잎이 흔들리는 소리, 작은 폭포수가 떨어지는 것처럼 울어대는 울새의 노랫소리와 딱따구리가 나무를 쾅쾅 치는 소리, 동고비가 생기발랄하게 지저귀는 소리, 목도리앵무가 머리 위를 지나며 크게 외치는 소리도 듣는다. 더 미세한 소리도 들린다. 보도블록을 걷다가 공원에 들어서면 조개껍데기가 덮인 길을 걸을 때 발자국 소리가 바뀌는 것, 메뚜기의 메마른 노랫소리가 뒤로 멀어져가는 것도 알아챌 수 있다.

커다란 나무로 둘러싸인 공터에서 모두가 걸음을 멈춘다. 낡은 대학병원 기숙사 건물이 철거되는 광경이 눈에 들어온다. 슬라베쿠른이 다시 입을 연다. “이곳은 레이던에서 가장 중요한 곳이었습니다. 고층 기숙사가 혼잡한 도로에서 들리는 소음을 막아서 도심에서 멀리 떨어진 곳에 있는 것처럼 느껴졌죠.” 지금은 그때보다 시끄러워졌다. 기숙사 건물이 철거 중이라 도시의 소음이 공원까지 그대로 뚫고 들어오게 된 것이다. 슬라베쿠른이 무엇을 들었는지 묻자 학생들은 각자 얼마나 많은 소리를 들었는지 전한다. 한 학생이 숲에 들어서니 도로의 소음이 더 크게 들렸다고 이야기하자 슬라베쿠른은 '기온 역전' 현상 때문이라고 설명한다. 숲의 바닥, 즉 임상은 도로보다 온도가 낮아서 차량 소음이 우리의 귀가 위치한 높이인 서늘한 공기층에 붙들려 있는 것이다.

"잠시 눈을 감고 도시의 소리를 들어봅시다." 슬라베쿠른이 제안한다. 처음에는 예상대로 저 멀리 남아 있는 기숙사 건물을 마저 뜯어내는 중장비 소리가 간간이 들리고 길을 지나는 오토바이 엔진 소리가 툭툭 스타카토로 들리는 정도가 전부다. 슬라베쿠른은 이런 소리는 무시하고 낮게 울리는 소리에 집중해보라고 한다. 과연, 귀가 더 작은 소리에 익숙해지게끔 집중하자 띄엄띄엄 들리는 도시의 소리들 사이로 아주 낮게 울리는 소리들이 들릴락 말락, 불규칙하게 조금 높아졌다가 다시 낮아지기를 반복한다. 이것이 도시의 숨소리다. 엔진과 브레이크, 셀 수 없이 많은 오토바이와 자동차, 철컥철컥 지나가는 기차와 비행기의 제트엔진, 에어컨 컴프레셔를 비롯한 각종 기계 설비, 건설 현장의 말뚝 박는 소리, 목소리, 고함소리, 스피커에서 시끄럽게 흘러나오는 음악 등에서 발생한 음파가 결합하여 빚어낸 불협화음이다. 이 모든 소리가 칙칙한 색깔의 죽처럼 한데 섞여 우리가 소음이라고 부르는 것이 되어 미로처럼 뻗은 빌딩과 거리 사이사이로 들어가 가끔 끊어지기도 하고 전달되기도 하는 것이다. 유럽에서는 전체 인구의 65퍼센트가 쉼 없이 쏟아지는 폭포 소리보다도 큰 도시의 배경 소음에 노출된 채로 살아간다. 도시에 사는 동물들도 원하는 소리를 들으려면 이 모든 소리에 대처할 줄 알아야 한다.

물론 배경 소음에 대처하는 일이 영 생경한 일은 아니다. 자연 서식지도 시끄러울 수 있다. 강이나 폭포 옆에 사는 개구리들이나 소리가 전부 증폭되는 바위투성이 협곡에 사는 새들은 이 문제를 아주 잘 알고 있다. 무수한 동물들이 고함치고, 소리 지르고 윙윙 날아다니거나 씽 날아가는 열대 정글에서 서로의 울음소리를 듣고 의사소통을 하려 애쓰는 귀뚜라미도 마찬가지일 것이다. 슬라베쿠른은 때 묻지 않은 자연환경에 사는 동물들이 택하는 대처법과 도시 동물들이 택하는 방법이 놀라울 정도로 비슷하다고 설명한다. 그는 우리 뒤에 우뚝 선 포플러 나무에서 수컷 박새가 '자전거 바퀴에 바람 넣는 펌프'처럼 쌕쌕거리는 고음으로 노래하는 소리에 귀를 기울여보라고 한다. '디두, 디두, 디두' 하며 우는 소리가 웅성대는 도시의 배경 소리에도 불구하고 또렷하고 맑게 들린다.

슬라베쿠른이 처음 이름을 널리 알리게 된 것도 다양한 버전으로 이렇게 '디두' 하고 우는 소리로 암컷의 관심을 얻고 다른 수컷을 쫓아내는 박새 덕분이었다. 2002년 봄, 그는 제자 마거리트 피트Margriet Peet와 함께 레이던 지역 전체를 돌며 박새의 울음소리를 녹음했다. 그해 4월부터 7월까지 각종 녹음 장비와 5미터 길이의 거치대에 고정한 지향성 마이크와 전방위 마이크를 끌며 전국을 유랑하는 곡예단마냥 이 동네 저 동네로 돌아다니는 두 사람의 모습은 지역 주민들에게 자주 목격됐다. 우리의 음향생태학 수업이 실시된 곳처럼 조용한 거주지 주변 공원부터 교차로나 고속도로가 지나는 혼잡한 도심에 이르기까지, 두 사람은 총 서른두 곳에 마이크를 설치했다. 자기 영역을 지키려는 수컷 박새의 노랫소리는(암컷 박새는 노래하지 않는다) 지향성 마이크로 녹음하고, 그 주위에 흐르는 도시의 배경 소리는 전방위 마이크로 녹음했다(관찰 중인 박새가 앉아 있는 곳에서부터 5미터 거치대가 닿는 범위까지). 또한 하루 동안 평균적으로 얼마만큼 영향이 발생하는지 확인하기 위해 러시아워 이전과 러시아워일 때, 그 이후까지 세 가지 시간대에 우는 소리를 각각 녹음했다.

2003년 《네이처》지에 실린 슬라베쿠른과 피트의 한 쪽짜리 논문은 상당한 영향력을 발휘했다(발표 후 지금까지 다른 논문에 700회 넘게 인용됐다). 차량 소음을 뚫고 자신의 목소리가 들리게 하려는 박새의 고투에 관한 이 논문에는 음의 높이가 중요한 역할을 한다는 결과가 나와 있다. 도시 소음은 대부분 최대 3킬로헤르츠의 낮은 주파수대에 집중되어 있다. 박새의 음역은 2.5~7킬로헤르츠로 가장 낮은 음이 도시 소음과 겹친다. 슬라베쿠른과 피트는 레이던에서 소음이 심한 곳에 서식하는 박새는 자신의 울음소리가 도시 소음에 묻히지 않도록 음높이를 3킬로헤르츠 이상으로 높여 이 문제를 해결한다고 밝혔다. 반면 조용한 지역에 사는 박새들은 2.5킬로헤르츠보다 낮은 소리로도 우는 것으로 나타났다.

1970년대에 위담 숲에서 박새를 연구하던 동물학자들도 새들이 주변 환경에 따라 노랫소리를 조절한다는 사실을 발견했다. 삼림이 빽빽하고 울창한 곳에서는 높은 소리가 크게 약화되는 경향이 있고, 탁 트인 삼림지대에서 사는 박새일수록 울창한 숲에 사는 박새보다 더 높은 소리로 운다. 슬라베쿠른은 박새가 이러한 전략을 도심 서식지에서도 활용한다는 사실을 처음으로 발견한 것이다. 이 획기적인 연구 결과가 발표된 후 전 세계 수많은 나라의 도시에서 수십 종의 새들이 같은 능력을 갖추었다는 사실이 밝혀졌다(물론 눈이 아닌 귀로 확인됐다). 아시아에 사는 검은이마직박구리 *Pycnonotus sinensis*, 북미 지역의 멧종다리*Melospiza melodia*, 남아메리카의 붉은목 참새*Zonotrichia Capensis*, 호주 동박새*Zosterops lateralis* 등 세계 어디서든 도시 새들은 조용한 시골에 사는 같은 종의 새보다 더 높은 소리로, 더 큰 소리로 노래한다. 멜버른에 서식하는 갈색 나무 개구리*Litoria ewingii*도 인근 시골에 사는 같은 개구리들보다 더 높은 음으로 개골개골 울고 독일의 시끄러운 도로변에 사는 극동애메뚜기 *Chorthippus biguttulus*도 한적한 초원에 사는 메뚜기보다 더 날카로운 소리로 울어댄다.

슬라베쿠른은 자신의 연구를 기점으로 새로운 연구가 크게 활성한 것을 기쁘게 생각하지만 아직도 해결해야 할 의문이 많이 남았다고 전했다. 유전적으로 낮은 목소리를 내는 수컷은 단 한 마리의 암컷도 유혹하지 못하는 반면 높은 소리로 우는 수컷이 암컷을 전부 독차지하자 도시에서는 노랫소리를 좌우하는 '유전자'가 그와 같은 방향으로 '진화'한 것일까? 아니면 '학습'을 통해 낮은 음으로는 울지 않게 된 것일까? 만약 학습의 결과라면 부모 세대나 암컷을 두고 경쟁을 벌이는 다른 수컷들의 행동을 보고 따라 한 것일까, 아니면 어떻게 노래해야 가장 효과적인지 계속 깨우친 결과일까? 가소성도 관련되어 있을까? 소음이 큰 장소에서 자란 동물은 자연스레 목소리가 더 커질까? 슬라베쿠른과 도시 음향생태학을 연구하는 동료들은 이와 같은 의문을 풀기 위해 노력하고 있지만, 어떤 동물이냐에 따라 답도 달라지는 것으로 보인다.

슬라베쿠른의 제자 마흐텔트 베르제이던Machteld Verzijden은 튼튼한 연구용 마이크를 가지고 로테르담과 암스테르담을 잇는 레이던 외곽의 혼잡한 A4 고속도로로 향했다. 날렵한 몸매의 회갈색 수컷 검은다리솔새Phylloscopus collybita 여러 마리가 번식 기간이 되면 바로 이곳에서 극심한 소음에도 불구하고 특유의 '치프차프' 하는 단조로운 노래를 부르며 자신의 영역을 널리 알린다. 베르제이던이 그 소리를 녹음한 결과, 박새와 마찬가지로 고속도로 근처에서 노래하는 새는 '치프'와 '차프' 한 마디 한 마디의 주파수가 1킬로미터 정도 떨어진 조용한 강변에서 노래하는 같은 새보다 0.25킬로헤르츠가량 더 높았다. 베르제이던의 연구는 여기서 끝나지 않았다. 휴대용 오디오를 강변에 가지고 가서 시골에 사는 검은다리솔새가 노래하는 곳 가까이에 시끄러운 차량 소음을 틀어놓고 도시에 사는 새들이 견디는 것과 동일한 소음 환경을 만든 것이다. 결과는? 정말로 주변이 시끄러워졌다고 느낀 것인지, 시골의 검은다리솔새도 즉시 울음소리가 높아졌다. 베르제이던이 오디오를 켜면 '치프차프' 하고 우는 소리가 곧바로 0.25킬로헤르츠 정도 높아졌다.

이것이 진화가 아닌 것은 분명하다. 낮게 우는 강변의 검은다리솔새와 높은 소리로 우는 고속도로의 솔새는 유전학적으로 차이가 없다. 그저 주변 소음에 맞게 노랫소리를 조절한 것이다. 그러나 이렇게 간단히 소리를 조절하지 못하는 동물들도 있다. 개구리도 그렇고, 딱새류나 비둘기처럼 명금류에 해당되지 않는 새의 경우 노래의 특성이 고정되어 있다. 즉 태어날 때부터 울음소리의 특징이 정해져 있어서 인간이 소음을 일으킨다고 해서 쉽게 바꾸지는 못한다. 명금류라 하더라도 '호출'하는 소리(경고하거나 서로 접촉할 때 짤막하게 내는 소리)는 마찬가지로 고정되어 있다. 그럼에도 불구하고 도시에 사는 개구리나 명금류가 아닌 새들이 우는 소리와 명금류의 호출 소리 모두 음이 더 높아지는 특징이 나타난다. 이러한 변화가 동물이 자체적으로 조정한 결과일 가능성은 낮다.

독일 빌레벨트 대학교 진화생물학과 연구진은 독일 아우토반 도로변에 사는 극동애메뚜기를 조사하고 더욱 흥미로운 결과를 발표했다. 박사과정 학생인 울리케 람페Ulrike Lampe는 아직 노래할 줄 모르는 미성숙한 수컷 메뚜기를 번잡한 고속도로변과 평온한 시골에서 각각 잡아서 실험실로 옮긴 다음 각각 다른 상자에 넣었다. 그리고 노래를 부를 수 있을 때까지 키우면서 지켜본 결과, 고속도로변에서 데려온 메뚜기들의 울음소리가 0.35킬로헤르츠가량 더 높은 것으로 확인됐다. 도시 소음에 노출된 적도 없는데 성체 메뚜기가 되자마자 고음으로 울기 시작했다는 것은 도시 진화를 나타내는 반박 불가능한 증거로 여겨질 수도 있다. 그러나 실제 상황은 더 복잡하다. 람페가 미성숙한 메뚜기를 상자 두 개에 분리해서 넣고 하나는 실험실의 조용한 공간에서 키우고 다른 하나는 녹음해둔 교통 소음을 계속 틀어 놓은 곳에 키우자 소음 환경에서 자란 메뚜기들은 처음 잡아온 장소가 고속도로든 초원이든 상관없이 약간 더 높은 소리로 운다는 사실이 확인됐다. 정리하면 메뚜기가 도시에서 내는 소리는 부분적으로는 진화의 영향이고(선천적) 부분적으로는 가소성의 영향(후천적)이라는 뜻이다.

이번 장의 주제가 짝짓기를 목적으로 한 울음소리인 만큼 도시에서 교미 신호를 보내는 쪽의 특징만 살펴본다면 절반만 들여다보는 것이나 마찬가지다. 그 세레나데를 듣는 쪽이 어떤 영향을 받는지 들여다보지 않는다면 전체 이야기를 알 수가 없다.

영역을 알리는 수컷 박새의 노랫소리는 다양한 대상에게 닿는다. 우선 같은 지역에 사는 라이벌 수컷이 있다. 호시탐탐 다른 영역을 넘보거나 짝 있는 암컷을 유혹하려고 하는 새들이다. 두 번째가 암컷이다. 오, 암컷 박새! 같이 둥지를 짓고 살려면 반드시 암컷을 유혹해야 한다. 또한 함께 사는 동안에도 다른 수컷이 아닌 자신의 정자로 낳은 알을 품도록 매일 설득해야 한다. 같은 지역에 사는 다른 암컷 박새들도 노랫소리를 듣는 대상에 포함된다. 어쩌면 잘 구슬려서 잠깐 관계를 맺을 수도 있는 새들이다. 박새의 사회적, 성적 관계가 좌우되는 이 모든 상황은 동틀 무렵에 일어난다. 자신의 영역을 지키려는 수컷이 초조하게 날아다니며 '디두' 하고 크게 소리쳐 그곳이 자신의 땅임을 알리고, 함께 사는 암컷을 지켜보는 동시에 라이벌 수컷을 예의주시하고, 틈날 때마다 다른 암컷에게도 흘끔흘끔 추파를 던지는 것이다.

도시 소음으로 환경이 크게 바뀐다면, 교미를 둘러싼 라이벌 관계에는 어떤 영향이 발생할까? 한스 슬라베쿠른과 동료 연구진은 바로 이 문제에 10여 년 전부터 관심을 쏟았다. 학계에서 무수한 의문을 풀어갈 때 흔히 그렇듯이 이번에도 박사과정 학생들이 짐을 떠안았다. 당시 영국 에버리스트위스 대학에서 공부하던 밀리 목포드Millie Mockford도 그중 한 명으로, 서로 경쟁 관계에 있는 수컷을 집중적으로 연구하는 과제를 맡았다. 이에 목포드는 영국 전역 20개 도시에서 박새가 서식하는 곳을 찾아 스피커를 설치하고 해당 박새가 사는 도시 외곽에서 녹음한 다른 박새의 낮은 노래와 도시 새들이 고음으로 부르는 노래를 틀어놓았다. 그리고 이 가상의 라이벌이 내는 울음소리에 수컷 박새가 어떻게 반응하는지 관찰했다. 마찬가지로 시골 지역에서도 수컷 박새가 서식하는 곳을 찾아 도시 새와 시골 새의 노랫소리를 들려주고 반응을 지켜보았다. 쌍안경을 통해 목포드는 수컷 박새가 자신과 서식지가 동일한 새의 노랫소리에 더 초조해한다는 사실을 확인했다. 즉 도시에 사는 박새는 시골 새의 노래보다 도시에 사는 새의 노랫소리에 더 방어적인 행동을 보인 것이다. 반대의 경우도 마찬가지였다.

슬라베쿠른의 제자 바우터 하프베르크Wouter Halfwerk는 암컷에 초점을 맞춘 또 다른 실험을 실시하고 도시에 사는 박새들이 아주 곤란한 상황에 빠져 있다는 사실을 발견했다. 하프베르크는 흡사 박새를 조사하는 비밀 요원이라고 해도 손색이 없을 방식으로 네덜란드에 설치된 총 서른 곳의 새집에서 생활하는 박새 개체군을 관찰했다. 새집을 주기적으로 관찰하며 암컷이 언제 교배기가 되고 알을 낳는지 정확하게 구분할 수 있게 된 그는 DNA 검사로 각 암컷이 낳은 새끼가 어느 지역에 사는 수컷의 새끼인지도 확인했다. 겨우 이 정도로 하프베르크가 박새의 사생활을 침해했다고 생각한다면 곤란하다. 새집마다 도청 장치를 설치하고 안쪽과 바깥쪽에 마이크까지 연결했기 때문이다. 이 장치에는 수컷이 지저귀는 소리와 암컷이 부드럽게 울면서 수컷의 구애에 화답하는 목소리는 물론 아침 일찍 교미를 하기 위해 암컷이 새집을 떠날 때 나는 긁는 소리와 날개 퍼덕이는 소리까지 그대로 녹음됐다.

이 같은 감시 활동으로 하프베르크는 암컷이 목소리가 깊고 낮은 수컷에게 마음을 홀딱 빼앗긴다는 사실을 알아냈다. 암컷을 부르는 음성이 낮을수록 암컷이 새로운 알을 낳았으면, 하고 바라는 타이밍에 그 수컷을 동반자로 받아들이는 확률이 높았다. 매우 로맨틱하게 느껴지지만 반대의 경우, 즉 함께 사는 수컷이 낮은 음성으로 섹시하게 노래하지 못할 경우에는 암컷이 동트기 전, 다른 수컷을 유혹하기 위해 새집을 몰래 빠져나가는 일이 잦았다. DNA 검사 결과 고음으로 노래하는 수컷은 실제로 바람난 암컷과 살고 있고 둘이 함께 기르고 있는 새끼 중 한 마리 이상이 옆 동네 수컷의 자식들인 것으로 드러났다.

하프베르크가 조사한 새집은 모두 조용한 숲에 설치되어 있었다. 그러므로 도시 소음이 어떤 변화를 일으키는지 확인하기 위해서는 그가 직접 도시환경을 만들어야만 했다. 그리하여 또 한 가지 첩보 활동이 추가됐다. 박새들이 사생활을 포기할 정도로 지속적인 소음에 노출되도록 한 것이다. 하프베르크는 새집 꼭대기에 확성기를 설치하고 MP3 플레이어와 연결해서 불쌍한 새들이 사는 집 안으로 차량이 지나다니는 도로 소음이 계속 흘러 들어가도록 했다. 이와 함께, 높은 소리로 노래하는 수컷의 노래와 낮게 부르는 노래를 미리 녹음해두었다가 새집 바깥에 설치된 확성기로 재생했다. 그 결과 극심한 교통 소음을 뚫고도 들릴 정도로 수컷의 지저귐이 큰 경우에만 암컷이 새집 밖으로 나와서 수컷이 오기를 기다렸다(물론 아무 일도 일어나지 않았다. 밖에는 바우터 하프베르크와 확성기밖에 없었으니까.)

이 두 가지 연구 결과, 박새의 교미 행동은 도시 안쪽과 바깥쪽에서 양분될 수 있는 것으로 나타났다. 새들이 노래하는 소리와 일부일처제가 유지되는 확률, 수컷과 암컷의 긍정적인 반응을 끌어내는 요소의 기준이 도시환경과 도시 바깥의 환경에서 전부 달랐다. 어느 정도 다양한 음성으로 노래할 수 있는 도시의 다른 명금류들도 상황이 이와 비슷할 것으로 추정된다.

슬라베쿠른의 제안으로 한참을 숨죽여 도시 소리에 귀를 기울이던 학생들 중 몇몇은 풀밭에 누웠고 다른 몇몇은 서서 꼼지락대기 시작했다. 박새와 확성기, 노래하는 소리의 주파수, 심지어 이른 아침부터 교미하는 행동에 관한 이야기까지, 한꺼번에 너무 많은 정보가 쏟아지면 더는 받아들이기 힘든 법이다. 이제 오늘의 도시 생태 수업도 마무리할 때가 왔다. 기미를 알아챈 슬라베쿠른은 다시 학교로 발길을 돌렸다. 그러나 포플러 나무가 줄지어 서 있는 길과 생물학과 건물 사이 배수로에 다다르자 그는 다시 가던 길을 멈추고 마지막으로 또 한 가지 이야기를 전했다.

"음높이가 다는 아닙니다. 도시 소음은 새의 청각에 여러 방식으로 많은 영향을 줍니다." 그가 설명했다. 가령 도시에 사는 호주 동박새는 더 높은 소리로 노래할 뿐만 아니라 소리 내는 음 하나의 간격도 멀다. 소리가 고층 건물에 부딪혀 그 울림이 서서히 잦아들도록 기다리는 방식인 것으로 보이는 이 특징은, 대형 경기장에서 연설할 때 목소리가 울려서 되돌아오는 소리가 지금 하려는 말과 섞이지 않도록 말을 더 천천히 하게 되는 것과 같은 원리다. 셰필드시에서도 소음이 심한 지역에 사는 울새들은 주위가 조용해지는 밤에 더 많이 지저귄다(다른 도시도 마찬가지일 것으로 추정된다). 비행기가 스페인의 평원 지역에 끼치는 영향도 동일한 양상을 보인다. 마드리드 공항의 활주로 옆으로 길게 흐르는 강변의 하라마 범람원 지대에 사는 명금류는 이른 새벽 노래를 시작한다. 검은머리꾀꼬리, 휘파람새, 뻐꾸기, 되새류 모두 생체 알람을 최대 45분까지 일찍 울리도록 맞춰놓고 매일 처음으로 공항에 도착하고 활주로를 벗어나 날아가는 항공기의 시끄러운 소음이 시작되기 전에 지저귀기 시작하는 것이다.

그러나 도시에 사는 동물이 소리에 적응을 하는 것 자체가 불가능한 경우도 있다고 설명하며, 슬라베쿠른은 배수로를 가리킨다. "네덜란드 법에 따라 건물을 지을 때 배수로를 넓어야 하는데 그곳에 보호 대상 어류인 미꾸라지가 서식한다면 건물의 위치를 다른 곳으로 옮겨야 합니다. 하지만 '바로 옆'에 땅을 파는 것 역시 미꾸라지를 죽이는 것이나 다름없어요. 소리는 물을 통해서도 굉장히 잘 전달되고 그 물에 사는 물고기에게도 그대로 전달되죠. 땅을 뚫는 소음은 물고기의 귀나 부레를 파열시킵니다." 활기를 되찾았던 학생들은 이 말을 듣고 아까와는 다른 이유로 다시 한 번 침묵에 잠긴다.

17
섹스 앤 더 시티

샌디에이고 교외의 어느 마을 보도에 빨간색 여성용 자전거가 한 대 서 있다. 체인에 잔뜩 녹이 슨 이 자전거는 다른 여러 자전거들과 정원 손질에 쓰는 기구들 사이에 세워져 있었다. 뒷자리 좌석 위에는 흰색과 파란색이 섞인 아동용 플라스틱 헬멧이 하나 놓여 있다. 스티로폼으로 만들어진 자전거용 헬멧으로, 속이 보이도록 위아래가 뒤집혀 있다. 금요일 오후, 아이 엄마는 학교로 아이를 데리러 가서 자전거 뒷좌석에 태우고 집에 돌아왔다. 자전거가 멈추고 엄마의 도움으로 땅에 내려오자마자 아이는 얼른 놀이터로 달려가려고 했다. "우리 사랑하는 딸, 헬멧은 벗고 가야지?" 엄마는 아이 뒤를 쫓아가서 이미 놀고 싶어 안달이 난 아이를 붙잡고 헬멧 버클을 푼다. 그리고 헬멧을 받아 뒷좌석에 올려 두었다. 그런데 다시 월요일이 되고 아침에 서둘러 등굣길에 나선 두 사람은 예상치 못한 상황을 마주쳤다. "세상에, 어쩌지?

새가 네 헬멧에 둥지를 틀었구나!"

2006년 4월자 《생태학과 진화 동향Trends in Ecology & Evolution》 189쪽에 실린 사진을 보고 나는 이런 상황을 떠올렸다. 이 명망 있는 학술지에 샌디에이고에 사는 한 가족이 헬멧에 살 곳을 마련한 새와 함께 찍은 사진이 실린 이유는 그냥 평범한 새가 아니라 검은눈방울새Junco hyemalis였기 때문이다. 북미 대륙에서도 샌디에이고 지역의 경우 보통 고산지대 침엽수림에서만 사는 새다. 1983년까지만 해도 검은눈방울새는 샌디에이고 주변 수백 킬로미터 지역에 우뚝 선 1,500~3,000미터 높이의 고산지대에 서식했다. 그런데 1983년에 이 새가 해안가인데다 도시환경인 캘리포니아 대학교 캠퍼스에 둥지를 짓고 사는 모습이 지역 조류 관찰자들에게 포착되어 놀라움을 안겼다. 이곳에 최초로 정착한 검은눈방울새는 해안 근처에서 겨울을 나고, 겨울철에만 그곳에 머무르는 다른 새들과 달리 봄이 와도 돌아가지 않겠다고 결심한 것 같다. 그대로 눌러앉아 캠퍼스 내 건물 사이사이에 형성된 관목 덤불에 둥지를 짓기 시작한 것이다. 그러다 자전거 헬멧까지 둥지로 삼기에 이르렀다. 이후에도 개체수는 꾸준히 늘어나, 생물학자 파멜라 예Pamela Yeh가 박사과정을 공부하면서 이 새들을 조사하기 시작한 1998년에는 약 160마리로 집계됐다.

검은눈방울새의 생김새는 그리 특별할 것이 없다. 참새만 한 크기에 털은 칙칙한 갈색과 잿빛이 도는 회색이고 꼬리 바깥쪽에만 흰색 깃털이 약간 섞여 있다. 파멜라 예는 이 새의 애정 생활에 중요한 역할을 하는 이 흰색 깃털에 주목했다. 검은눈방울새 수컷은 마음에 드는 암컷을 만나면 총총 뛰어가서 날개를 아래로 늘어뜨리고 꼬리 깃털을 펼쳐서 이 환한 흰색 깃털을 보여주며 강한 인상을 남기려고 한다. 1990년대에는 검은눈방울새가 원래 사는 지역에서 흰색 깃털의 효용성을 알아보기 위한 '잘라 붙이기' 실험이 실시됐다. 즉 연구진이 수컷의 꼬리 깃털을 자른 다음 흰색 깃털이나 어두운색 깃털을 접착제로 붙여서 일반적인 수준보다 꼬리에 하얀색이 더 도드라지거나 덜 눈에 띄는 형태로 만들었다. 그 결과 검은눈방울새 암컷은 일관되게 꼬리가 하얀 수컷을 선택하는 것으로 밝혀졌다. 꼬리가 하얗게 빛날수록, 그것이 타고난 색이든 아니든 상관없이 암컷의 마음을 사로잡는 수컷이 되는 것이 분명했다.

왜 그럴까? 깃털에 흰색이 조금 더 많이 섞인 수컷을 택했을 때 암컷이 얻는 것은 무엇일까? 앞장에서 살펴본 박새도, 왜 암컷은 약간 더 저음으로 노래하는 수컷을 선택할까? 호기심을 불러일으키는 이 문제에 답을 찾으려면 성선택의 세계를 좀 더 깊이 들여다볼 필요가 있다. 그런 다음 파멜라 예와 도시에 사는 검은눈방울새의 이야기를 다시 살펴보기로 하자.

성선택(암수가 서로를 선택하는 것)은 자연선택(자연이 선택하는 것) 다음으로 진화에 가장 큰 영향을 주는 원동력이다. 성적 매력이 더 돋보이게 하는 유전적인 특징이 있고 이로 인해 교미 상대가 더 많아지거나 더 나은 상대와 교미를 할 수 있는 개체는 다음 세대의 표본이 될 가능성이 높다. 지금까지 살펴보았듯이 진화란 유전학적인 대표성이 변화하는 것이다. 그러므로 성선택도 자연선택처럼 생물 종의 진화를 유도한다.

예를 들어 산쑥들꿩Centrocercus urophasianus 수컷은 별처럼 생긴 독특한 꼬리와 하얀 목둘레 털, 가슴 부위에 주머니처럼 생긴 샛노란 피부와 왕관처럼 자란 머리 깃털이 특징이다. 암컷은(수컷의 이런 특징들을 모두 벗겨낸 평범한 외모) 수천 년 동안 수컷의 별모양 꼬리 깃털이 큼직하고 목둘레 털이 하얗고 목과 이어진 노란 주머니가 두드러질수록, 그리고 머리 위로 자란 털이 길수록 매력을 느꼈다. 그와 같은 특징을 가진 수컷들은 암컷과 함께 자손을 낳고, 외모가 덜 인상적인 나머지 수컷들은 후대를 잇지 못해 성적 매력이 덜한 개체의 유전자는 유전학적인 종말을 맞이한다.

그런데 성선택은 이와 다른 방식으로도 이루어진다. 즉 암수의 능동적인 선택 말고도 서로 라이벌인 동성 개체의 경쟁 역시 성선택에 영향을 준다. 이 경우 승자가 모두 독차지한다. 장수풍뎅이 수컷반 하너라도 거대한 뿔을 가진 수컷이 경쟁자를 모두 물리치고 근처에 있는 모든 암컷과 짝짓기를 한다. 자질이 부족한 수컷 대신 뿔이 크게 자라는 유전자를 가진 수컷의 유전자가 후대에 전달되므로 장수풍뎅이의 평균적인 뿔 크기는 세월이 흐를수록 더 커진다. 너무 커서 풍뎅이가 감당하지 못할 만한 수준에 이르기 전까지는 (그리고 자연선택이 끼어들어 우스꽝스러울 만큼 뿔이 커지는 유전자가 제거되기 전까지) 계속 커질 것이다.

이 두 가지 사례는 성선택이 수컷에게 끼치는 영향을 보여준다. 원칙적으로 성선택은 수컷과 암컷 모두에게 영향을 줄 수 있다. 양쪽 다 크고 질적으로 우수한 자손을 낳을 수 있는 상대를 선택하려고 하기 때문이다. 그러나 실제로는 '우수한' 상대를 선택하기까지 기다릴 수 있는 한계에 차이가 있다. 암컷은 자손을 소수만 낳아서 키우는 일에 시간과 에너지를 대량 투자하는 경우가 많다. 그러므로 암컷은 가장 우수한 정자를 보유한 최상의 상대를 선택하는 것을 가장 중요하게 생각한다. 한 번의 잘못된 선택으로 자손에게 부실한 유전자를 감당하며 살도록 하는 짐을 지울 수 있기 때문이다. 반면 수컷은 암컷처럼 그런 부분에 큰 투자를 하지 않는 경우가 많다. 상대를 잘못 선택하더라도 그 대가는 그저 정액과 몇 분의 시간을 날린 것으로 끝날 뿐이다. 이와 같은 차이로 인해, 진화를 이끌어가는 힘은 암컷이 적절한 수컷을 선택하는 쪽에 더 크게 쏠리는 경향이 나타난다.

그렇다면 우수한 수컷은 어떻게 선택할까? 이 심오한 문제는 각 생물 종의 생태학적 특성에 가장 크게 좌우된다. 생물에 따라 서식지를 방어하는 능력이 뛰어난 수컷을 고르는 것이 중요할 수도 있고 자식과 그 자식을 돌보는 어미의 먹이를 충분히 구해 오는 수컷이 필요할 수도 있다. 수컷은 아무것도 하지 않고 정자를 제공하는 것 외에 맡은 역할이 없는 생물 종도 있다. 그러나 아는 것과 완전히 해결하는 것은 다른 문제다. 수컷과 실제로 진지한 관계를 맺고 살펴보기도 전에 어떻게 그가 뛰어난 전사인지, 먹이 구하는 실력이 탁월한지, 가족을 잘 돌보는지, 그저 정자 제공자에 불과한지 알 수 있단 말인가? 그러므로 암컷은 '정직한 신호'를 포착해야 한다. 즉 수컷의 실질적인 능력을 확인할 수 있는 일종의 '표식'이 필요하다.

이 부분에서 다시 검은눈방울새 이야기로 돌아간다. 수컷의 꼬리 테두리를 장식한 하얀색 깃털은 단순히 미학적으로 암컷의 관심을 얻는 특징이 아니다. 그보다 훨씬 더 많은 의미가 담겨 있다. 파멜라 예 연구진이 조사한 결과, 유전학적으로 꼬리에 흰색 깃털이 더 많이 자라는 수컷일수록 테스토스테론 수치가 높아서 경쟁 관계에 있는 수컷들을 물리칠 확률도 높은 것으로 나타났다. 이와 같은 상관관계가 정확히 어떻게 형성되는지는 아직 밝혀지지 않았으나, 분명한 것은 검은눈방울새 암컷이 수컷의 꼬리 장식을 테스토스테론이 가장 풍부한 상대를 알아보는 편리하고 간편한 표식으로 활용한다는 점이다. 검은눈방울새의 결혼 시장에서는 이런 특징이 중요하게 여겨진다. 캘리포니아주 고산지대는 번식기가 짧다. 새끼에게 곤충을 넉넉하게 먹일 수 있는 기간이 짧으니 새끼를 낳을 수 있는 횟수도 한 번 또는 두 번에 그친다. 따라서 곤충을 잔뜩 구할 수 있는 곳에서 지내면서 자신들만의 영역에 다른 검은눈방울새가 끼어들지 못하도록 잘 막아야 한다. 그러므로 암컷은 이런 역할을 해낼 수 있는 건장한 수컷을 원하고, 꼬리 깃털은 중요한 단서가 된다.

그런데 파멜라 예는 샌디에이고의 대학 캠퍼스에서는 새들의 생활 방식이 크게 다르다는 사실을 확인했다. 산속 서늘한 숲은 제약이 많아 고생스러웠지만 캠퍼스는 포근한 지중해 기후라 2월부터 둥지를 틀 수 있다. 게다가 관개시설이 마련되어 있어서 가뭄도 걱정하지 않아도 되니 여름과 초가을까지도 번식이 가능해서 한 해 평균 네 번까지 새끼를 낳을 수 있다. 캠퍼스 생활의 단점이 있다면 표적이 되기 쉽다는 것이다. 거의 탁 트인 지형이고 잔디밭, 주차장, 캠퍼스 내 도로까지 모두 뻥 뚫려 있다 보니 공중을 날던 매가 검은눈방울새를 포착하고 하강하여 낚아채는 일이 빈번히 일어난다. 이에 따라 도시에 사는 검은눈방울새 암컷은 깃털 색이 더 칙칙한 수컷을 선호하는 방향으로 진화해야만 했다. 꼬리에 하얀색 깃털이 많을수록 먹이가 되기도 쉽기 때문이다. 파멜라 예는 이와 같은 필요성이 원동력으로 작용하여 도시에 서식하는 검은눈방울새는 꼬리에 하얀 깃털이 줄어들도록 진화할 수밖에 없다고 추정했다. 그리고 이는 사실로 밝혀졌다. 산에 사는 새들과 비교한 결과 캠퍼스에 사는 검은눈방울새는 꼬리에 흰 깃털이 20퍼센트 감소하도록 진화한 것으로 나타났다. 2002년까지 확인된 변화는 그랬다. 꼬리의 흰색이 점점 줄어드는 변화가 이후에도 계속되었을까? "좋은 질문이군요! 아직은 모릅니다. 긴 시간이 지난 뒤에, 2018년에 다시 검체를 수거해서 조사해볼 계획입니다." 파멜라 예의 대답이다.

도시 생물학자들이 좋아하는 새인 박새들 사이에서도 이와 굉장히 비슷한 변화가 일어나고 있다. 바르셀로나 자연사박물관의 후안 카를로스 세나르Juan Carlos Senar는 바로셀로나 도심에 사는 박새들은 넥타이처럼 형성된 가슴 부위의 털이 시골에 사는 박새들보다 폭이 좁다는 사실을 발견했다. 이쯤 되면 여러분도 예상하겠지만, 수컷 박새의 힘은 모두 이 넥타이 모양으로 난 털에서 비롯된다. 새카만 털이 가슴에 세로로 길게 나 있는 이 무늬의 너비는 거의 유전적으로 좌우되며 검은눈방울새의 하얀 꼬리 깃털과 마찬가지로 박새의 남성성과 직접적으로 관련이 있다. 넥타이 무늬가 넓을수록 지배적이고 공격적이며 둥지를 더 안전하게 보호하고 더 우수한 암컷과 짝짓기를 한다. 넥타이가 클수록 최고가 되는 셈이다.

그렇다면 왜 도시에 사는 수컷 박새는 마초 느낌이 덜 나는 좁은 넥타이 무늬를 갖게 되었을까? 큼직한 넥타이를 맨 고약한 수컷들에게서 자신의 영역을 지키지 못한 약한 수컷들이 시골에서 쫓겨나서 도시를 피난처로 삼았기에 그와 같은 변화가 일어났다고 생각할 수도 있다. 그러나 세나르의 연구 결과는 그런 예상과 달랐다. 수컷 박새 500여 마리를 대상으로 넥타이 무늬의 너비를 측정한 뒤 다리에 추적용 링을 설치하고 생존율을 조사한 결과, 시골에서는 넥타이 무늬가 넓을수록 생존율이 높았다. 예상했던 결과였다. 그런데 도시는 상황이 역전됐다. 넥타이 무늬가 좁은 개체는 잘 지내는데 이 무늬가 널찍한 개체는 목숨을 잃는 경우가 많았다. 도시에도 수컷의 우수성을 결정하는 나름의 규칙이 있음을 보여주는 결과였다.

박새와 검은눈방울새의 사례를 통해 우리는 수컷에게 필요하다고 여겨지는 자질의 기준이 시골과 도시에서 달라진다는 것을 알 수 있다. 두 사례 모두 싸움을 잘하고 신체 조건이 우월해서 숲에서는 크게 인정받는 새들이 도시에서는 어떤 이유에서인지 그만큼 인정을 못 받는 경향이 나타난다. 실제로 그렇다면, 암컷의 취향도 그에 맞게 변화해서 마초 냄새가 진하게 풍기는 수컷에게 콧방귀를 뀌기 시작한 것으로 추정할 수 있다. 이는 암컷이 수컷의 자질을 가늠하는 신호로 활용해온 몸의 장식적인 요소에도 변화를 일으키고, 결국 도시에 사는 새와 도시 바깥에 사는 새의 생김새가 '달라지는' 결과가 나타난 것인지도 모른다. 그중에는 아예 다른 생물로 진화하는 경우도 있는데, 그러한 경우는 다음 장에서 다룬다.

지금까지 살펴본 사례만 보면 도시는 수컷의 메트로섹슈얼한 진화만 촉진하는 곳이라고 오해할 수 있으나 정반대의 경우도 있다. 이 책의 앞부분에서 도시에 서식하는 동식물의 주된 특징 중에 단편화가 포함된다고 한 내용을 아마 기억하고 있을 것이다. 이러한 특징은 나무가 많은 곳에서 나타나는데(쥐가 살기에 적합하지 않은 드넓은 도시환경에서 흰발붉은쥐가 마치 섬에 떨어져 살듯 서식하는 뉴욕 곳곳의 작은 공원들을 떠올려보라) 물이 많은 환경에서도 나타난다. 예를 들어 실잠자리는 연못이 있어야 살 수 있는데, 이 연못 가장자리에는 잠자리가 올라앉아서 쉬기도 하고 먹이를 탐색할 수 있는 식물이 어느 정도 존재해야 한다. 알은 수면 아래에 낳고, 태어난 애벌레는 물속에 완전히 잠긴 상태로 살아간다. 그러므로 실잠자리는 연못이나 도랑, 그 밖에 도시에 여기저기 흩어진 작은 수역을 찾아야 하고, 그러기 위해서는 장거리 비행을 할 수 있어야 한다.

벨기에 루뱅 대학교에서 박사과정을 밟고 있던 네딤 튀진Nedim Tüzün과 린 옵드빅Lin Op de Beeck은 도시 연못에서 이처럼 강력한 비행 실력을 갖춘 잠자리를 볼 수 있을 것으로 추정했다. 이 가설을 확인하기 위해 두 사람은 벨기에의 도시 세 곳을 골라 도심과 주변에 형성된 수역에서 담색물잠자리Coenagrion puella 수컷 약 600마리를 잡아서 터널 형태의 비행 시험 장치에 한 마리씩 넣고 공중에서 비행을 지속하는 능력, 즉 체공 비행 수준을 측정했다. 두 사람이 마련

메트로섹슈얼(metrosexual)은 패션과 헤어스타일 등 과거 여성의 전유물로만 여겨지던 취미나 성향에 관심이 많고 자신의 그러한 취향을 즐기는 현대 남성을 의미한다.

한 비행 시험 장치는 플렉시 유리 소재로 길이 2미터, 지름 50센티미터에 끝이 막힌 형태였다. 이를 비스듬하게 설치하고 아래로 기울어진 쪽으로 컵에 미리 담아둔 담색물잠자리를 데려갔다. 그리고 잠자리가 튜브 안에서 위쪽으로 날아가다가 지쳐서 다시 아래로 내려올 때까지 두었다. 실험 결과 시골에서 잡은 담색물잠자리는 3분 30초 정도가 지나자 힘이 빠졌지만 도시에서 잡은 잠자리들은 그보다 두 배 이상 긴 시간을 비행했다. 두 사람의 예상이 맞아떨어진 것이다. 도심 속 연못에서 어떻게든 살아야 하는 잠자리는 더 힘차게 비행할 수 있어야 하고, 실제로 도시에 사는 담색물잠자리에서 그와 같은 비행 실력이 나타난 셈이다.

하지만 이것이 교미와는 무슨 관계가 있을까? 담색물잠자리의 교미는 대부분 라이벌 수컷들 간의 경쟁을 뚫고 이루어진다. 교미를 하고자 하는 수컷은 수면을 지그재그로 날아가서 눈에 띄는 암컷을 아무나 붙잡는다. 암컷에 가장 먼저 다가간 수컷은 몸 끝부분에 있는 한 쌍의 집게 같은 부분으로 암컷의 목 부위를 붙잡고 조용한 곳으로 데려간 후 사랑을 나눈다. 동시에 다른 수컷이 접근하지 않도록 암컷을 보호해야 한다. 튀진과 옵드빅은 수컷을 잡을 때 한창 교미 중에 '현행범'으로 잡힌 개체인지, 교미는커녕 홀로 외롭게 있던 개체인지 기록했다. 그리고 이 두 종류의 비행 실력을 비교한 결과 암컷과 함께 있다가 잡힌 수컷들은 혼자 있다가 잡힌 수컷보다 체공 비행 시간이 40초 더 긴 것으로 나타났다. 정리하면 도시에 서식하는 담색물잠자리는 먼저 자연선택에 따라 비행 실력이 더 뛰어난 개체로 진화했고, 이후 성선택을 통해 그와 같은 특징이 더욱 강화되었음을 알 수 있다. 가장 힘차게 날 수 있는 잠자리가 도시 연못을 가장 먼저 차지할 뿐만 아니라 그 환경에 존재하는 암컷도 가장 먼저 얻을 수 있다.

여기서 잠시 도시에서 교미가 어떤 모습으로 벌어지는지 전체적인 그림을 그려보자. 첫 번째 특징은 다른 환경에서와 마찬가지로 동물이 파트너에게 자신을 알리려고 최선을 다한다. 원칙적으로 도시에서도 데이트 상대의 마음에 들고 싶을 때 동물의 원래 서식지에서 활용하던 것과 동일한 전략을 적용한다. 아름다운 목소리, 눈을 사로잡는 색깔, 그리고 인상적인 행동이 나타난다. 그러나 좀 더 자세히 들여다보면 도시의 동물들은 상대방이 가진 또 다른 요소도 꼼꼼히 확인한다는 사실을 알 수 있다. 동물의 성적 취향이 변하는 만큼 암컷과 수컷이 서로에게 가치 있다고 평가하는 특징도 변화한다. 짝을 찾아 헤매는 절박한 검은눈방울새라면 '새들을 위한 캠퍼스 뉴스레터' 같은 신문의 개인 광고란에 이런 글을 게시할지도 모른다. "꼬리에 흰 털은 거의 없지만 자상한 수컷입니다. 아늑한 자전거 헬멧에 함께 보금자리를 마련할 암컷을 찾습니다. 싸움은 잘 못하지만 작은 모기는 굉장히 잘 잡아요." '고산지대 방울새 신문'을 구독하는 거칠고 남자다운 검은눈방울새들이 봤다면 웃다가 넘어갈 만한 일이다.

도시에서 이루어지는 교미의 두 번째 특징은 도시환경에는 방해요소가 많으며 성적인 의미로 주고받는 신호도 그 영향을 받을 수 있다는 것이다. 소음과 빛 공해는 청각적인 신호나 시각적인 신호가 활성화되는 대역폭을 약화하거나 변화시킨다. 특정 신호가 다른 종류의 신호를 덮어버릴 수도 있다. 예를 들어 매사추세츠주의 햄프셔 칼리지 소속 연구진은 리모콘으로 작동시킬 수 있는 (그리고 좀 우스꽝스럽게 생긴) '다람쥐 로봇'을 이용한 실험에서, 도시에 사는 동부회색다람쥐Sciurus carolinensis는 잠재적인 위험 요소가 나타났음을 서로에게 알릴 때 울음소리보다는 꼬리의 움직임으로 보낸 신호에 더 크게 반응한다는 사실을 확인했다. 시골에 서식하는 다람쥐들은 반대였다. 이러한 변화 역시 도시 소음의 영향일 가능성이 있다. 그리고 다른 동물도 원래는 소리로 전하던 성적인 메시지가 시각적인 메시지로 바뀔 수 있음을 충분히 예상할 수 있다.

냄새로 전달하던 메시지를 시각적 메시지로 바꾼 경우도 있다. 인도저빌Tatera indica의 경우 다른 개체와 마주치는 일이 아주 드물고 주변 환경에 흩어져 남아 있는 다른 개체의 화학적인 '표식'을 냄새로 맡아서 서로의 존재를 알아챈다. 그러나 도시에서는 워낙 조밀하게 모여서 생활하므로 그렇게 먼 거리까지 전달할 수 있는 후각 메시지를 활용할 필요도 없어진 것으로 보인다. 실제로 도시에 사는 인도저빌에게는 냄새 표식을 남길 수 있는 분비샘이 사라지는 양상이 나타난다.

동물의 성적인 의사소통에 방해가 되는 도시환경의 일부 요소는 좀 더 은밀하게 영향력을 발휘한다. 유기염소, 프탈레이트, 알킬페놀류 화합물, 폴리염화비페닐, 폴리염화디벤조디옥신(다이옥신의 일종) 등 낯선 이름의 화학 오염 물질들은 다양한 경로로 환경에 유입된다. 농약, 첨가물, 플라스틱, 산업폐기물도 포함된다. 이러한 물질들은 환경에 오래 잔류한다는 공통점이 있다. 이 중에는 이미 사용이 금지된 물질도 많지만 50년 이상 잔류할 수 있는 물질들이라 앞으로도 오랫동안 도시환경의 화학적 특징으로 남아 있을 것이다. 이 물질들의 또 한 가지 공통점은 생물의 성적 특성에 영향을 준다는 것이다. 동물의 성적 발달 과정에서 신체적인 특징과 성적 행동을 미세하게 조정하는 특정 성호르몬과 화학적으로 동일하다는 점 때문에 문제가 된다. DDT에 오염된 호수에서 성기가 작고 테스토스테론 수치가 낮은 수컷 악어가 발견된 것도 이로 인한 비정상적인 성적 발달을 보여주는 예다. 반대로 제지 공장의 유출수가 흘러나오는 곳에 서식하는 모스키토피쉬🍃 암컷은 반대로 외형이 수컷과 비슷하고 과도한 공격성과 지배적인 성향이 나타난다. 이런 상황에 적응하기 위해서는 성선택에 따른 진화가 또 얼마나 힘겹게 진행될 것인지, 과연 적응이 가능하기나 한 일인지 상상하기도 힘들다.

섬세하게 구축된 동물들의 성생활에 인간이 은근슬쩍 영향력을 행사하는 또 다른 방식으로 '진화적 덫'이라 불리는 것이 있다. 인간이 특정 동물의 전통적인 구애 방식과 딱 맞아떨어지는 무언가를 의도치 않게 만들어낼 때가 있다. 호주 새틴바우어새Ptilonorhynchus violaceus가 그러한 예에 해당된다. 다른 바우어새와 마찬가지로 새틴바우어새의 수컷도 교미를 나누고픈 암컷을 설득하기 위해 굉장히 멋진 예술 작품을 만들어낸다. 일종의 관상용 정원을 만드는데, 이렇게 완성된 정원은 지나다닐 길과 입구까지 갖추어져 있고 주변

🍃 모기의 유충을 먹는 물고기.

환경에서 찾아낸 오색 빛깔 예쁜 물건들로 장식되어 있다. 인간이 환경을 모두 차지하기 전에는 바위나 조개껍데기, 꽃, 나비 날개, 딱정벌레 날개 같은 것들이 이러한 용도로 활용됐다. 그런데 최근 들어서는 인간이 만든 온갖 매력적인 인공품이 새틴바우어새의 수집품에 포함된다. 이 새들은 특히 병뚜껑을 고정하는, 밝은 파랑색의 고리 모양 동그란 플라스틱을 좋아한다.

안타깝게도 이 고리는 덫이라는 표현 그대로 새틴바우어새 수컷에게 진화적 덫이 될 수 있는 것으로 드러났다. 마음에 쏙 드는 물건을 찾았다는 사실에 너무 기쁜 나머지 부리에 끼운 채로 옮기다가 그만 고리가 뒤로 넘어가서 새의 목까지 내려가는 일이 발생하는 것이다. 영원히 벗어날 수 없는 입마개가 되어버린 이 고리 때문에 새는 목이 졸려 질식하거나 서서히 굶어 죽는다. 새틴바우어새 수컷의 순수한 미적 활동을 인간이 알지도 못하는 사이 방해하고 급기야 죽음으로 이끄는 것이다.

호주 사람들의 음주 문화가 동물의 성생활을 망쳐버린 흥미로운 사례도 있다. 1983년에 호주의 곤충학자 두 사람이 《호주 곤충학회지》에 발표한 「병에 붙은 딱정벌레」라는 제목의 짧은 논문에 그 내용이 실려 있다. 이 논문에서 가장 눈에 띄는 부분은 비단벌레의 일종으로 몸집이 크고 황갈색을 띠는 줄로디몰파 바케웰리Julodimorpha bakewelli가 호주에서 스터비stubby라 불리는 맥주병에 붙어서 교미를 하려고 애쓰는 모습이 담긴 두 장의 사진이다. 사진에서 이 딱정벌레는 둥그스름한 맥주병 밑부분에 올라타고 기다란 갈색 성기를 유리 표면에 삽입하려고 부질없이 애를 쓰고 있다. 맥주병과 사랑에 빠진 이 딱정벌레는 호주 동가라 지역 어느 마을 외곽의 고속도로변에서 발견됐다. 논문을 쓴 두 저자는 당시 주변을 둘러보다가 다른 맥주병에 매달려 있는 수컷 딱정벌레를 몇 마리 더 발견했다고 밝혔다.

이들이 병 속에 남아 있는 맥주에 끌렸을 가능성은 낮다. 두 저자는 호주 사람치고 맥주가 남은 채로 병을 버리는 사람은 없다며 이 점을 분명히 했다. 그보다는 유리병의 색깔과 광택, 적절한 곡선이 관심을 끌었고 무엇보다 스터비의 바닥 부근에 제조 과정에서 생긴 작은 점이 균일한 간격으로 오돌토돌하게 튀어나와 있는 것이 매력 포인트로 작용했을 것으로 보인다. 이러한 특징은 전체적으로 줄로디몰파 바케웰리 암컷의 등 부위와 꽤 비슷하므로 수컷은 버려진 맥주병에게 거부할 수 없는 유혹을 느낀 것이다. 두 곤충학자가 주변에 스터비를 몇 병 새로 가져다 놓자 불과 몇 분 만에 딱정벌레 수컷들이 나타났다고 한다.

스터비가 이 곤충에게 진화의 덫이 된 이유는 죽음으로 이끌기 때문이 아니라 수컷이 진짜 암컷과 교미하지 못하게 하는 방해 요소로 작용하기 때문이다. 스터비를 발견한 수컷은 유난히 크고 빛나는 이상형을 만났다고 생각한 나머지 진짜 암컷은 시시하다고 여길 가능성이 있다. 이렇게 엄청나게 매력적인 암컷(최고로 섹시하지만 생식 능력은 전혀 없는)이 주변에 여럿 존재할 경우 수컷이 이

뭉툭하고 짧다는 뜻의 형용사로, 빅토리아비터(Victoria Bitter) 제품과 같이 375밀리리터 용량의 병목이 짧은 형태의 맥주병을 일컫는 말로도 사용된다.

진화의 덫에서 빠져나가는 유일한 방법은 유전적으로 맥주병에 성욕을 느끼지 '않는' 능력을 갖춘 채로 태어나는 것이다(냄새 등 암컷이 가진 다른 특징에 더 주목하는 것도 그런 능력이 될 수 있다). 번식을 할 수 있어야 딱정벌레도, 이들이 주고받는 성적인 메시지도, 성적 취향도 진화할 수 있다. 남자가 맥주병을 손에서 놔야 결혼 생활이 유지되는 것은 비단 이들에게만 해당되는 일이 아닐 것이다.

18
도시에 살기 위해 진화 중입니다

갈라파고스제도. 태평양에 점점이 던져진 화산재들이 모여 형성된 이 군도에서 이루어진 진화는 남아메리카 본토에서 흘러 들어온 몇 안 되는 식물과 동물을 주재료로 삼아 독특한 생태계를 만들어냈다. 거북이, 거대한 선인장과 작은 선인장, 앵무새, 이구아나, 불리뮬러스Bulimulus 달팽이, 거저리 등 이 섬에서 자체적으로 형성된 진화의 결실에는 갈라파고스의 가장 유명한 생물, '다윈의 핀치'라 불리는 열네 종의 새들도 포함된다. 모두 각자의 생활 방식에 꼭 맞는 형태의 부리를 가진 새들이다.

이름은 핀치로 붙여졌지만 사실 이 섬에 사는 새들은 핀치가 아니라 풍금조류tanagers나 멧새buntings 중 하나다(조류학자들도 어느 쪽인지 정확히 확신하지 못한다). 다윈의 핀치라는 이름은 이 위대

핀치(finches)는 참새목 되새과 새들을 일컫는 영어 명칭이다.

한 동식물 연구가가 HMS 비글호로 항해하던 중 이 새들을 발견한 때로부터 100년 이상이 지난 1936년에 붙여졌다. 그럼에도 다윈의 핀치는 진화를 증명하는 대표적인 사례로 자리매김했다. '원래 이 군도에는 아주 적은 수의 조류가 살았는데, 하나의 종이 제각기 다른 방식을 택해 형태가 바뀌었다는 사실은 매우 흥미롭다.' 다윈은 자신의 이론을 뒷받침하는 핵심 사례로 이 새들을 제시했다. 지난 45년간 실시된 진화 연구에서도 다윈의 핀치가 중심이 되었다.

1970년대 초반부터 갈라파고스제도에서 두 번째로 큰 산타크루즈섬의 찰스 다윈 연구소를 중심으로 수많은 과학자들이 핀치를 연구한 결과 이 새들이 계속 진화하고 있다는 놀라운 사실이 상세히 밝혀졌다. 학자들은 다윈의 핀치가 태어나고 죽는 과정, 은밀하게 이루어지는 암수의 만남과 개체 간의 싸움, 즐겨 찾는 먹이, 둥지를 짓는 장소를 면밀히 추적하는 한편 부리와 몸 전체 크기와 형태를 빠짐없이 측정했다. 혈액 샘플을 채취하고 지저귀는 소리를 녹음하고 DNA 검사도 실시했다. 이 모든 고된 노력을 통해 생물학자들은 핀치의 형태가 바뀌는 상황을 실시간으로 지켜보고 심지어 예측할 수 있게 되었다. 견디기 힘든 기후가 되거나 새가 구할 수 있는 먹이 종류가 달라질 때마다 외형이 바뀌는 진화가 일어났다. 기껏해야 몇 밀리미터 정도, 아주 작은 변화에 불과할지언정 측정 가능한 수준이었고, 실제로 일어났다는 사실이 중요하다.

예를 들어 산타크루즈섬에서는 중간땅핀치Geospiza fortis가 두 종류로 나누어지는 과정이 진행되고 있다. 두 종류의 차이는 부리에서 나타난다. 즉 부리의 크기가 작은 새들이 있는가 하면 훨씬 큰 새들도 많은데(작은 부리보다 최대 두 배까지 더 크다) 부리 크기가 그 중간 정도인 새들은 별로 없다. 핀치의 부리 크기는 새가 쪼갤 수 있는 먹이의 종류와 직결되어 있다. 중간땅핀치 중에서도 부리가 큰 새들은 작은 새보다 부리로 무는 힘이 세 배 이상 더 강하므로 마름 열매처럼 단단한 씨앗도 깰 수 있지만 부리가 작은 새들은 볏과 식물의 씨앗처럼 작고 덜 단단한 씨앗을 먹이로 즐겨 삼는다. 부리 크기가 중간 정도인 새들은 이 두 가지 도구 중 어느 쪽에도 해당되지 않는다. 커다란 씨앗을 깰 만큼 단단하지도 않고, 조그마한 씨앗을 효과적으로 집을 수 있을 만큼 작고 섬세하지도 않다. 이로 인해 먹이가 부족해지고 굶는 경우가 더 많아 냉혹한 자연선택에 따라 점점 사라지는 경향이 나타난다. 게다가 부리의 크기는 새들의 성생활에도 영향을 준다. 부리가 큰 수컷은 부리가 작은 수컷과는 다른 소리로 노래를 한다. 부리가 큰 암컷은 부리가 큰 수컷을, 부리가 작은 암컷은 똑같이 부리가 작은 수컷을 더 선호한다. 결과적으로 부리 크기가 다른 개체끼리는 유전정보 교환이 빈번하게 일어나지 않는다. 다시 말해 '종 분화'가 지속되는 것이다. 이처럼 원래 한 종류였던 생물이 서로 다른 두 가지 새로운 종으로 분리되는 진화가 진행되고 있다.

다윈의 핀치가 야생 환경의 종 분화를 보여주는 상징이라면, 도시환경에도 같은 상황에 놓인 새가 있다. 바로 대륙검은지빠귀Turdus merula다. 1828년, 다윈이 나중에 비글호에 탑승하도록 주선한 캠브리지 교수 존 스티븐스 헨슬로John Stevens Henslow와 처음 알게 된 해에 이탈리아에서는 『로마와 필라델피아 조류의 비교분석Comparativo delle Ornitologie di Roma e di Filadelfia』이라는 제목의 소책자가 출간됐다. 샤를 뤼시앵 보나파르트Charles Lucien Bonaparte가 쓴 책이었다. 보나파르트 가문에서 가장 유명한 인물의 조카로 고집이 만만치 않게 세던 샤를 뤼시앵은 동물학에만 매진하며 살았다. 로마에서 유년 시절을 보낸 그는 결혼 후 1820년대에 필라델피아에서 꽤 오랜 기간 살았다. 그리고 이 두 도시에 살던 '거울'처럼 꼭 닮은 조류들을 정리한 책을 쓴 것이다.

그는 두 단으로 나눈 표에 두 지역의 새들을 정리했다. 왼쪽에는 로마에 서식하는 새들, 오른쪽에는 필라델피아에 서식하는 새들을 기입하고 당시 공식적으로 적용되던 조류 분류 기준(샤를 뤼시앵도 그 기준을 정하는 주요 인사 중 한 사람이었다)을 철저히 지켜서 세부 정보를 밝혔다. 가령 32쪽에 로마의 새들이 적힌 칸에는 다음과 같은 내용이 나온다.

> 69. 대륙검은지빠귀, 매우 흔한 새. 상주하나 일부 개체는 이주한다. 사냥꾼, 노래를 즐겨 부름.

이 내용을 보면 나폴레옹의 조카가 로마에 상주하는 검은지빠귀를 봤다는 사실을 알 수 있다. 그런데 이게 그렇게 중요한 일일까? 매끈한 몸과 날카로운 부리를 가진 이 새들은(암컷은 전신이 갈색 깃털로 덮여 있고 부리 색도 그와 동일하다. 수컷은 깃털 전체가 검은색이고 부리와 눈 테두리는 노란색이다. 같은 이름으로 불리는 미국 새들과 혼동하지 말아야 한다) 바위비둘기, 참새 다음으로 도시에 가장 많이 서식하는 새로 꼽힌다. 적어도 유럽과 서아시아에서는 그렇다. 중국과 미국에는 대륙검은지빠귀와 가까운 종인 터더스 맨대리너스Turdus mandarinus와 미국지빠귀Turdus migratorius가 각각 그와 같은 지위를 차지하고 굉장히 비슷한 행동 양상을 보인다.

보나파르트가 '거울'이라고 정리한 이 짤막한 기록이 너무나도 중요한 이유는, 지금까지 알려진 자료 중에서 도시에 둥지를 틀고 겨울을 나는 검은지빠귀에 관한 가장 오래된 기록이기 때문이다. 독일 바이에른주의 밤베르크와 에를랑겐시에서도 1820년대에 시내 중심가에 검은지빠귀가 자주 목격되었으나 둥지를 틀고 살지는 않았다. 또한 로마를 제외한 유럽 전 지역에서는 이 새들이 머나먼 옛날부터 조상 대대로 전해 내려온 특징을 그대로 지니고 있었다. 즉 깊은 숲에서 눈에 띄지 않게 조용히 살았고, 인간에게 발각되느니 죽음을 택할 정도로 겁이 많았으며 번식기가 끝나면 겨울을 나기 위해 지중해 연안으로 이주했다.

그러나 두 세기가 흐르는 동안 이 모든 특징이 바뀌었다. 처음에는 변화가 서서히 나타났다. 19세기 말 무렵에는 유럽 중앙 지역에서만 도시에 검은지빠귀가 자주 나타나더니 20세기가 되자 도시에 사는 새들이 빠른 속도로 늘어나 1920년에는 런던까지 이르렀다. 그리고 1980년대에는 아이슬란드와 스칸디나비아 북부의 일부 지역까지도 서식 범위에 포함됐다. 그러다 프랑스 남부와 러시아, 발트해 연안 지역 등 살기 힘든 일부 지역을 제외한 유럽의 거의 모든 마을과 도시에서 검은지빠귀를 볼 수 있게 되었다. 이렇게 완전히 자리 잡기까지 검은지빠귀가 도시에 정착한 속도는 연평균 8킬로미터에 달했다.

그러나 검은지빠귀가 갑자기 로마 도심에 살기 시작하고 그곳에서부터 유럽 전역으로 퍼져나갔다는 의미는 아니다. 처음에는 새들의 본거지와 멀리 떨어진 대서양의 섬에 서식하던 검은지빠귀의 하위 종 일부가 독자적으로 도시로 건너왔다. 20세기 중반에 검은지빠귀 중에서도 아조레스제도와 마데이라섬, 카나리아제도에만 서식하던 터더스 메룰라 아조렌시스Turdus merula azorensis와 터더스 메룰라 카브레레이Turdus merula cabrerae가 섬의 마을과 도시 주변에서 돌아다니는 모습이 보이기 시작했다. 심지어 북아프리카에 서식하는 하위 종 터더스 메룰라 마우리타니쿠스Turdus merula mauritanicus는 그보다 일찍, 19세기 중반부터 튀니지 시내에 정착해서 살았다. 박새가 영국 전역에서 우유병 뚜껑 따는 기술을 독자적으로 익힌 것처럼, 유럽 대륙 전체에서 섬점 더 많은 도시에 그곳을 서식지로 삼은 대륙검은지빠귀가 생겨났다. 유럽의 검은지빠귀들 사이에서 도시를 서식지로 선호하는 성향이 천천히 계속되온 이유가 정확히 무엇인지는 누구도 알지 못한다. 왜 하필 1820년대부터 도시 정착이 시작됐을까? 로마, 밤베르크, 에를랑겐과 같은 도시가 런던이나 브뤼셀 등 다른 도시보다 한 세기나 더 일찍 살기에 더 적합한 도시로 여겨진 이유는 무엇일까? 마르세유나 모스크바처럼 오늘날까지도 검은지빠귀를 볼 수 없는 도시는 또 어떤 차이가 있을까?

먼 옛날에는 대부분의 도시가 생물이 독자적으로 생존할 수 있는 서식지로 삼기에는 규모가 너무 작았던 것이 사실이다. 그러나 이것만으로는 의문이 해소되지 않는다. 19세기 초에 런던에서는 검은지빠귀를 볼 수 없었지만 도시 규모는 이미 12제곱킬로미터에 달했다. 이 새들이 정원의 헛간에 태연히 둥지를 틀고 보도 위를 돌아다니던 독일의 여러 작은 도시들에 비하면 훨씬 더 큰 규모였다. 공원을 비롯한 녹지 환경도 중요한 요소지만 검은지빠귀가 도시에 접근할 엄두도 못 내던 때부터 이미 녹지 공간을 형성하기 위한 노력이 충분히 이루어졌다. 도시의 성장과 도심 내 녹지 공간, 도심 열섬에서 느끼는 열기, 점점 늘어가는 거주민들(이로 인해 연중 아무 때나 먹이를 찾을 수 있게 되는 것), 사냥꾼과 포식 동물, 질병, 기생충의 공격에서 더 자유롭다는 점 등이 종합적으로 작용하여 도시가 검은지빠귀의 안락한 서식지로 여겨진 것으로 보인다.

확실한 사실은 검은지빠귀의 도시 확산이 대체로 두 단계에 걸쳐 이루어졌다는 것이다. 도시에서 겨울을 나기 시작한 것이 첫 단계였다. 그러다 겨우 수십 년 만에 겨울에만 도시에 머물던 새들이 봄까지 머물기 시작했고 도시 안에서 짝을 만나 번식하다가 함께 이주를 포기하고 아예 도시에 눌러살게 된 것이다. 앞 장에서 설명한 캘리포니아의 검은눈방울새와 같은 길을 걸었다고 볼 수 있다.

여기까지는 조류 도감이나 조류 관찰 보고서를 찾아보면 어느 정도 파악할 수 있는 사실이다. 그러나 숲에서 살던 먼 과거의 검은지빠귀가 어떻게 도시에 사는 새가 되었는지 그 진짜 이유를 파악하려면, 지난 20년간 도시에 서식하는 검은지빠귀를 직접 연구해온 학자들의 연구 결과를 전체적으로 살펴보아야 한다. 이 책에서 지금까지 설명한 도시 진화 연구에 관한 내용 중 상당 부분이 도시에 사는 검은지빠귀와도 관련성이 있다. 다시 말해 유럽 대륙에 흩어진 수많은 도시들은 갈라파고스제도에서 일어난 진화가 도시로 옮겨왔음을 보여주는 장소로, 대륙검은지빠귀는 곧 다윈의 핀치로 볼 수 있다는 의미다. 유럽 거의 모든 국가에는 도시검은지빠귀를 연구하는 생물학자들이 있고, 이들은 세계에서 가장 유구한 역사를 지닌 도시 동물이자 가장 많이 연구된 대상인 이 조류에서 벌어진 도시 진화의 정확한 과정을 힘을 모아 밝혀내고 있다. 이들의 연구 결과를 종합하면 결론은 한 곳을 향한다. 도시에 서식하는 검은지빠귀는 별도의 종으로 진화하고 있다는 것이다. 도시검은지빠귀는 진정한 종 분화의 사례라 할 수 있다.

종 분화는 동물이나 식물에서 원형과 다른 특성이 자연발생적으로나 여러 세대에 걸쳐 다량 발생하여 분류학상으로(생물다양성의 경계를 정하고 분류하는 생물학의 한 분야) 다른 종이라 여겨지는 수준에 이르는 것을 의미한다. 일반적으로 몸의 형태와 성적인 관계를 맺는 전략, 해당 생물의 생애에서 중요한 변화가 일어나는 시점이 원형 생물과 달라질 때 종 분화가 일어났다고 본다. 생물의 유전체가 전체적으로 재정비되는 것이다. 그러나 그것이 전부는 아니다. 이러한 변화 중 최소 일부는 해당 생물이 원래 보유한 유전자와 분리된 새로운 유전자 집합이 생겨나는 변화로 이어져야 하며, 이렇게 새로 생긴 유전자가 기존의 유전자와 섞이지 않는 '생식적 격리'가 일어나야 한다. (내 저서인 『개구리, 파리, 민들레: 종의 형성 Frogs, Flies and Dandelions: The Making of Species』에 이에 관한 내용이 상세히 나와 있다.)

도시 바깥의 자연환경에서는 생물이 비어 있는 새로운 장소를 서식지로 삼을 때 종 분화가 일어나는 경우가 많다. 바뀐 주변 환경에 따라 달라져야만 하는 부분이 생기고, 이것이 자연선택의 원동력이 되어 체격과 특정 요소에 대한 내성, 행동에 변화가 일어난다. 다윈의 핀치라 불린 새들의 조상이 맨 처음 갈라파고스제도에 도착했을 때는 아무도 살지 않았고 서식지로 삼을 만한 장소가 아주 많았다. 다양한 식물과 각양각색의 먹이가 널려 있어서 무엇을 먹고 살 것인지 정하기만 하면 되는 환경이었다. 그러다 부리 덕분에 특정한 먹이를 다른 새들보다 조금 더 효과적으로 얻을 수 있는 핀치가 등장했다. 앞 장에서 살펴보았듯이 이로 인한 변화 과정은 지금도 지속되고 있다. 부리의 형태는 명금류 새들의 음성에도 영향을 주므로 효과적으로 획득할 수 있는 먹이가 무엇이냐에 따라 생식적 격리도 함께 일어난다. 즉 부리 모양이 다르고 그 결과 노랫소리가 달라지면, 부리 모양이 서로 다른 새들끼리는 노래에 응답하지 않게 되는 것이다.

검은지빠귀에게 도시는 아무도 살지 않는, 새로운 서식지와 같다. 그리하여 과거 은둔 생활을 즐기던 조상들이 피하기만 했던 풍요로운 환경에서 얻을 수 있는 것을 최대한 얻기 위해 종 분화의 길로 들어섰다. 도시에 사는 검은지빠귀가 어떤 경로를 거쳐 제각기 어떻게 다른 특성을 갖게 되었는지, 유럽 전역의 수많은 검은지빠귀 연구진이 밝혀낸 사실을 간략히 살펴보자. (일일이 언급하기에는 연구진과 연구 기관, 개인 연구자가 너무 많으므로 여기서 이야기하는 연구진은 '검은지빠귀 추적대'로 통칭하기로 한다. 보다 상세한 내용은 책 뒷부분의 참고 문헌을 확인하기 바란다.)

먼저 살펴볼 특징은 가장 뚜렷하게 나타나지만 가장 헷갈리기 쉬운 외모다. 연구가 이루어진 초기에는 외모가 명확히 구분되는 것처럼 보였다. 네덜란드와 프랑스의 연구진들이 도시와 숲에 사는 검은지빠귀를 조사한 결과 도시에 사는 새들은 부리가 뭉툭하고 체중이 더 많이 나가며 장의 길이가 길고 날개와 다리는 더 짧았다. 그러나 케빈 개스턴의 제자인 칼 에반스Karl Evans가 유럽과 북아프리카 곳곳의 도시 열한 곳을 선정하고 이곳에 서식하는 검은지빠귀를 살펴본 결과 이 같은 특징이 모든 곳에서 공통적으로 나타나지는 않았다고 한다. 어떤 도시에서는 검은지빠귀의 날개 길이가 다른 도시에 사는 새들보다 길고, 다른 도시에서는 더 짧은 경우도 있었다. 체중과 다리 길이도 마찬가지로 차이가 일관되게 나타나지 않았다. 장의 길이는 비교하지 않았으나 유일하게 도시마다 똑같이 '차이가 확인된' 요소는 부리 형태였다. 어느 곳이건 도시에 사는 검은지빠귀는 숲에 사는 같은 새들보다 부리 길이가 더 짧고 뭉툭했다. 아마도 도시에서는 새 모이통에서 먹이를 쉽게 집어 먹을 수 있는 데다가 굳이 부리로 쪼고 속을 파헤치고 뾰족한 끝으로 찢지 않아도 먹을 수 있는 게 많기 때문에 나타난 차이로 보인다.

검은지빠귀 추적대도 부리 형태의 차이가 음성에도 영향을 주는지는 아직 조사하지 않았다. 그러나 도시에 사는 검은지빠귀는 숲에 사는 새들과 노랫소리가 명확히 다르다. 검은지빠귀 수컷은 동이 틀 때와 황혼이 내려앉을 때 높은 곳에 올라앉아(숲에 사는 새들은 나뭇가지와 절벽에 튀어나온 바위 위에, 도시에 사는 새들은 TV 안테나와 빗물 홈통 위에) 멜로디가 포함된 매우 다양한 노래를 부른다. 도시든 시골이든 이들이 부르는 노래는 대부분 중심이 되는 꽤 정교한 멜로디가 이어지다가 고음으로 지저귀며 마무리하는 순서로 구성된다. 도시에 사는 대다수의 다른 명금류 새들과 마찬가지로(16장 참고) 도시의 배경 소음은 검은지빠귀가 내는 음의 높이와 타이밍을 변화시켰다. 한스 슬라베쿠른의 제자인 에르빈 립메이스터Erwin Ripmeester는 검은지빠귀의 노래를 3,000곡가량 녹음해서 분석했고, 이들이 숲에 사는 같은 새들보다 더 높은 음으로 노래하며 노래한 뒤에 지저귀는 시간도 더 길다는 사실을 확인했다. 또한 독일의 한 연구진은 도시에 사는 검은지빠귀는 폴 매카트니가 예견한 대로, 한밤중에 노래한다고 밝혔다. 라이프치히 시내 중심에서는 일출 시각보다 세 시간 일찍, 즉 트램과 자동차가 시끄러운 소음을 내기 훨씬 전에 노래가 시작되는 반면 숲에 사는 검은지빠귀는 동이 틀 때쯤에야 목청을 가다듬기 시작한다.

도시의 새들이 더 부지런히 시작하는 건 노래만이 아니다. 번식기도 숲에 사는 새들보다 더 이르게 시작된다. 이들의 생체 시계가 한 달 이상 빠른 것이 차이가 발생한 원인 중 하나다. 도시의 젊은 수컷 검은지빠귀의 경우 황체형성호르몬(봄철에 혈중 테스토스테론이 급증하는 출발점)이 3월 중순에 가장 많이 생산되는 반면 숲에 사는 검은지빠귀들은 5월 중순이 되어서야 최고조에 이른다. 뮌헨과 가까운 제비젠이라는 지역에 위치한 막스 플랑크 조류학연구소의 제스코 파테케Jesko Partecke의 연구로 이 사실이 밝혀졌다.

파테케는 뮌헨 도심의 한 묘지를 찾아가 그곳에 사는 검은지빠귀 둥지 열 곳과 도시 외곽 조용한 숲에 지어진 검은지빠귀 둥지 열 곳을 각각 급습했다. 그리고 두 환경의 각 둥지에서 총 서른 마리의 새끼를 꺼낸 뒤 연구소로 옮겼다. 그리고 '흔히 행해지는' 실험 중 하나를 실시했다. 이 책의 앞부분에서 나온 내용을 떠올려보면 이 흔한 실험이 생물에서 나타나는 차이가 유전적인 요인에서 비롯된 것인지 여부를 확인하는, 오래전부터 검증된 방법임을 눈치 챘을 것이다. 새끼 검은지빠귀의 경우에도 납치해 온 새들을 모두 동일한 환경에서 직접 키운 뒤 어떤 차이가 나타나는지 살펴보았다. 그 결과 파테케는 위에서 밝힌 호르몬의 차이를 발견한 것이다. 따라서 최소한 어린 수컷의 몸에서 그와 같은 호르몬 변화가 일어나는 이유는 도시의 불빛이나 열섬, 기타 외부적인 자극 때문이 아닌 유전학적으로 이미 정해진 생체 시계에 따른 것임을 알 수 있었다.

도시의 검은지빠귀가 일찍 번식 활동을 시작하는 두 번째 이유는 서식지를 옮기지 않기 때문이다. 이들은 겨울이 되어도 열섬의 영향을 누리고 새 모이통에 담긴 먹이를 느긋하게 찾아 먹으면서 도시에서 겨울을 보내며 원할 때 번식을 시작한다. 시골의 검은지빠귀는 이와 달리 대다수가 겨울에 다른 곳으로 이동한다. 추위와 먹이 부족 문제에서 벗어나기 위해 남쪽에서 겨울을 나고 번식을 시작할 즈음이 되어서야 원래 살던 곳으로 돌아온다. 그때쯤이면 도시에 사는 새들은 이미 둥지를 틀고 편안하게 자리를 잡는다. 파테케는 연구소에서 직접 기른 새들도 철이 바뀌면 사는 곳을 옮기려는 성향이 유전학적으로 좌우된다는 사실을 확인했다.

그가 데리고 온 새들은 한정된 공간에서 키웠으므로 마음대로 사는 곳을 옮길 수는 없었다. 이에 차선책으로 이망증Zugunruhe을 모니터링했다. 이망증은 '이동하려는 충동'을 의미하며, 조류학자와 조류 관찰자들 사이에서는 새장에 갇힌 새들이 생체 시계에 따라 다른 곳으로 이주를 해야 하는데 철창에 갇혀 그러지 못할 때, 밤 시간대에 안절부절못하고 불안해하는 행동을 일컫는 용어로 사용된다. 파테케는 이를 확인하기 위해 검은지빠귀를 넣어둔 새장마다 모션 센서를 설치하고 이망증이 감지되면 거주지 이동이 시작된 것으로 파악했다. 예상대로 숲에서 데려온 새들은 가을과 봄에 초조한 기색을 드러냈다. 밤새도록 새장 안을 돌아다니며 횃대에 올라앉았다가 내려오기를 반복했다. 반면 도시에서 데려온 새들은 이동 철이든 아니든 밤이 되면 금세 잠이 들었다. 뿐만 아니라 숲에서 데려온 새들은 비행에 대비하여 체지방을 다량 축적했으나 도시 새들은 날씬한 체형이 그대로 유지됐다. 흥미로운 사실은 이 차이가 수컷에서만 나타났다는 점이다. 암컷은 도시에서 데려온 새나 숲에서 데려온 새나 큰 차이가 없었다.

파테케는 손수 기른 검은지빠귀에서 더욱 흥미진진한 차이도 발견했다. 도시 새들이 천성적으로 훨씬 느긋하다는 점도 그중 하나다. 새들을 새장에서 꺼내서 포대에 넣어 놓고 한 시간 동안 두면서 심하지 않은 스트레스를 가했을 때 나타나는 반응을 관찰한 결과 알게 된 사실이다. 새들이 포대에 있는 동안 파테케는 다섯 차례 입구를 열고 혈액 샘플을 채취하여 스트레스 호르몬인 코르티코스테론의 혈중 농도를 분석했다. 그 결과 도시 새들은 이 스트레스 호르몬의 증가 폭이 숲에서 데려온 새의 절반 정도에 그쳐, 숲의 새들이 스트레스 환경에서 훨씬 더 크게 놀랐음을 알 수 있었다. 파테케가 키운 새들은 태어나서 도시든 숲이든 어느 쪽도 직접 본 적이 없다는 사실을 기억할 필요가 있다. 도시에서 데려온 검은지빠귀가 '선천적으로' 성격이 느긋하다고 할 수 있는 이유도 이 때문이다. 사람이 다가가면 겁을 집어먹기 시작하는 거리가 숲의 검은지빠귀보다 세 배 더 짧은 것도 같은 맥락에서 해석할 수 있다.

이 같은 차이가 발생한 원인 중 하나는 세로토닌 수송체serotonin transporter를 뜻하는 SERT 유전자일 가능성이 있다. 세로토닌 수송체는 신경세포가 다른 신경세포와 만나는 접점에서 기분을 조절하는 호르몬인 세로토닌을 제거한다. 많은 항우울제가 이 수송체를 차단하도록 만들어지는 이유도 이 기능을 고려한 것이다. 그런데 조사 결과 숲에 사는 검은지빠귀와 도시에 사는 검은지빠귀는 이 SERT 유전자에 서로 다른 특징이 있는 것으로 나타났다.

지금까지 살펴본 바와 같이 도시와 시골에 사는 검은지빠귀는 겉모습, 행동, 성격, 생체 시계까지 차이점이 상당히 많다. 이 차이는 무엇을 의미할까? 검은지빠귀 추적대가 발표한 학술 논문마다 연구 내용을 신중하게 해석해야 한다는 말을 관례대로 써넣었지만, 나는 나중에 틀렸다고 밝혀질지언정 그냥 큰소리로 말하고 싶다. 지난 몇 세기에 걸쳐, 대륙검은지빠귀에서 도시검은지빠귀Turdus urbanicus라 부를 수 있는 새로운 종이 생겨났다고 말이다. 갈라파고스의 핀치가 아직 그렇게 단정 지을 수 있는 단계에 이르지 않은 것과 마찬가지로 검은지빠귀도 그만큼 크게 분화되었다고 할 수는 없

도시를 뜻하는 영어 단어 urban을 활용하여 저자가 만들어낸 명칭이다.

지만, 이 변화의 과정이 끝나기까지 남은 건 시간밖에 없다. 기다리면 모든 것이 완료되는 순간이 반드시 찾아온다.

'도시검은지빠귀'는 이 분류로 정의할 수 있는 개체들에서만 나타나는 독특한 특징이 있을 뿐만 아니라 독자적인 집합의 유전자도 보유하고 있다. 검은지빠귀가 보통 태어난 곳에서 3킬로미터 반경 내에 둥지를 짓는다는 점도 각기 다른 두 환경에 사는 개체들이 보유한 서로 다른 유전자가 그대로 유지되는 데 한몫한다. 그러므로 숲에 살던 검은지빠귀가 어쩌다 도시로 오게 되더라도 제대로 적응하지 못할 가능성이 있다. 폴란드에서 비아위스토크와 올슈틴이라는 도시에 숲에서 살던 검은지빠귀를 도입하려다 실패한 반면 루블린과 키예프에서는 '도시에 살던' 검은지빠귀를 들인 덕분에 정착시키는 데 성공했다는 사례에서도 추정할 수 있는 부분이다. 도시에 서식하는 개체의 유전자와 시골에 사는 개체의 유전자가 각각 개별적으로 유지되는 또 한 가지 이유는 도시의 새들이 훨씬 더 일찍, 숲의 새들이 겨울을 보낸 곳에서 고향으로 돌아오기도 전에 번식을 시작한다는 특징을 들 수 있다.

서로 다른 유전자 집합을 더 자세히 살펴보면 다른 이유도 찾을 수 있다. 칼 에반스도 그러한 방법을 택했다. 그는 유럽과 북아프리카 전역에서 선정한 열두 곳의 장소에서 도시나 숲에 사는 검은지빠귀의 DNA를 채취하여 유전자 지문분석법fingerprinting으로 조사했다. 그 결과 검체가 수거된 모든 장소에서 도시와 숲에 사는 검은지빠귀는 유전학적으로 다르다는 사실이 확인됐다. 더불어 어느 곳이든 도시에 사는 새들은 인근 지역의 숲에 사는 새들에서 파생되었다는 사실도 명확히 드러났다. 그러나 아직까지는 도시에 사는 검은지빠귀의 유전자 집합이 통일될 정도로 도시 개체들 간의 교류가 충분히 이루어지지 않았다(출생 장소에서 3킬로미터 이내에 머물지 않고 훨씬 더 넓은 범위에 흩어져서 사는 검은지빠귀들도 있다). 검은지빠귀 추적대가 도시에 사는 새들을 '도시검은지빠귀'와 같이 새로 진화한 단일 종으로 확정 짓기를 다소 꺼리는 이유도 이런 점 때문이다.

그럼에도 검은지빠귀 추적대의 연구 결과는 도시환경에 적응하기 위해 진화적으로 새로운 특징이 발생하는 놀라운 사례들로 볼 수 있다. 그리고 이것이 전혀 새로운 변화가 아닌 것은 분명하다. 이 책에서도 여러 가지 사례를 들어서 설명했듯이 도시의 생활 조건에 유전학적으로 적응하기 위한 새로운 진화가 진행된 생물들이 있다. 이렇게 적응한 동식물 중 나무는 다른 어떤 요소보다도 도심의 열섬 현상 덕분에 도시 바깥에 사는 동일한 생물보다 연중 더 이른 시기에 개화하거나 교미를 한다. 이러한 차이 하나만으로도 유전자 집합의 분리와 도시에 서식하는 새로운 종의 발생이 충분히 촉발될 수 있다.

그러므로 진화생물학자들도 이제 진화생물학의 성배와 같은 귀중한 결과를 얻기 위해 갈라파고스 같은 오지로 원정을 떠날 필요가 없다. 지금 있는 곳에서 벌어지는 종 분화를 포착하면 된다. 각자가 살고 일하는 곳, 도시에서 진화가 일어나고 있으니까!

흥미로운 점은 그 반대의 경우도 가능하다는 사실이다. 즉 갈라파고스에서도 도시 진화를 연구할 수 있다. 오늘날 갈라파고스는 다윈이 처음 발을 들였을 때처럼 외부와 고립된, 오염되지 않은 땅이 아니다. 26,000여 명이 살고 있는 이 섬에는 매년 수십만 명이 방문한다. 앞서 다윈의 핀치 중에서 중간땅핀치가 두 종류로 분화되고 있다고 설명할 때 등장했던 산타크루즈섬의 푸에르토 아요라라는 도시 인구만 19,000명에 이르고 해마다 20만 명이나 되는 관광객들이 몰려든다. 공항과 (일직선으로 쭉 뻗은) 고속도로, 호텔, 축구장, 관광 안내소('자연선택 투어'와 같은 상품이 마련되어 있다), 카페('오 마이 갓! 갈라파고스')와 함께 레스토랑도 여러 개 운영되고 있다.

이 수많은 음식점에 지난 수십 년간 다윈의 핀치들이 자주 출몰했다. 온순한 이 새들은(섬에 서식하는 동물들은 공통적으로 온순한 특징이 나타난다) 다윈의 연구와 관련된 명성은 아랑곳하지 않고 테이블 위에 내려앉아 사람들이 먹다 남긴 음식을 실컷 먹는다. 게다가 이 같은 변화가 종 분화의 시발점이 되고 있으니, 얼마나 아이러니한 일인가! 실제로 1970년대부터 푸에르토 아요라에서는 다윈의 핀치들 가운데 부리가 큰 새와 작은 새의 경계가 사라지기 시작했다. 도시에 사는 다윈의 핀치를 연구 중인 여러 연구자들 중 미국 보스턴 매사추세츠 대학교 소속 루이 페르난도 드레온Luis Fernando DeLeón은 부리 크기가 불분명해지는 현상이 패스트푸드가 일상적인 먹이가 되면서 나타난 결과라고 본다.

드레온은 동료 연구자들과 함께 도시와 시골에 사는 다윈의 핀치가 어떤 식습관을 나타내는지 조사한 결과, 도시에 서식하는 새들(부리 형태의 차이가 모호해지고 있는 새들)은 주로 빵이나 감자

칩, 아이스크림 콘, 쌀, 콩을 먹는다는 사실을 확인했다. 물도 수도꼭지에서 나온 물을 먹는 경우가 많았다. 도시 바깥에 사는 새들은(부리 크기가 여전히 두 종류로 뚜렷하게 나뉘는 새들) 지금까지 쭉 그래왔던 것처럼 야생식물의 씨앗을 먹고 산다. 또한 도시에 사는 핀치들의 성격에도 여러 가지 공통적인 특징이 나타났다. 드레온이 쟁반에 이 새들이 흔히 접하지 못하는 음식을 담아 밖에 내놓자 호기심을 보이며 과감하게 접근하고 포테이토칩 봉지로 '부스럭' 소리를 내는 사람에게 더 적극적으로 다가왔다. 반면 시골에 사는 핀치는 사람에게든 사람이 먹는 음식에든 아무런 관심을 보이지 않았다.

도시 진화란 이렇게 이루어진다. 유럽에는 새로운 종류의 검은지빠귀가 등장했지만 지구 반대편에서는 다윈의 핀치가 사라지고 있다. 이 사례와 이 책에서 소개한 여러 가지 다른 사례를 종합할 때, 도시 진화는 우리가 사는 생태계를 새롭게 형성한다는 사실을 명확히 알 수 있다. 이러한 변화는 미래에 어떤 영향을 줄까? 이 변화의 과정을 모니터링할 수 있을까? 더 나아가 원하는 방향으로 이끄는 것도 가능할까? 시민 과학은 어떤 역할을 할까? 자연 친화적인 건축과 설계에 도시 진화의 영향력을 활용할 수도 있을까?

4부

도시로 온 다윈

가난한 이들이 깨진 컵을 화분 삼아
고작 제라늄 가지 하나 꽂아둔 것이 전부인 창가의 작은 정원이나
세심하게 잘 손질된 장미와 백합이 가득한 부자들의 정원에서나
아름다움을 갈구하는 우리의 태생적 욕구가 나타난다.

— 존 뮤어John Muir, 『요세미티The Yosemite』(1912)

19
너와 나의 연결 고리

글을 쓰다가 막힐 때(혹은 솔직히 가끔은 그냥 꾸물거리느라 글을 못 쓸 때) 내가 즐겨 활용하는 해결책 중 하나는 주변을 산책하는 것이다. 내 고향 레이던은 도심 거리가 수백 년 전에 설계되어 그다지 기하학적인 구조는 아니라서, 나는 구불구불 돌아가는 경로를 택한다. 일단 작업실로 사용하는 다락방에서 내려와 오른쪽으로 돌아 쭉 걸어가면 현관문이 나온다. 문을 나서서 렘브란트가 태어난 골목, 베데스테이흐weddesteeg에 들어선다. 이때부터는 마음이 흐트러지지 않도록 애쓰면서 천천히 한 발 한 발 내디디며 아주 오래된, 물줄기가 끊긴 라인강 지류 위로 걸쳐진 현수교를 건넌다. 다리 끝에 이르면 왼쪽으로 꺾어서 걷다가 다시 한 번 왼쪽으로 돌아 이번에는 철교로 강을 다시 건너온다. 철로와 보도 사이에 형성된 경사면에는 대황rhubarb과 밀접한 식물인 호장근Fallopia japonica이 쫙 깔려 있다. 네덜란드에 처음 도입됐을 때만 해도 뾰족뾰족하게 자라는 하얀 꽃과 즙을 다량 얻을 수 있는 특성 때문에 귀하게 여겨진 식물이다. 꺾꽂이용 가지 하나도 고가에 판매될 정도였다. 그러나 현재는 건잡을 수 없이 퍼진 데다 뿌리가 자라면서 벽돌과 보도가 밀리는 현상 때문에 옛 명성은 점차 퇴색되고 있다. 레이던을 포함하여 유럽 전체와 북미 대륙, 뉴질랜드, 호주에서도 확산을 막지 못한 외래 침입 종으로 여겨진다.

라인강 왼쪽 둑으로 돌아온 나는 네덜란드에서 가장 예쁜 운하, 라펜뷔르흐Rapenburg를 지난다. 과거 귀족들이 살았던 호화로운 저택들이 줄지어 선 이곳에서 라펜뷔르흐 16번지에 자리한 집을 주목해볼 필요가 있다. 중앙 현관과 창문에 회반죽으로 만들어진 장식이 돋보이는 이 16세기 저택은 규모가 워낙 커서 양쪽에 자리한, 정교한 박공지붕이 달린 소박한 집들이 실제보다 작아 보일 정도다. 이곳에서 호장근이 자라는 곳까지 길이 연결되어 있고 거리도 무척 가깝다. 바로 이 저택이 의사이자 식물학자, 민족지 연구자, 일본학자로 활동하던 필립 프란츠 폰 지볼트Philipp Franz von Siebold가 1829년에 일본에서 쫓겨난 후 살았던 곳이다.

폰 지볼트는 상당히 흥미로운 인물이다. 오늘날 일본에서 엄청나게 유명한 사람이 된 그는(일본에서는 '시보루토 상'으로 불린다. 그의 일본인 딸 오이네의 일생은 대중 만화로 만들어졌다) 일본이 외부 세계와의 교류를 대부분 끊고 200년 넘게 쇄국정책을 고수하던 시절, 그는 서양인으로는 유일하게 입국 허가를 받았다. 나가사키와 가까운 곳에 만들어진 인공섬 데지마의 네덜란드 무역소 소속 의사였던 그는 그 지역의 생물 표본을 다량 수집했다. 그중에는 특히 식물상에 관한 자료가 많았다. 일본의 민족 전통이 고스란히 남아 있는 물건들도 수집했는데, 지도를 모은 것이 화근이었다. 일본 당국으로부터 간첩 행위를 했다는 의혹을 받은 폰 지볼트는 가택 연금 상태로 지내다 결국 네덜란드로 강제 출국됐다.

그러나 그동안 수집했던 죽은 표본과 살아 있는 표본을 그대로 두고 빈손으로 돌아왔다고 생각하다면 오산이다. 이 수집품들은 지볼트의 노후 연금이 되었다. 레이던에 돌아온 후에는 몸담던 곳에서 홀가분하게 은퇴하고 일본에서 가져온 귀중한 수집품 중 일부를 팔기도 하고 책도 쓰고 집을 일본 박물관으로 꾸며서 운영했다. 그리고 일본에서 가져온 동양 식물 표본을 키워서 우편 주문을 받아 판매하는 사업도 시작했다. 호장근도 그 표본 중 하나였다. 전 세계 환경에 침입한 호장근은 사실상 꺾꽂이용 가지 하나에서 시작된 것이다. 내가 산책 중에 철교를 건너면서 시나친 호장근도 불과 몇백 미터 떨어진 폰 지볼트 집에서 맨 처음 자란 식물의 직계 후손이고, 저 멀리 머나먼 뉴질랜드까지 도달하여 미움 받고 있는 호장근도 같은 집에서 나왔다.

폰 지볼트는 호장근뿐만 아니라 100여 종의 일본산 식물을 유럽 전역과 그 너머 수많은 정원과 공원에 확산시킨 장본인이다. 이렇게 퍼진 식물 중에는 제어가 안 될 만큼 퍼진 종도 생겨났다. 이제는 도심 녹지 공간 어디에서나 흔히 볼 수 있는 등나무, 해당화Rosa rugosa, 수국Hydrangea macrophylla, 왕쥐똥나무ligustrum ovalifolium도 모두 폰 지볼트의 정원에서 나온 식물이다. 담쟁이덩굴Boston ivy이 건물에 가득 덮여 있다고 해서 '아이비리그'라는 명칭까지 생긴 미국의 명문 대학들은 이 책에서도 소개한 여러 도시 생물학자들이 연구를 이어가는 곳이기도 한데, 이 담쟁이덩굴 역시 폰 지볼트의 집에서부터 세계 곳곳으로 확산됐다.

필립 프란츠 폰 지볼트가 출발점이 되어, 그가 레이던에 극동 지역의 꽃을 파는 가게를 연 날로부터 200여 년이 흐르는 동안 같은 일에 종사하는 사람이 100만 명은 더 나타났다. 세계를 무대로 이루어지는 무역과 상업, 원예 용품을 파는 상점들, 애완동물 상점들을 통해 원래 살던 곳에서 전 세계 도시화된 중심 지역으로 퍼져나가는 동식물의 숫자는 계속 늘고 있다. 여기에다 여행자와 이민자, 기타 먼 곳을 돌아다니는 여행자들의 옷이나 짐 가방, 신발, 교통수단을 통해 씨앗과 진균류, 미생물, 작은 동물도 부지불식간에 함께 이동한다. 거대한 화물선들이 보다 안정적으로 운항할 수 있도록 함께 싣는 평형수와 흙, 바위 등이 기항지와 가까운 환경에 그대로 버려지면서 다른 지역의 생태계 전체가 원거리로 옮겨지는 것도 마찬가지다.

지금 이 글은 일본 센다이시에 위치한 도호쿠 대학교에 두 달간 머무르며 쓰고 있다(호두를 직접 깨서 먹는 까마귀들이 사는 바로 그 도시다). 나는 이곳에서도 글이 막힐 때면 산책을 나가서 캠퍼스 주변과 도심 일부를 돌아다니는데, 가는 길목마다 레이던에서와 마찬가지로 원래 일본 식물인 호장근이 강둑에 피어 있는 모습이나 등나무 꽃이 만발한 풍경, 왕쥐똥나무의 잔가지들, 건물 벽을 뒤덮은 담쟁이덩굴이 눈에 들어온다.

폰 지볼트를 통해 일본 바깥으로 식물들이 퍼진 것과 같이 동시에 이곳 일본으로 옮겨진 익숙한 유럽 식물들도 보인다. 가와우치 전철역 근처에 손질이 거의 안 된 채로 방치된 잔디밭에는 우스꽝스럽게 생긴 씨앗주머니가 달린 냉이Capsella bursa-pastoris가 자라고 토끼풀Trifolium repens도 보인다. 조젠지 거리에서는 길 가장자리를 따라 수영Rumex acetosa과 양골담초Cytisus scoparius가 자라고 있다. 식물뿐만이 아니다. 하늘에는 바위비둘기가 날아다니고 꼬리에 털이 수북이 자란 서양뒤영벌Bombus terrestris이 토끼풀 꽃 아래를 윙윙대며 날아다닌다. 습도가 높은 밤에는 유럽산 달팽이Lehmannia valentiana가 이쓰쿠시마 신사의 벽에 붙어 자기 집마냥 느긋하게 슬금슬금 지나간다. 레이던과 센다이는 도시 서식지의 관점에서 굉장히 흡사하므로 두 곳에서 공통적으로 볼 수 있는 생물은 폰 지볼트가 활동하던 그 시대보다 더 많다.

생태학자들이 '인위적인 종supertramp species'이라 부르는, 도심을 대대적으로 침략한 생물도 볼 수 있다. 캠퍼스에 자라는 큰김의털Festuca arundinacea의 경우 원산지가 유럽이지만 지금은 잔디가 자라는 곳이면 어디서든 볼 수 있다(백악관 남쪽도 포함해서). 또 내가 일본에 머무는 동안 지내려고 임대한 아파트의 습도 높은 욕실 벽에는 특유의 오렌지색이 두드러지는 흑효모균Aureobasidium pullulans도 있다. 사람들이 가지고 다니는 세면도구를 통해 이 욕실에서 저 욕실로 세계 방방곳곳에 계속해서 옮겨진 결과 유전자의 종류도 그만큼 방대해진 진균류다.

하지만 도시 생태가 세계적으로 균질화되는 현상은 이처럼 일화로 전해지는 몇 가지 사례들보다 침투력이 훨씬 강력하다. 현재

전 세계 도시 생태학자들은 보이지 않는 손을 통해 온갖 생물이 세계 각 도시로 흡사 혈관으로 연결된 것처럼 이동한다는 사실을 명확히 보여주는 사례들을 정리하고 있다. 한 예로 자칭 글루신GLUSEEN(세계도시 토양 생태와 교육 네트워크)이라는 국제 과학 협력단은 최근 아프리카, 북미 대륙, 유럽의 도시와 자연환경에서 토양 미생물을 채취하여 DNA 검사를 실시한 결과 각 대륙에서 토양미생물의 조성이 하나로 통일되는 경향이 나타난다는 사실을 확인했다. 이들 협력단은 최소 12,000종의 균류와 고세균이라는 미생물 3,700여 종을 찾았는데, 도시에 서식하는 미생물이 숲보다 훨씬 더 비슷한 종류로 구성되어 있었다.

뉴멕시코 대학교 연구진은 오래전부터 미국 전역에서 실시된 '크리스마스 탐조 대회'의 결과를 분석했다. 이 탐조 대회에서는 시민 과학자들이 참여하여 수천 곳에서 24시간 동안 반경 24킬로미터 범위에 있는 모든 새를 관찰한다. 연구진은 이렇게 모은 정보를 분석한 결과, 도시 지역의 경우 4,000킬로미터나 떨어진 곳까지도 전체 종류의 절반가량이 겹치는 반면 자연환경에서는 이 정도 떨어지면 서식하는 종류가 완전히 달라진다는 사실을 알아냈다.

독일 과학자 뤼디거 비티그Rüdiger Wittig와 우테 베커Ute Becker는 길가에 자라는 나무를 대상으로 밑둥치를 섬처럼 둘러싼 흙을 나무 주변의 원Baumscheiben이라 이름 붙이고 이 흙에 어떤 식물이 자라는지 조사했다. 그 결과 조류 탐조 대회에서와 마찬가지로, 유럽 전역 도심 속 나무의 주변 흙에서 자라는 식물은 자연환경에 자라는 나무 주변의 흙을 임의로 한정해서 확인한 것보다 동일한 종류가 훨씬 많은 것으로 나타났다. 심지어 미국 볼티모어시에서는 길가에 자라는 나무의 뿌리에서 자라난 허브가 유럽 도시의 나무뿌리에 자라는 허브와 80퍼센트가 동일한 것으로 밝혀졌다.

이를 종합하면, 도시 주변의 생태계가 점점 더 비슷해지고 있음을 알 수 있다. 동식물군을 비롯해 균류, 단세포생물, 바이러스 모두 규모가 광범위하고 다양한 목적을 충족할 수 있는 단일한 생물다양성을 갖춘 도시 생태계를 향해 천천히, 조금씩 나아가고 있다. 도시 곳곳에 서식하는 생물이 완전히 똑같지 않더라도 비슷한 기능을 하는 유사한 종이 발견된다. 예를 들어 나는 센다이시에서 산책을 하다가 히로세강을 가로지른 다리 위에서 기생왕거미Larinioides cornutus가 조명 장치 근처에 거미줄을 짓고 있는 모습을 목격했다. 내가 본 거미는 앞부분에 소개한, 아스트리트 하일링이 빈 다뉴브강의 여러 다리에서 목격한 골목왕거미와는 다른 종류다.

그러므로 세계 어디든 도시에 서식하는 생물마다 상당히 비슷한 종류의 다른 생물들과 공존한다고 볼 수 있다. 앞서 우리는 이 같은 공존을 도시에서 벌어지는 '제2종과의 조우'라고 표현했다. 도시의 생태학이라는 시계 장치 속 톱니바퀴가 살아 움직이면서 함께 진화하고, 도시마다 존재하는 이 톱니바퀴들이 하나로 수렴하여 지구 전체의 도시환경에서 생물이 맞닥뜨리는 비슷한 문제에 진화적으로 유사한 방식의 돌파구를 찾아내는 것이다.

이와 함께, 도시에서 벌어지는 '제1종과의 교류'라고 칭한 균질화 현상도 일어나고 있다. 즉 생물이 도시환경의 물리적, 화학적인 특성에 적응하는 것이다. 도시환경을 구성하는 각 요소들은 광범위하며 눈에 보이지 않는 연결 고리로 서로 엮여 있다. 워싱턴 대학교의 도시과학자 마리나 앨버티Marina Alberti는 최근 몇 년 동안 이 같은 특성을 직접 확인하고 '원거리 인과관계 현상(텔레커플링)'이라고 명명했다. 나는 스카이프를 통해 처음 전화 인터뷰를 실시하면서 앨버티의 전공에 관한 이야기를 들었다. "네, 저는 도시 설계를 하는 사람이지만 여러 가지를 공부했어요. 생물학도 전공했고요." 앨버티는 인간 전체가 자연의 일부라는 생각에서 연구를 시작했다고 설명했다. "생태학과 도시 설계 두 분야 모두 인간을 생태계와 분리된 존재로 봅니다. 저는 연구를 통해 이러한 생각을 바꾸려고 해요." 이어 다음과 같이 설명했다. "각 도시는 물리적인 경계를 넘어 훨씬 더 넓은 부분까지 서로 연결되어 있어요." 이 말은 여러 도시에 서식하는 생물이 서로 섞일 뿐만 아니라 각 도시를 유지하기 위해 인간이 만들어내는 것, 그래서 도시 생물이 반드시 적응해야만 하는 것들도 서로 섞인다는 뜻이다.

예를 들어 야간 인공조명을 생각해보라. 조명 장치는 처음 발명된 곳에서 다른 곳으로, 각 도시로, 전 세계로 점점 확산됐다. 처음에는 가스등이 전부였지만 백열등이 등장하고 이어 고압 나트륨등, 수은등, 그리고 현재 사용되는 LED등까지 차례로 등장했다. 이러한 종류마다 빛의 스펙트럼이 제각기 다르다는 점을 감안하여 영국의 케빈 개스턴과 네덜란드의 카미엘 스풀스트라Kamiel Spoelstra를 포함한 생태학자들이 연구를 실시한 결과, 야행성 동물은 빛의 스펙트럼이 달라지면 다른 반응을 보인다는 사실이 밝혀졌다. 이는 동물들이 야간 인공조명에 맞게 실제로 진화를 한다는 의미이므로,

새로운 조명 장치가 등장할 때마다 도시 진화도 변화를 맞이한다는 것을 알 수 있다.

그리고 기술적 혁신이 한 도시에서 다른 도시로 빠르게 확산되는 만큼 새로운 진화적 변화도 함께 확산된다. 바뀐 환경에 잘 적응한 동물일수록 다른 도시로 더 쉽게 확산되기 때문이기도 하고(오염된 환경에 적응한 회색가지나방처럼) 각 도시에서 개별적으로 발생했지만 문제가 동일하다면 똑같은 해결책이 활용되기 때문이다(도시에 사는 검은지빠귀와 PCB에 내성이 생긴 대서양 송사리처럼).

앨버티는 기술 변화에 따른 이러한 원거리 인과관계 현상이 교통수단이나 도로와 철도 건설, 건축물, 녹지 공간 등에 적용되는 모든 혁신에 똑같이 나타날 것이라고 추정했다. 무엇보다 전 세계 도시 간에 정보 교환이 이루어지고 도시가 국가보다 더욱 적극적으로 공동적인 조치를 취하고 있는 상황도 이 같은 추정을 뒷받침한다. 국제 전략가 파라그 카나Parag Khanna는 저서 『커넥토그래피: 글로벌 연결 혁명은 어떻게 새로운 미래를 만들고 있는가?』에서 기후변화에 대응할 수 있는 해결책을 함께 찾고 실행하기 위해 구축된 전 세계 대도시 협의체인 C40을 예로 들어 다음과 같이 설명한다. "도시의 정체성은 개별적인 통치권보다 연결성을 통해 드러난다." 이어 "세계 사회는 국제 관계보다 도시 간 관계 속에서 훨씬 더 쉽게 생성될 것임을 알 수 있다"고도 밝혔다.

정리하면 미래의 도시환경은 전체적으로 균질화되고 분산된 생태계에 동적으로 변화하지만 동일한 종류의 생물들이 살아가는 곳이 될 가능성이 있다. 그리고 도시 생물들은 인간이 도시에 적용한 새로운 기술에 적응하기 위해 끊임없이 진화하고, 생물 종과 유전자, 혁신의 교환이 이루어질 것이다. 그러나 도시 생태계가 자연 생태계와 완전히 분리되는 일은 절대 일어날 수가 없다. 자연은 계속해서 그와 같은 적응이 일어나기 전의 생물이 유지되는 곳이자 도시 생태계가 적절히 활용할 수 있는 유전자가 보존되는 곳으로 기능할 것이다. 다만 도시환경의 범위가 확장되면서 도시에서만 볼 수 있는 생태학적 특징도 늘어가고 진화 규칙도 별도로 구축될 것이며, 진화는 독자적인 속도로 진행될 것으로 전망된다.

앨버티는 이러한 도시 진화의 규칙과 속도가 기존의 자연환경과 점점 더 다른 형태로 분화되기 시작했다고 짚었다. 인간의 간섭이 닿는 곳과 멀리 떨어져 훼손되지 않은 숲과 사막, 습지, 모래언덕에서는 진화에 따른 변화가 먼 옛날과 같이 자연의 힘으로 이루어진다. 야생 생태계의 규모가 증가하고 구성이 복잡해질수록, 그리고 생물이 서식할 만한 장소가 생물로 채워질수록 환경이 개발될 가능성은 점점 줄어들고 진화 속도는 더뎌질 수 있다. 그러나 도시에서는 정반대되는 상황이 벌어진다고 앨버티는 지적했다. 진화의 속도가 인간의 사회적 상호 관계에서 비롯된 생태학적인 기회에 좌우되기 때문이다. 따라서 도시 구조가 복잡해질수록 인간의 사회적 상호 관계도 더욱 집중적으로 형성되고, 그 결과 도시환경도 더 빠른 속도로 변화한다. 또한 텔레커플링을 통해 이와 같은 변화가 하나의 네트워크를 형성한 전 세계 도시로 퍼져 나간다. 환경 변화가 이처럼 엄청난 압력으로 다가오면 생물도 빠른 속도로 진화해야 하며, 그러지 못할 경우 멸종된다.

실제로 이렇게 정신없이 빠른 속도로 발전하는 도시환경을 미처 따라가지 못하고 사라지는 생물도 있다. 반면 인간이 새로운 장애물을 만들거나 새로운 형태의 생활 방식을 제공하면 계속해서 적응하고 여러 개의 다른 종으로 나누어지는 생물도 있다. 앨버티가 이끄는 연구진은 2017년 《미국 국립과학원 회보》에 전 세계 생물에서 나타난 1,600건 이상의 '형태적' 변화(생물의 외형과 발달, 행동에 발생한 유전적, 또는 비유전적인 변화)에 관한 분석 결과를 발표했다. 환경에 존재하는 형태 변화 '촉발 인자'를 기준으로 분석한 결과(일부는 도시, 일부는 자연환경의 특성과 관련된 요소) '도시화의 징후가 뚜렷하게 나타났다.' 즉 생물의 형태적 변화는 도시와 멀리 떨어진 곳에 사는 생물보다 도시에 사는 생물에서 더 빠르게 진행되고, 형태 변화를 유도하는 가장 강력한 요소는 제2종과의 조우(인간 또는 인간이 도시에 들여온 다른 생물과의 상호작용)인 것으로 확인됐다.

이와 같은 결과는 앞 장에서도 제기한 의문을 다시 상기시킨다. 인간은 어떨까? 인간도 함께 진화할까? 우리의 몸과 마음도 집까마귀나 호장근, 대서양 송사리만큼 도시환경을 낯설게 느낀다. 지금까지 인간의 진화가 진행된 수십만 년의 세월 동안 인간은 도시와 아주 조금이라도 비슷한 환경에서도 살아본 적이 없다. 인간의 진화 과정에 새로운 변화를 일으킬 원천이 될 수 있는 요소가 있다면, 다름 아닌 바로 오늘날 등장한 것들이 그 기능을 할 수 있다. 생각해보라. 지구상에는 80억 명에 가까운 인구가 살고 있고, 우리 몸에서는 매일 100만 개의 다섯 제곱에 달하는 성세포가 새로 만들어진다. 멸종 위기에서 벗어나지 못한 생물로 이제는 잊힌 지구 곳곳 여러 장소에서 하루하루 겨우 목숨을 이어가던 때와 비교하면 인간의 유전체에 새롭고 중대한 돌연변이가 발생할 확률은 지금이 훨씬 더 높다고 할 수 있다. 그렇다면 인간도 도시에 함께 살고 있는 모든 동물과 식물처럼 새로운 도시환경에 적응하기 위해 계속 진화하고 있을까? 이 흥미로운 질문에 답을 찾기 위해서는 도구가 필요하다.

과학자들이 회색가지나방의 유전체를 분석하여 코텍스라는 유전자에 일어난 돌연변이가 19세기 산업혁명이 일어난 도시 전체로 확산됐다는 사실을 밝혀낸 것과 같이, 인구가 계속 증가하는 상황에서 사람의 유전체를 분석하면 최근 수년간 진화가 어떻게 진행되어왔는지 확인할 수 있다. DNA 분석 기술이 현재와 같이 급속히 발전한다면 불과 수년 내에 누구나 자신의 유전체에 담긴 모든 정보를 개인 정보로 보관해두는 날이 올 것으로 보인다. 과학자들은 이 정보를 활용하여 특정한 과학적 정보를 알아낼 수 있다. 현재는 과학자들이 이렇게 분석한 유전체 정보가 100만 건 정도에 불과하지만, 이 크지 않은 표본에서도 인간이 계속 진화하고 있다는 징후가 확인됐다.

예를 들어 영국에서는 UK10K 프로젝트와 바이오뱅크Biobank 프로젝트를 통해 영국인 1만 명의 유전체 염기서열 분석을 실시한 결과 최근 수 세기 동안 키와 눈 색깔, 피부색, 젖당 내성, 니코틴에 대한 욕구, 유아의 머리 크기, 여성의 엉덩이둘레와 성적 성숙이 완료되는 연령에 진화적인 변화가 일어난 것으로 밝혀졌다. 이와 같은 변화 중에 사는 곳이 도시라서 발생한 변화는 아마 하나도 없을 것이다. 그러나 도시에서 특이하게 나타난 인체 진화의 증거가 밝혀진 사례도 있다. 도시화가 일찍 시작된 일부 국가에서는 결핵을 물리치는 데 도움이 되는 면역 체계 관련 유전자를 보유한 인구가 더 많은 것도 그와 같은 사례에 해당된다. 결핵과 같은 질병을 유발하거나 확산시키는 미생물은 인구밀도가 높은 곳에서 더 큰 영향력을 발휘하며 이는 오늘날과 같이 현대화된 도시에서도 마찬가지다. 따라서 인체 면역계에도 이에 적응하기 위한 진화가 일어난 것으로 보인다.

또 한 가지 흥미로운 사실은 사람의 성적 특징도 변한다는 것이다. 수백만 년 동안 인간이 전 생애를 통틀어 성적 파트너로 만날 수 있었던 사람의 숫자는 손으로 꼽을 만한 수준이었다. 그러나 오늘날 도시민들의 주변에는 성적 파트너가 될 가능성이 있는 사람이 훨씬 많다. 이는 곧 파트너를 구하기 위한 경쟁이 더 치열해져 성선택도 더욱 강도 높게 이루어진다는 의미다. (도시에 사는) 박새가 완벽한 짝짓기 상대로 인식하는 기준이 바뀐 것처럼, 인간의 성적인 신호와 취향이 미래에 어떻게 변화할지는 아무도 알 수 없다.

지금까지 살펴본 바와 같이 그리 멀지 않은 미래에 도시에 사는 인간이 같은 환경에 서식하는 동식물의 진화 방향에 영향력을 발휘할 가능성이 그 반대의 경우보다 더 높다고 할 수 있다. 앨버티는 다음과 같이 설명했다. "저는 인간이 지구의 유전학적인 구성을 바꾸고 있다고 생각합니다. 인간에게는 다른 생물과 함께 진화해야 할 책임이 있고, 그럴 수 있는 기회도 있습니다. 과연 인간이 이러한 변화에 대처할 수 있을지는 저도 알 수가 없군요." 앨버티가 이야기한 변화에는 도시환경을 설계하고 관리하는 방식도 포함된다. 도시 진화를 일으키는 인간의 영향력을 조절한다면 앞으로 더 살기 좋은 도시로 만들 수 있을까?

20
다윈의 조언이 담긴 도시 설계 가이드라인

나의 딸이 나보다 훨씬 더 잘하는 일이 있다. 도쿄 중심부에 '통합 개발된 복합건물'로 웅장하게 들어선 롯폰기 힐스에서 나는 안내 데스크에 무작정 찾아가 이곳의 유명한 옥상정원을 볼 수 있냐고 물었다. 그러나 고급스럽게 만들어진 '롯폰기 힐스 주변 안내도'와 함께 연신 죄송하다는 말만 돌아왔다. 안타깝지만 그곳은 '행사'가 있을 때나 특별한 일이 있을 때만 들어갈 수 있다는 것이다. 나는 잔뜩 실망해서 밖에서 나를 기다리고 있던 여자 친구와 딸아이를 만났다. "책 쓰는 작가라고 말씀하셨어요?" 내 딸 페나는 이렇게 묻더니 내 등을 떠밀며 함께 안으로 들어갔다. 페나의 미소와 끈질긴 설득에 이어 나도 명함이며 강의 중인 대학교 교직원증까지 보여주면서 간청하자 결국 안내 데스크 직원은 건물의 녹지 공간 관리를 맡은 곳으로 전화를 걸어 물어보겠다고 했다. 하지만 이번에도 정중하게 그럴 수는 없다는 답이 돌아왔다. 책을 쓰는 사람이건 아니건 간에 별도로 요청서를 제출해야 한다는 것이다.

이쯤 되자 페나의 태도도 공격적으로 변했다. "그럼 최대한 가까이 가보기로 해요." 딸아이는 이렇게 제안하더니 근처에 있는 하얏트 호텔 로비로 나를 이끌었다. 접수처를 지나 엘리베이터 쪽으로 슬쩍 이동한 우리 일행은 몇 개 층을 오르내린 끝에 롯폰기 힐스의 옥상정원이 내려다보일 만한 위치를 찾았다. 카펫이 깔린 호텔 복도를 지나 커다란 창문이 있는 곳을 발견하고 가까이 다가가자 탁 트인 풍경이 펼쳐졌다. 처음에는 뿌옇게 흐린 하늘과 지그재그로 이어진 도쿄의 스카이라인만 보이더니, 곧 '도시 속의 타운'이라 불리는 롯폰기 힐스가 눈에 들어왔다. 사무실, 상점, 아파트, 정원, 박물관 들이 오밀조밀 모여 있고 그 사이사이는 조각품들이 세워진 길이 이어져 있었다. 창문에 코가 닿을 만큼 얼굴을 바짝 대자 에어컨으로 서늘한 호텔 내부에서도 도심의 열기가 그대로 느껴졌다. 그리고 바로 앞에, 작열하는 태양 아래 우리가 찾아 헤매던 도심 속 옥상과 그 안에 보존된 자연이 마침내 모습을 드러냈다.

일본의 시골 풍경을 한 덩어리 뚝 떼어다가(논과 숲, 풀밭, 연못이 모자이크처럼 모여 있는 전통적인 풍경은 '사토야마'로도 불린다) 게야키자카 빌딩 맨 위층을 파내고 툭 내려놓은 듯한 옥상정원은 흡사 건물에 씌워진 초록색 왕관 같았다. 논과 몇 군데로 흩어진 풀밭 가장자리는 우거진 벚나무와 쥐똥나무로 만든 생 울타리가 둘러싸고 있었다. 그 사이에 구불구불한 길도 보였다. 연못에는 연꽃이 피어 있고 채소밭에는 여주와 가지, 토마토가 자라고 있었다. 밀짚모자를 쓰고 벼를 돌보는 여성과 회칼처럼 생긴 부리를 가진 큰부리까마귀 두 마리가 체리나무에서 설익은 체리를 먹고 있는 모습도 볼 수 있었다. 까마귀들은 곧 날개를 펼치더니 거대한 모리타워 쪽으로 날아갔다. 우리는 새들이 롯폰기 힐스를 설계한 모리 빌딩 컴퍼니의 본사가 있는 모리타워 꼭대기에 앉아 두 개의 작은 점으로만 겨우 보일 때까지 지켜보았다.

모리 빌딩 컴퍼니는 1970년대부터 건축물에 녹지 공간을 결합하는 시도를 이끌어왔다. 현재 롯폰기 힐스에 마련된 옥상정원은 규모가 1,300제곱미터로 그리 크지 않은 수준이나 당시 출품된 포트폴리오 중에는 훨씬 더 넓은 면적을 식물로 채울 수 있다고 제안한 경우도 있었다. 이와 같은 건물이 롯폰기 힐스 하나만 있는 것도 아니다. 후쿠오카에는 아르헨티나 출신의 건축가 에밀리오 암바즈 Emilio Ambasz가 '꿩 먹고 알 먹고'가 가능하다는 사실을 입증해 보인 건축물이 있다. 도심에 위치한 10만 제곱미터 규모의 공원이 마치 공중으로 들어올려서 아크로스 후쿠오카 건물 한쪽에 붙어 있는 것처럼 보이는 미래지향적인 건축물이다. 남쪽으로 기울어진 비탈면에는 자연을 그대로 옮겨 온 듯한 식물들로 채워진 총 열네 곳의 테라스가 지상 공원과 연결된다.

아시아 다른 지역에서도 이처럼 획기적인 자연 친화적 건축물을 볼 수 있다. 싱가포르가 자랑할 만한 대표적인 건물은 최대 규모의 수직 정원(CDL 트리하우스 콘도미니엄 건물 서쪽 벽 2,300제곱미터 면적)과 30층 높이가 덩굴식물로 덮여 강렬한 인상을 주는 오아시아 호텔 다운타운이다.

아시아뿐만이 아니다. 밀라노에는 친환경 건축가 스테파노 보에리Stefano Boeri가 지은 수직 숲Bosco Verticale이 있다. 총 두 개의 타워로 구성된 이 거주용 건물에는 나무 730그루, 관목 5,000그루, 허브 11,000그루가 자라고 있다. 이처럼 자연을 건축물에 포함시키는 아이디어는 전 세계 도시 설계와 건축 분야에서 큰 화두다. 도시와 자연을 하나로 통합할 수 있는 기발하면서도 생태학적인 측면을 고려한 아이디어들이 계속 쏟아지는 추세다. 거대한 건축물부터 현미경으로 볼 수 있는 수준까지 규모도 광범위하고, 시도하는 주체도 건축계 거물급 업체부터 이제 막 사업을 시작한 스타트업까지 다양하다. 예를 들어 맨해튼에서는 로우라인 랩Lowline Lab이라는 업체가 크라우드펀딩으로 모든 자금을 활용하여 빛이 부족한 지하 공간에 녹지를 조성할 수 있는지 실험하고 있다. 이 실험은 딜랜시 스트리트의 지하에 위치한 180미터 길이의 공간에서 진행된다. 윌리엄스버그 전차 터미널이 그대로 방치되어 나방이며 양치식물이 가득한 눅눅하고 휑댕그렁한 공간이 되어버린 이곳을 지하 공원으로 바꿀 수 있는 방법을 찾기 위해 시작된 실험이다. 베를린에서도 한 지역 공동체가 나치 시대에 지어진 거대한 콘크리트 벙커 건물을 '힐데가든'이라는 이름의 일종의 '친환경 산'으로 바꾸는 작업을 시작했다.

건축설계에 불고 있는 이 같은 새로운 바람은 건축이나 설계 분야에 생기를 불어넣는 것 이상의 효과가 있다. 어떻게든 공간을 차지하려고 치열한 경쟁이 벌어지는 지상과 달리 옥상은 보통 휑하니 비어 있는 곳이다. 도시가 성장할수록 자연과 농업이 유지될 수 있는 저지대의 평지가 빠른 속도로 줄어든다면, 도시 안으로 자연과 농업을 끌어들여 마침 아무도 사용하지 않는 옥상으로 옮기면 어떨까? 게다가 식물이 표면을 차지하면 토양과 나뭇잎의 습도 덕분에 건물 전체 온도가 내려가는 부수적인 효과도 얻을 수 있다. 그러면 에어컨 가동에 드는 비용이 줄고 도심 열섬 현상도 함께 완화할 수 있다. 게다가 식물은 소음과 스모그를 흡수한다. 일본처럼 지진 발생률이 높은 국가에서는 무게가 상당히 나가는 옥상정원이 건물의 균형을 잡아주는 역할을 할 수 있으므로 일종의 내진 장치가 될 수 있다. 2001년에 도쿄에서 앞으로 새로 짓는 건물은 옥상 전체 면적의 20~25퍼센트를 녹지 공간으로 만들어야 한다는 조례가 통과된 이유를 충분히 이해할 수 있는 부분이다. 전 세계 수많은 도시에서 이와 유사한 규정과 인센티브가 적용되고 있다.

이 책에서는 친환경 설계와 건축물에 쏟아지는 뜨거운 관심과 노력을 상세히 다루지 않을 생각이다. 그에 관한 내용은 『도시 자연 만들기Making Urban Nature』(2017), 『생물다양성을 위한 설계Designing for Biodiversity』(2013), 『옥상정원과 살아 숨 쉬는 벽 만들기Planting Green Roofs Living Walls』(2004) 등 잘 정리된 자료들이 많으니 참고하기 바란다.

생태적 도시환경 관리를 주제로 최근 밝혀진 사실과 아이디어를 건축가, 설계자 들이 함께 토론하는 여러 가지 국제 컨퍼런스에 참석해보는 것도 좋은 방법이다. 그러나 위와 같은 책이나 행사 어디에서도 옥상을 녹지화하거나 건물과 자연을 결합하고 도시를 친환경적 시각에서 관리하려는 이 모든 노력이 도시 생태계의 지속적인 진화에 과연 영향을 주는지에 대해서는 접할 수 없다. 도시 생태학자나 생태학적 건축을 지향하는 전문가들, 친환경 건축설계를 시도하는 전문가들은 대체로 도시환경에 방출되는 동식물이 정적으로 머무를 것이라 추정한다. 즉 도시에 거주하는 생물 네트워크에서 이 동식물들이 맡은 역할은 변함없이 유지된다고 생각하지만, 이 책에서 지금까지 살펴보았듯 이는 잘못된 추정이다. 도시 진화는 항상 일어난다. 그렇다면 이 관점에서 다음과 같은 의문이 생긴다. 도시 진화와 도시 건축이 만나는 지점은 어디일까?

먼저 앞 장에서 설명한 텔레커플링을 생각할 수 있다. 도시 공학자, 설계자, 건축가 들이 떠올린 아이디어는 전 세계에 공유된다. 아르헨티나 건축가 에밀리오 암바즈는 일본에 건축물을 세웠고 이탈리아의 스테파노 보에리는 중국에도 그와 같은 건물을 지었다. 말레이시아 건축가 켄 양Ken Yeang은 런던과 홍콩, 인도 남부 방갈로르에서 같은 일을 하고 있다. 사람과 아이디어의 이동은 각자의 통찰과 혁신이 세계 곳곳으로 빠르게 확산되는 발판이 되고, 이를 통해 텔레커플링이 형성된 전 세계 도시환경에도 영향을 준다.

그것으로 끝나지 않는다. 진화적인 추론을 조금만 동원하면, 도시 설계 시 도시 생태계의 진화적인 성숙을 더 강화할 수 있는 방향으로 가이드라인을 마련할 수 있다. 그래서 내가 떠올린, '다윈의 조언이 담긴 건축 가이드라인'을 여러분께 소개하고자 한다. 진화적 요소를 고려할 때 도심 녹지 설계 시 지켜야 할 네 가지 규칙은 다음과 같다.

1. 내버려 둬라

인간은 고질적으로 정원사처럼 굴려고 한다. 식물을 기르고, 씨를 뿌리고, 관리하려고 한다. 도시 녹지 공간을 설계할 때도 예외가 아니다. 이번 장 서두에서 소개한 친환경 건축물들은 수직 형태든 수평 형태든, 기울어진 모양이든 지하에 위치하든 전부 세심하고 꼼꼼한 계획이 반영되어 있다. 건물의 외관과 기능은 물론 그 안에 키울 식물까지도 계획에 모두 포함된다. 아크로스 후쿠오카 건물의 옥상정원에는 76종의 허브와 관목, 나무가 심어졌고 뉴욕 로우라인랩의 경우 100종 이상, 밀라노에 세워진 '수직 숲'에는 50종의 세심하게 선정된 각기 다른 식물이 자란다. 이와 같은 건축물을 설계할 때마다 원예, 수목 전문가로 구성된 팀이 꾸려져 어떤 식물을 어떻게 조합해야 특정 환경에 가장 적합한지 결정한다. 열이나 그늘, 가뭄에 얼마나 잘 견딜 수 있는가와 같은 식물의 특성과 함께 잎, 줄기, 가지, 꽃의 형태와 색깔 등 미학적인 요소도 반영된다.

이처럼 최정예 부대를 꾸리듯 일일이 식물을 골라서 심는 것도 충분히 이해가 가는 일이지만, 이는 도심 한가운데 뚝 떨어진 것처럼 생성된 새로운 녹지 공간에서 여러 종이 마구 뒤엉켜 자라는 도시 식물을 전혀 고려하지 않은 방식이다. 배수로, 도로변, 특별히 설계하지 않은 일반적인 옥상 등 도시 어디에나 수많은 식물이 토양과 공기 중의 미생물과 곤충, 그리고 식물을 먹기도 하지만 수분을 도와주는 다른 무척추동물들은 물론 도시 특유의 환경(열섬, 띄엄띄엄 형성된 토양, 중금속 오염 등)과 더불어 서로를 진화시키며 살아간다. 이런 상황에서 사전에 계획된 식물 종이 추려져서 이물질처럼 섞여 들어온다면 진화 과정에 도움이 되지 않는다. 그보다는 녹지 공간이 도시 어디에서나 풍성하게 잘 자라는 식물들로 자연스럽게 채워지도록 내버려 두는 편이 훨씬 낫다. 즉 아무것도 심지 말고, 흙도 인위로 채우지 말고 그저 공간을 그대로 비운 채 도시 생태계가 자체적인 흐름에 따라 알아서 채워나가도록 해야 한다는 뜻이다.

아주 작은 규모로 '내버려 둬라'의 철학을 채택한 사업이 이미 진행되고 있다. 헤빌트흐루이Gewildgroei라는 이름의 한 네덜란드 업체는(이 업체명은 번역하기가 곤란한 일종의 말장난 같은 단어로 되어 있다. 굳이 옮기면 '바람직한 성장'과 비슷한 뜻이다) 흙이 들어찰 수도 있고 식물이 자연스럽게 싹을 틔울 수 있도록 틈과 구멍이 있는 보도 타일을 제작해서 판매한다. 그러나 빌딩과 같은 대규모 사업에 이 같은 자유방임식 접근법을 적용할 경우 공간이 마침내 자율적으로 채워지기까지 수년간 그대로 두어야 하므로 화려한 '친환경' 사업이 아주 끔찍할 정도로 휑뎅그렁해 보이는 상황을 감수해야 할 것이다.

2. 반드시 토종을 고집할 필요는 없다

'친환경' 건축물을 헐벗은 채로 도저히 그냥 둘 수 없다면 나무나 관목, 허브를 가져다 심어라. 이때 그 지역에 형성된 식물을 활용하면 어떨까? 환경 친화적으로 지어진 건축물 주위라면 어디서건 그곳의 특정한 도시환경에 이미 적응하여 진화하고 있는 수많은 도시식물을 얼마든지 찾을 수 있다. 이보다 더 이상적인 재료가 있을까. 비어 있는 토지나 옥상, 철로 근처의 제방을 조사해서 잘 자라고 있는 식물을 찾아 선택하면 된다.

하지만 생태 건축 전문가들은 이렇게 반박할 것이다. "잠깐만요. 그런 식물들 중에는 외래종이 많습니다. 친환경 도시 사업은 오로지 토종 식물만 활용해야 하는 법인데 취지와 전혀 맞지 않아요." 음, 나는 그런 신념 자체가 잘못됐다고 생각한다. 물론 도시에 토종 식물을 심는 것은 참 괜찮은 계획처럼 들리지만, 실제로 현재 도시 환경에 가장 성공적으로 적응하고 진화 중인 식물 중 다수가 토종이 아니라는 점도 받아들여야 한다. 이 책에서도 그러한 사례를 꽤 많이 제시했다. 생태학적 부정기 화물선에 비유할 수 있는 이러한 전 세계 도시 식물들은 앞으로도 세계화된 도시 생태계에서 큰 비중을 차지할 것이다. 그러므로 도시 설계자들도 도시 진화의 불편한 진실을 감안하는 편이 좋을 것이다.

3. 청정 자연을 일부 남겨 두자

원래는 도시에 서식하지 않는 야생 생물이 도시 경계 지역에서 자랄 수 있도록 작은 구획을 마련하고 보존해야 한다는 주장은 바로 앞에서 '반드시 토종을 고집할 필요는 없다'고 한 말과 다소 모순되는 것처럼 들릴 것이다. 도시 진화의 엔진을 계속해서 가동하기 위해서는 생태학적인 혁신이 일어날 수 있도록 대량의 생물 종과 유전자를 확보하는 것이 중요하다. 진화 중인 도시 생태계는 극복해야 할 문제를 수시로 맞닥뜨릴 것이고, 도시환경이 새롭게 바뀔 때 도시에서 먹이사슬을 구성하는 생물이 전부 적절히 적응하지는 못한다. 바로 이러한 경우를 대비해서, 일종의 안전벨트로 원형 그대로의 지역 동식물이 살아가는 자연 서식지를 보존해야 한다. 일본 삿포로의 핫사무 자연보호 구역과 브라질 포르탈레자의 'Campus do Pici forest', 싱가포르 부킷 티마와 같은 곳들은 대도시라는 큰 직물 속에 섞인 자연 그대로의 오래된 숲의 흔적이라 할 수 있다.

4. 분리하려면 제대로

오늘날 친환경 도시 설계에 빠지지 않는 규칙 중 하나는 '통로'를 만드는 것이다. 공원과 공원 사이에 일직선으로 식물을 심는다던가 (녹색 길) 도시 곳곳에 그 밖의 다른 형태로 식물을 심어서 도심 녹지 공간을 하나의 네트워크로 연결하는 방식은 엄청난 인기를 얻고 있다. 이 역시 상당히 괜찮은 아이디어처럼 느껴진다. 수십 년 전부터 도시 외곽에 만들어진 자연보호 구역에서 기본적으로 활용해 온 방식을 도시에 그대로 적용한 것이기도 하다. 이렇게 하면 어느 한쪽 구역에서 특정 생물이 사라지더라도 다른 곳에 다시 서식지가 형성될 수 있다. 따라서 같은 네트워크 내에서는 먹이사슬이 변함없이 유지된다.

그러나 통로가 생기는 것이 도시 생태계의 진화에도 도움이 될 것인가의 문제는 별개로 봐야 한다. 뉴욕의 흰발붉은쥐가 제각기 다른 공원에 고립되어 그 상태로 생존하기 위해 공원 각각의 특정한 환경에 적응했다는 사실을 상기해보기 바란다. 환경에 제대로 적응하지 못한 여러 공원의 쥐들이 계속 뒤섞이는 것보다는 각자가 사는 공원에 발이 묶인 것이 생존과 적응에 사실상 더 도움이 되었다고 할 수 있다. 도시에 최소 규모로 형성된 공원에서만 꼼짝없이 머물러 사는 다른 소형 동물과 식물도 마찬가지다. 흰발붉은쥐처럼 이러한 동식물 역시 같은 도시 내에서도 각자 서식하는 환경의 독특한 특성에 맞게 적응하는 방향으로 진화한다. 그런데 연결 통로가 만들어지고 각 구역에 사는 개체군이 서로 만날 수 있게 되면, 이 같은 섬세한 맞춤형 적응 기능은 무너진다. 그러므로 도시에 사는 대다수의 생물이 어떻게 진화하는지를 생각하면 무조건 곳곳을 이을 통로를 만들기 전에 더 깊이 고민하는 것이 현명하다.

여러분도 인지했으리라 생각하지만, 내가 제시한 가이드라인의 원칙은 현재 생태학적 도시 설계에 바탕이 되는 신조와 어긋난다. 그리고 시 당국이 도시 생물의 진화까지 구체적으로 고려하기까지는 어느 정도 시간이 걸릴 것이다. 그들은 수십 년간 도시에서 외래종 생물을 몰아내는 일에 매진해왔다. 지금껏 해온 노력이 진화 과정에서 외래종이 통합되어야만 하는 불가피한 단계를 지연시켰을 뿐이라는 사실을 받아들이기가 쉽지 않을 것이다. 소규모의 분리된 녹지 환경을 통로로 연결하는 것보다 그냥 둘 때 도시 진화가 더 성공적으로 이루어진다는 사실 역시 수용하기 힘들 것이다.

이런 점에서, 도시 생태계 관리 시 진화적 요소를 고려할 수 있도록 이끄는 역할을 정부 기관에만 맡겨버려서는 안 된다. 도시 진화를 염려하는 시민들이 함께 모인다면 더욱 강력한 변화를 이끌어 낼 수 있다. 실제로 수많은 나라에서 시민들이 모여 지역 환경에 관한 관심을 공유하고 있다. 도쿄도 그중 한 곳이다. 17세기 말에 인구 100만이던 도시에서 오늘날 3800만 명이 모여 사는 대도시로 성장한 도쿄(일본의 수도인 도쿄는 중국 광저우와 충칭 다음으로 규모가 세계에서 세 번째로 크다)의 외곽은 '사토야마'라 불리는 환경에 둘러싸여 있다. 도쿄 수도 대학교의 두 생태학자 테스로 호사카와 신야 누마타가 설명해준 내용을 토대로 하면, 사토야마란 일본의 시골 지역 사람들이 전통적으로 주변의 자연환경을 보존하는 방식과 드문드문 형성된 마을과 농지, 관개수로, 잡목 숲 전체를 포괄적으로 일컫는 표현이다.

사토야마를 이루던 풍경은 사라졌을지 몰라도 환경 보존이라는 공익을 지키려는 사람들의 열망은 여전하다. 이에 따라 최근 수십 년간 사토야마를 부활시키려는 움직임이 일어났다. 시민들이 함께 모여 도시 외곽에 사토야마를 회복하고 보존하기 위해 노력하기 시작한 것이다. 심지어 도심에 사토야마의 원칙을 적용하려는 사업도 몇 가지가 마련되어, 도시가 형성되기 전에 조상들이 했던 방식처럼 각자가 생활하는 지역의 공원과 운하, 연못, 도로변을 이웃들과 함께 관리한다. 더 나아가 도시 농업이 사토야마 복원 사업의 일부가 되어 특히 60대 이상 인구 상당수가 참여하고 있다. "노인들 중에는 굉장히 열정적으로 일하는 분들이 많습니다. 정원을 가꾸고 채소밭을 돌보는 일을 좋아하는 분들이죠. 은퇴 후에도 정정하고 박식한 분들이 아주 많아요. 일본에서 60대면 아직 젊고 에너지가 넘치죠." 누마타의 설명이다. 나도 기차를 타고 도쿄 수도 대학교로 가면서 이런 상황을 뒷받침하는 풍경을 충분히 볼 수 있었다. 회색 아파트로 가득한 거리 사이사이에 작은 과수원이나 채소밭, 심지어 초소형 논까지 마련되어 있었다. 도시 한가운데, 화려한 롯폰기 힐스에서 풍족하게 살아가는 사람들도 게야키자카 빌딩 옥상에서 벼를 키우고, 수확한다.

일본의 도시 사토야마 복원 운동이 유일한 사례는 아니다. 암스테르담, 아카풀코, 삼보앙가, 정저우 등 세계 곳곳에서 도시 공동체가 주변 지역의 자연 보존과 도시 농업에 힘쓰고 있다. 특히 농업의 중요성은 간과해서는 안 되는 부분이다. 이를 통해 인간이 도시 먹이사슬의 중요한 구성 요소가 되기 때문이다. 사람과 인체 소화계는 직접 기른 과일과 채소를 통해 지역 생태계의 에너지를 흡수한다. 이는 위장은 물론 전체적인 건강과 직결되므로 자연히 생태계를 더 신경 쓰고 염려하게 된다.

생태계 보존에 관심 있는 시민들(일부는 이 책 앞부분에 등장했던 도시 동식물 연구가로도 활동 중일 것이다)은 도시 진화의 개념을 확산시키는 탄탄한 토대가 될 수 있다. 실제로 내가 이 책을 쓰면서 인터뷰한 과학자들도 시민들이 도시의 식물과 동물이 도시환경에 맞춰 계속 진화 중이라는 이야기를 들으면 열광적인 반응을 보인다고 이야기한 경우가 많았다. 도시 진화 연구에 시민들도 참여한다면 얼마나 좋을지 생각해보라. 이는 내가 마지막으로 전하고 싶은 핵심으로 이어진다. 도시 진화 관찰단Urban EvoScope🍃을 만들자는 것이다!

도시 진화는 어디에서나 일어난다. 우리가 사는 도시의 모든 동

🍃 진화를 뜻하는 영어 단어 evolution에 망원경(telescope), 현미경(microscope)처럼 '무언가를 보는 기계'를 뜻하는 scope를 붙여서 만든 합성어다.

물과 식물은 각자 사는 도시에서 빠르게 변화하고 적응한다. 그러나 이 책에서 소개한 소수의 도시 진화생물학자를 제외하고는 누구도 그 과정을 지켜보지 않는다. 피닉스의 척왈라가 변화하는 모습이나 밴쿠버의 독수리가 진화하는 과정, 상하이에서 팥이 환경에 적응하는 과정을 지속적으로 모니터링할 수 있는 과학자가 턱없이 부족하다. 하지만 전 세계 도시 인구가 40억 명에 달하는 상황에서 그 일을 맡아줄 시민 과학자를 충분히 확보할 수 있을 것이다. 도시에 사는 시민 과학자들이 생물이 있고 없고를 기록하는 수준에서 벗어나 생물의 진화도 기록하면 어떨까?

구체적인 사례를 하나 제시하자면, 네덜란드에서 최근 개발된 스네일스냅SnailSnap 이라는 스마트폰 어플리케이션이 있다. 사람들은 이 어플리케이션을 통해 네덜란드 모든 도시에서 흔히 볼 수 있는 정원 달팽이Cepaea nemoralis 사진을 중앙 데이터베이스로 업로드할 수 있다. 정원 달팽이는 집 색깔이 매우 다양하므로, 우리 연구진은 이렇게 수집된 수천 장의 사진을 분석하여 도심에 사는 달팽이의 집 색깔이 점점 옅어지는 방향으로 진화 중인지 조사한다. 한여름에 열섬 현상이 위력을 발휘할 때 껍질의 색깔이 옅을수록 색깔이 더 어두운 달팽이보다 몸이 가열되는 속도가 약간 늦춰질 수 있다는(그래서 좀 더 오래 생존할 수 있다는) 가정에서 시작된 연구다.

음향 생태학에서도 또 다른 예를 찾을 수 있다. 도시 소음 속에서 소통을 이어가기 위해 새와 곤충, 개구리가 내는 소리가 바뀐다고 한 내용을 기억할 것이다. 이에 전 세계적으로 자발적으로 나선 사람들이 초소형 USB 마이크를 자신의 집 정원이나 외벽에 설치해두고 주변 지역의 '소리 풍경'을 자동으로 연속 녹음하는 몇 가지 사업이 진행되고 있다. 런던처럼 소리 감지 장치를 여러 개 설치하는 경우도 있고, 초음파에 해당되는 대역폭까지 녹음해서 박쥐가 내는 소리를 모니터링하기도 한다. 음향 생태학자들은 이렇게 모인 자료를 통해 동물이 서로 호출하는 소리나 노랫소리, 마찰음이 인간이 만든 소음에 따라 어떻게 변화하는지 확인할 수 있다.

변화 과정을 지속적으로 추적하기 위해 현재 진행 중인 프로젝트 중에는 다소 재미있는 종류도 있다. 예를 들어 코넬 대학교 조류학 연구소에서 운영하는 '펑키 네스트 콘테스트Funky Nest Contest'는 사람들로부터 도시환경에서 본 새 둥지 중에서 가장 웃기거나 예쁜 것, 혹은 골치 아프거나 독특한, 한마디로 '가장 파격적인' 둥지 사진을 받는다. 이와 같은 사업으로 둥지 짓는 행동의 변화(아마도 진화?) 여부를 파악할 수 있다. 도시에 사는 검은지빠귀가 인공적인 장소의 내부나 위에 둥지를 짓는 경우가 그저 우연이라고 보기 힘들 만큼 빈번히 일어날까? 스페인에서 솔개가 둥지를 흰색 플라스틱 조각으로 장식하기 시작한 이유는 무엇일까? 멕시코에서 양지니가 둥지를 지을 때 담배꽁초를 사용하는 것처럼 다른 새들도 그렇게 할까?

여기까지는 현재 제안된 아이디어 중 몇 가지에 불과하다. 기술이 더욱 발전하면 가능성이 얼마나 커질지 상상해보라. 머지않은 미래에 DNA 분석 장비가 소형화되고 값도 저렴해지면 시민 과학자들이 도시 동물과 식물의 유전자에 발생한 실제 변화까지 모니터링할 수 있을 것이다. 이미지 인식 소프트웨어가 개선되면 시민 과학자들이 참여하는 웹 사이트에 업로드된 사진을 토대로 곤충의 색깔이나 씨앗의 형태, 다리 길이 등 도시에 사는 동물과 식물이 진화하면서 나타나는 모든 변화를 추적할 수 있다. 이와 같은 모니터링 결과가 모두 하나로 모인 전 세계적인 규모의 영구적인 '도시 진화 관찰단'이 형성된다면, 모든 도시의 생태계에서 나타나는 다윈설의 흔적을 지속적으로 확인할 수 있을 것이다.

슈퍼 핵심종의 임무

자, 이제 내게는 쉽지 않은 이야기를 하려고 한다. 나는 지금 와 있는 곳에 지난 몇 년간 발길을 끊고 살았다. 하지만 오늘은, 내가 어린 시절을 보낸 1950년대에 지어진 집에 여전히 살고 계신 어머니를 뵙고 로테르담 경계의 평야와 습지 사이에 불쑥 생겨난 새로운 교외 지역을 산책해보기로 마음먹었다. 십 대 시절에 내가 평생 자연을 공부하면서 살고 싶다는 마음을 처음으로 품었던 장소다.

말 그대로 속이 뒤틀리는 느낌이 든다. 네덜란드의 마을 설계자들이 수백만 채 찍어내듯 만든 집들이 적당한 거리를 두고 줄줄이 서 있는 길을 걸어간다. 아이들 키우기 좋은 동네답게 예쁘게 손질된 정원과 차고, 과속방지턱이 설치된 구불구불한 도로, 듣기 좋은 이름이 붙여진 거리 이름까지, 풍경은 충분히 아름답다. 하지만 뻔질나게 드나들던 이곳이 지금 내게는 묘지처럼 느껴진다. 구글 어스가 없었다면 이미 오래전 내 머릿속에 저장된 이곳의 지도에서 내가 어디쯤 와 있는지 알아낼 수도 없었을 것이다.

드 아커스De Akkers 인근 동네에서(지금은 마당에 조립식 창고와 적당한 가격의 자가용이 세워져 있고 집집마다 앞마당에 이케아 파라솔이 있다) 나는 예전에 수백 마리의 꺅도요Gallinago gallinago에 둘러싸여 있곤 했다. 새들이 흡사 재채기 소리처럼 한 목소리로 우는 소리를 들으며 늪 주변을 돌아다니기도 하던 곳이다. 그때의 기억은 늘 마음속에 남아 있다. 현재 드 벨덴De Velden 아파트가 서 있는 곳은 키만큼 자란 풀밭에 누워 싸구려 망원렌즈로 흑꼬리도요Limosa limosa의 둥지를 사진으로 담던 장소다. 이제는 목도리앵무가 새 모이통에 한 줄로 매달린 땅콩을 쪼아 먹는 모습이 보인다. 드 가든De Gaarden 버스정류장이 있는 곳에서는 들쥐 굴을 찾아 그 속에서 땅 밑에 사는 딱정벌레Choleva agilis를 잡곤 했다. 그때 핀으로 고정해둔 딱정벌레 표본은 내가 근무하는 자연사박물관에 전시되어 있다.

습지며 목초지가 이어진 그 시절의 풍경은 더 이상 볼 수 없다. 계속 확장되어온 로테르담시의 일부분이 되어 지금까지 이 책에서 번지르르하게 열정적으로 설명한 도시환경으로 전환됐다. 그 변화의 과정을 이렇게 똑바로 바라보자니 슬픈 마음이 드는 것도 사실이다. 내가 일관성 없는 사람일까? 그건 아니다. 잃어버린 것들에 대해서는 후회하지만, 그렇다고 우리가 얻은 것들이 무가치하다고 할 수는 없다.

할아버지도 내가 유년 시절을 보낸 풍경을 보며 서글퍼하셨다. 할아버지가 20세기 초반에 처음 이곳에 살기 시작하셨을 때는 농약과 비료가 개발되기 전이라 내가 기억하는 1970년대보다 곤충과 야생화가 훨씬 다양했고 수적으로도 더 많았다. 마찬가지로 현재 이 교외 지역에서 자라는 아이들이 자라서 어린 시절을 추억할 때는 아직 남아 있는 배수로와 길게 줄지어 선 풀, 건물 사이에 세워진 산울타리가 떠오를 것이고 내 기억이 소중하듯 똑같이 소중한 기억이 될 것이다. 인간이 자연에 남기는 흔적이 많아질수록 우리를 둘러싼 자연은 축소되고, 변화하고, 열악해진다. 그러나 도시 생태계는 생물학적 관점에서는 빈곤하다고 할 수 있을지언정 진짜 생물들이 살아가고, 진짜 생태계와 진화가 계속해서 기능하며 진정한 먹이사슬이 보존되는 곳으로 여전히 남아 있다.

도시 생태계에서는 자연선택의 영향이 워낙 강력해서 도시에 사는 생물도 빠른 속도로 진화한다. 단, 이 책에서 소개한 도시 진화의 사례들은 모두 환경에 대한 전적응이 이루어졌고 변화가 가능하며 운이 그만큼 따라준 덕분에 진화하고 생존할 수 있었던, 편향된 예라는 점을 유념해야 한다. 도시에서 성공적으로 살아가는 생물이 한 종류라면 도시의 삶에 적응하지 못하고 사라져버린 생물은 수십 가지다. 도시는 진화를 촉발하는 발전소 역할을 하는 동시에 생물학적 다양성이 크게 사라지는 곳이기도 하다. 생물학적으로 얼마나 흥미 있는 현상이건, 전 세계 생물을 보존하려면 이와 같은 현상에만 의존할 수는 없다. 오염되지 않은 청정 자연환경을 보존하고, 감시하고, 탐구해야 하는 이유도 이 때문이다.

그와 같은 취지에서 나는 택손 익스페디션Taxon Expeditions에서 함께 일하는 이바 눈주Iva Njunjić와 함께 관광객들을 인솔하여 보르네오섬의 때 묻지 않은 열대우림을 탐험하는 생태 투어를 실시했다. 그곳에서 우리는 새로운 야생 생물을 발견하여 이름까지 지어주었다. 하지만 대부분의 사람들은 살면서 정글에 갈 일이 한 번도 없다. 집 근처 공원이나 뒷마당에 자라는 식물, 곤충 몇 가지를 보는 것이 평생 접하는 자연의 전부인 사람들도 많다. 바꾸어 생각하면, 그것이 바로 도시 생태계의 일부이며, 그와 같은 생태계도 따분하다거나 흥미가 없다고 무시할 수는 없는 것이다. 도시 생물의 질적 측면에서도 도시 내에서 벌어지는 흥미진진한 진화 과정에 촉각을 세워야 한다.

그래서 나는 여러분이 이 책을 읽고 즉 '인간이 유도한 급속한 진화적 변화'가 얼마나 경이로운지 알게 되기를 바란다. 여러분이 매일 시내를 걷다가 마주치는 도시 생물들이 좀 더 각별하게 느껴지고, 더 관심이 가고, 자주 마주치는 존재 이상의 가치가 있음을 깨달았으면 하는 것이 내 목표다. 모여 있는 비둘기 떼를 보다가 유독 깃털 색이 어두운 새를 발견하고 '저런 새들이 말이야, 저기 서 있는 가로등에서 아연이 떨어져내려도 잘 견딜 수 있을 거란 말이지' 하고 생각하게 될지도 모른다. 또 자판기에 반짝이는 불빛 주변을 뱅뱅 도는 곤충을 보면 유전학적으로 이런 빛에 끌리지 않는 성향을 가진 개체가 미래의 도시 곤충으로 남을 수 있을 것이라고 짐작하게 될 것이다. 검은지빠귀 한 마리가 눈앞에서 날아가면 저 새들이 갈라파고스의 핀치와 같은 방식으로 도시 생활에 적응한 새임을 떠올릴 것이다. 수년 내로 여러분이 사는 지역에서 시민 과학자들을 위한 사업이 마련되어 여러분이 지금 이 순간에도 계속되고 있는 진화를 관찰할 수 있는 기회가 생겼으면 좋겠다. 그보다 먼저 여러분이 직접 그런 사업을 시작한다면 더 좋을 것이다.

미래에는 어떤 변화가 찾아올까? 짧은 기간만 내다본다면 도시와 도시 인구 모두 더욱 성장하고 인간은 전 세계 먹이사슬에서 한층 더 중요한 역할을 하게 될 것이다. 21세기 어느 시점부터는 지구 생태계가 만들어내는 전체 에너지의 절반가량이 직간접적으로 우리를 거칠 것으로 전망된다. 생태학에서는 이처럼 중심 역할을 담당하는 생물을 핵심종이라고 한다. 인간은 전례 없이 엄청난 영향력을 발휘하고 있는 핵심종이다. 더 나아가 초 핵심종, 생태계를 조정하는 슈퍼 생물 종이라 할 수 있다.

이 책 첫 부분에 설명했던 개미와 개미동물의 사례를 떠올려보면, 생태계의 강력한 엔지니어는 다른 종을 끌어당기는 자석과도 같다는 사실을 이해할 수 있을 것이다. 먹이와 자원이 축적되어 다른 생물들이 다가와 공생하는 방향으로 진화한다. 그렇게 함께 살면서 쉴 곳을 얻고 보호도 받고, 숙주가 가진 것을 훔치거나 조금씩 빼돌리기도 하고, 감쪽같이 속여서 내놓게 만들기도 한다. 숙주에게 전혀 들키지 않고 몰래 같이 사는 생물도 많고 일부는 들켜도 용인되거나 심지어 환영을 받기도 한다. 반대로 들켜서 목숨을 잃는 경우도 있다. 어떠한 경우든 모두 숙주의 의사와 상관없이 더불어 살아갈 수 있는 방향으로 적응한다. 이와 같은 관점을 적용하면, 인간은 숙주의 역할을 한 기간이 개미보다 훨씬 짧고 '인간동물'이라 부를 수 있는 생물들은 이제 막 그러한 방향으로 진화를 시작한 단계다. 중요한 것은 진화가 정말로 이루어진다는 것, 그리고 생물은 앞으로도 계속 적응해나갈 것이라는 점이다.

나중에는 우리가 도움을 줄 수도 있다. 도시 진화를 관찰하고 모니터링하고 파악함으로써 진화 과정을 촉진하고 조정하도록 도시 환경을 설계할 수 있기 때문이다. 즉 인간은 인간이 가진 생태계 엔지니어로서의 기능을 엔지니어링할 수 있다. 우리는 집까마귀에게 그랬듯이 '인간동물'로 진화할 수 있는 가능성이 무궁무진한 생물들을 없애버리는 파괴적인 방법 대신 친환경 도시로 만들 수 있는 다윈의 법칙을 적용하고 더욱 건설적인 방식으로 그 기능을 발휘해야 한다.

나는 4장에서 언급한 '집까마귀 구하기' 위원회의 사빈 리트케르크에게 다시 한 번 연락을 했다. 거의 1년 만에 연락을 해보니, 뚝뚝 끊어지는 페이스북 메시지를 통해 훅반홀란트에서 진행하던 일들이 잘되지 않았다는 대답이 빠르게 도착했다. 이른 봄에 까마귀 사냥꾼들이 돌아와 마지막으로 남아 있던 새들마저 죽였다는 것이다. 내가 쇼핑센터가 있던 거리에서 한가로이 노는 모습을 지켜보았던 새도 희생됐다고 했다. "그 녀석이 가장 오래 남아 있었어요. 항상 바짝 경계하고, 다른 새들을 부르고, 위험한 일이 생기면 경고하는 녀석이었죠." 사빈이 설명했다. 그 말을 들으니 경고해줄 새들이 더 이상 남지 않자 패배를 인정해버린 건 아닐까 하는 생각이 들었다.

이제 열대 지역에 살던 집까마귀가 북유럽 도시에서 진화할 가능성은 몽땅 사라진 것일까. "그게… 아직 소문은 있어요." 사빈의 메시지였다. 무슨 소문이냐고 묻자, 다음과 같은 대답이 돌아왔다. "마을 어딘가에 까마귀 몇 마리가 어떤 사람 집에 숨어 있다는 소문이 있어요." 나는 사실이냐고 물었다. "그 마을에서 절대 알려주지 않는 기밀 사항이에요." 사빈의 대답이었다.

그리고 잠시 후, 페이스북 알림음이 핑, 하고 다시 한 번 울렸다. 열어보니 마지막 메시지가 보였다. ';-)'

추가 정보

도시로 입장합니다

런던 도심의 자연에 관한 설명은 2016년 6월 21~24일까지 방문해서 본 내용을 바탕으로 썼다. 런던 지하철 모기에 관한 내용은 Shute(1951), Byrne & Nichols(1999), Fonseca et al.(2004), Silver(2016)의 논문과 1995년 에든버러에서 개최된 유럽 진화생물학회에서 캐서린 번이 발표한 내용을 참고했다. 도시화의 역사를 밝힌 데이터는 Merritt & Newson(1978), Seto et al.(2012), Newitz(2013), Reumer(2014)의 논문에 나와 있다. 가장 인접한 숲과의 거리가 점점 멀어지고 있다는 최신 연구 결과는 Yang & Mountrakis(2017)의 논문에서 확인할 수 있다. 인간이 사용하는 일차 생산력은 Imhoff et al.(2004), Haberl et al.(2007)에 나와 있으며 담수 소비량은 Postel et al.(1996)의 논문을 참고했다. 의견서라고 언급한 자료는 Huisman & Schilthuizen(2010)를 가리킨다. 1970년대 말부터 1980년대 초까지 내가 자연을 탐구하면서 어린 시절 대부분의 시간을 보낸 곳은 네덜란드 스키담시 케텔이라는 마을의 북쪽과 북서쪽에 형성된 평야와 습지였다. 그곳 대부분은 1990년대와 21세기 초에 주거지로 전환됐다.

1. 생태계의 일류 엔지니어

포르너에서 수집한 딱정벌레 중 일부는 네덜란드 나투랄리스 생물다양성센터에 전시되어 있다. 개미동물의 연구에 관한 내용은 Hölldobler & Wilson(1990)과 Parker(2016)의 논문을 기초 자료로 삼아 쓴 것이다. Claviger testaceus의 행동에 관한 부분은 Cammaerts(1995, 1999)의 논문을 참고했다. Claviger와 개미 사이에 관계가 형성된 역사가 아주 오래되었다는 내용과 개미동물의 총 숫자에 관한 내용은 Parker & Grimaldi(2014)의 논문에서 확인할 수 있다. 생태계 엔지니어라는 개념은 Jones et al.(1994)의 논문에 나와 있다. 생태계 엔지니어로서 비버가 하는 역할에 관한 정보는 Wright et al.(2002)의 논문을 참고하였으며 매나하타 프로젝트에 관한 정보는 Reumer(2014)의 논문과 해당 프로젝트의 메인 웹 사이트 http://welikia.org, Paumgarten(2007), Miller(2009), Sanderson & Brown(2007), Bean & Sanderson(2008), 그리고 에릭 샌더슨의 2009년 TED 강연(유튜브에서 찾을 수 있다)에서 확보했다. 'Muhheakantuck'은 오늘날 우리가 허드슨강이라고 부르는 강에 라나페족이 붙인 고유한 명칭이다.

2. 개미와 인간이 그렇게 다를까?

말리아우 바신 연구센터는 2016년 7월 27~30일에 방문했다. 해당 지역에 관한 정보나 우리 연구진이 실시한 연구에 관한 내용은 www.taxonexpeditions.com에서 확인할 수 있다. 사냥, 채집 활동과 생태계 엔지니어링에 관한 내용은 Marlowe(2005), Smith(2007)의 논문을 참고했다. 인간의 영양단계에 관한 내용은 Bonhommeau et al.(2013)

의 논문에 나와 있다. 도시화의 역사는 Gross(2016), Reba et al.(2016), Newitz(2013), Misra(2015, 2016), The Data Team(2015)의 논문과 밴스 카이트Vance Kite의 TED 애니메이션(https://ed.ted.com/lessons/)을 토대로 썼다. 해당 애니메이션에 포함된 레바의 데이터는 https://youtu.be/yKJYXujJ7sU에 나와 있다.

3. 도시 속의 섬들

챈 소우얀과 싱가포르 곳곳을 돌아본 날은 2016년 8월 2일이다. 해당 부분에서 도시 전반의 생태계에 관한 내용은 McDonnell & MacGregor-Fors(2016)와 Schmid(1978)의 논문, 싱가포르의 전체적인 도시 생태계에 관한 내용은 Ward(1968), Lok & Lee(2009), Davison(2007), Davison et al.(2008)의 논문, 싱가포르에서 원래 살던 서식지에 잔존한 생물에 관한 부분은 Brook et al.(2003), Clements et al.(2005), Lok et al.(2013), 암석 지역에 서식하던 생물들이 빌딩과 벽을 활용한다는 내용은 Ward(1968), Sipman(2009)와 Tan et al.(2014), 싱가포르의 도시 열섬에 관한 부분은 Chow & Roth(2006)과 Roth & Chow(2012), 싱가포르의 오염 물질에 관한 내용은 Xu et al.(2011), Sin et al.(2016), Rothwell & Lee(2010), 싱가포르 도시에 서식하는 동물들이 인간이 먹는 음식을 활용한다는 내용은 Soh et al.(2002), 싱가포르의 외래 생물 종 확산에 관한 내용은 Tan & Yeo(2009), Chong et al.(2012), Ng & Tan(2010), Teo et al.(2011), 싱가포르 먹이사슬의 붕괴에 관한 부분은 Jeevanandam & Corlett(2013), 샌프란시스코 베이 지역의 외래종에 관한 내용은 Cohen & Carlton(1998)의 논문과 함

께 Schilthuizen(2008)의 자료도 참고했다. 섬의 생물지리학 이론에 관한 내용과 브랙널 로터리에서 실시된 연구 내용은 MacArthur & Wilson(1967), Helden & Leather(2004), Schilthuizen(2008)에서 확인할 수 있다. 싱가포르에 노래기가 유입된 것에 관한 내용은 Decker & Tertilt(2012)의 논문에 나와 있다. 싱가포르와 관련된 내용은 모두 챈 소우얀과 탠 시옹키앗Tan Siong-Kiat이 확인해주었다.

4. 동식물학자가 도시에서 하는 일

로테르담 집까마귀에 관한 이야기는 Nyári et al.(2006), De Baerdemaeker & Klaassen(2012), Hendriks(2014), Dooren(2016)의 논문을 참고했다. 혹반홀란트에 아직 살아 있거나 폐사한 집까마귀를 관찰하기 위해 방문한 때는 2016년 8월 17일로, 로테르담 자연사박물관의 상설 전시관 역시 같은 날 방문했다. 로테르담에 서식하는 붉은 다람쥐에 관한 추가적인 정보는 Moeliker(2015)의 논문에서 확인할 수 있다. 로테르담 박물관에 관한 부분은 케이스 물리커르가 확인하고 교정해주었다. 『매나하타Mannahatta』로 밝힌 책은 샌더슨(Sanderson, 2009)의 저서를 가리킨다. 헤르베르트 수코프에 관한 정보는 Reumer(2014)의 논문을 참고하여 썼다. 도시 생태학이 별도의 학문으로 발전하게 된 것에 관한 내용은 Schilthuizen(2016b)의 논문에 나와 있다. 생물학적 다양성을 발견할 수 있는 수단으로서 시민 과학의 성장에 관한 이야기는 Nielsen(2012)의 논문에서 집중적으로 다루어진 내용이다. 레스터에서 말레이즈 트랩을 활용하여 얻은 결과는 Owen(1978)의 연구 결과다. 네덜란드 왕립 자연사학회 로테르담 지부가 철로 사이에 형성된 삼각형 모양의 버려진 땅을 활용한 내용은 Werf(1982)의 논문을 참고했다. 바이오블리츠에 관한 이야기는 Baker et al.(2014)의 논문에 상세히 나와 있다. 미국의 2017년도 '도시 자연 챌린지'에 관한 내용은 http://www.calacademy.org/citizen-science/city-nature-challenge에서 확인할 수 있으며 프랑스의 '아스팔트 속 아름다움' 사업에 대해서는 https://www.frederique-soulard-contes.com/belles-de-bitume.에서 자세한 내용을 얻을 수 있다. 웰링턴에서 실시된 바이오블리츠로 새로운 규조가 발견됐다는 것은 Harper et al.(2009)의 논문에 나온 내용이다. 뉴욕과 상파울루에서 개구리와 달팽이의 새로운 종이 발견되었다는 내용은 각각 Feinberg et al.(2014)과 Martins & Simone(2014)의 논문에 나와 있다. 일본 여러 도시에서 지하에 서식하는 물방개가 발견되었다는 부분은 Uéno(1995)의 논문을 참고하였으며 암스테르담 숲에 서식하는 딱정벌레 종의 수는 Nonnekens(1961, 1965)의 논문을, 브뤼셀의 식물에 관한 부분은 Godefroid(2001)의 논문을 토대로 썼다. 도시부터 시골까지 총 105곳의 장소를 조사한 메타분석 결과는 McKinney(2008)의 논문에 나와 있다.

5. 아주 전형적인 현대 도시민

요아킴 쇼의 자료(1823)는 Sukopp(2008)의 논문에 실린 내용을 참고했다. '호화로움 효과'는 Hope et al.(2003)의 논문에 나와 있다. 도시 중심부가 과거 생물학적 다양성이 가장 풍부한 핫스폿에 위치하는 이유는 생물다양성협약 사무국 자료(2013)에서 찾을 수 있었다. 체코에서 실시된 연구로 언급한 내용은 Chocholoušková & Pyšek

(2003)에 나와 있다. 미세 서식지가 다양해질수록 생물의 다양성도 커진다는 부분은 Kowarik(2011)의 논문을 참고했다. 대형 척추동물을 설명한 문단은 Vyas(2012), Hoh(2016), Bateman & Fleming(2012), Soniak(2014), Mahoney(2012), Gehrt(2007), Jones(2009), Baggaley(2014)의 자료에 나온 내용을 토대로 썼다. 게허트가 인용한 부분은 Mahoney(2012)의 논문에 담긴 내용이다. 셰필드 대학교의 BUGS 프로젝트 홈페이지는 http://www.bugs.group.shef.ac.uk.이다. 이후 다른 도시들도 본 프로젝트에 참여하면서 명칭은 '도시 정원 생물다양성 사업Biodiversity of Urban GardenS으로 변경됐다. 이 부분에서 내가 주로 참고한 자료는 Gaston et al.(2005), Smith et al.(2006a, 2006b)의 논문이다. BUGS 프로젝트에 관한 부분은 케빈 개스턴이 교열해주었다. 해당 프로젝트와 비슷한 결과는 방갈로르(Jaganmohan et al., 2013)와 베를린(Zerke, 2003)에서도 확인되었다.

6. 적응하도록 선택받은 자들

헤랏 베르메이와 산책한 날은 2014년 6월 17일이나 사전 진화에 관한 그의 설명은 2016년 9월 말에 이메일로 받은 내용이다. 해당 부분은 베르메이가 직접 교열하고 승인했다. 참새에 관한 정보는 Anderson(2006)의 논문에서 발췌했다. 네덜란드의 자연과 도시에 서식하는 조류에 관한 상세 정보 중 일부는 SOVON Vogelonderzoek Nederland(2012)를 참고했다. 네덜란드에 서식하는 절지동물의 자세한 정보는 Bertone et al.(2016)의 논문을 토대로 작성했다. 칠레 여러 도시에 서식하는 새들을 대상으로 한 연구 결과는 Silva et al.(2016)

에 나와 있으며 카르멘 파즈와 올가 바르보사가 이 부분을 교열해주었다. 인간이 만드는 소음과 새들의 전적응에 관한 연구 내용은 Francis et al.(2011)의 논문을 참고하였고 클린턴 프랜시스로부터 확인받았다. Woodsen(2011)의 논문도 함께 참고했다. 본 장의 마지막 문단은 Parker(2016)의 논문을 토대로 작성하였으며 그가 직접 이 부분을 교열했다.

7. 꼭 알려드리고 싶었던 사실

앨버트 판의 이야기는 Hart et al.(2010), Jenkinson(1922), Salmon et al.(2000)의 논문과 웹 사이트 http://butterflyzoo.co.uk/farnfestival.html, 2016년 6월에 애덤 하트와 2016년 10월에 스티븐 서턴과, 2016년 10월에 에릭 반 뉴커켄Erik van Nieukerken과 각각 주고받은 이메일을 토대로 썼다. 판의 편지는 www.darwinproject.ac.uk 사이트에 DCP-LETT-11747로 등록되어 있다(다윈 서신 프로젝트, 2017). 애덤 하트가 본 장에서 판에 관한 부분을 교열해주었다. Hooper(2002:55)의 자료에는 Mayr & Provine(1980)의 논문을 인용하여, 다윈의 아들인 레너드 다윈Leonard Darwin이 진화 속도에 관한 부친의 생각을 언급한 내용이 나와 있다. 그 내용에 따르면 다윈은 자연선택에 따른 변화가 관찰 가능한 수준에 이르려면 최소 50세대가 지나야 하지만, 결국에는 한 사람의 생애에 해당되는 기간 내에 진화가 일어날 수도 있다고 추정했다고 한다. 여러 버전으로 나온 『종의 기원』에 관해서는 반 와이헤van Wyhe와 의논했다. 내가 시도해본 자연선택 온라인 시뮬레이션 프로그램은 http://www.radford.edu/~rsheehy/Gen_flash/popgen/에서 확인할 수 있다.

8. 실제로 그렇다

회색가지나방의 역사는 Cook(2003), Cook & Saccheri(2013), White(1877), Tutt(1896: 305-307), Haldane(1924), Cook et al. (1970, 1986, 2012), Kettlewell(1955, 1956), Coyne(1998), Hooper(2002), Van't Hof et al.(2016), Rudge(2005), Majerus(1998, 2009)의 논문을 참고했다. 사케리가 인용한 내용은 네이처Nature 팟캐스트(http://www.nature.com/nature/journal/v534/n7605/abs/nature17951.html)에서 확인할 수 있다. 로렌스 쿡Laurence Cook이 8장 전체를 읽고 몇 가지를 다듬도록 도와주었다.

9. 눈에 보일 정도로 빠르게

자연에서 나방의 흑색화에 관한 정보는 Kettlewell(1973)의 논문과 2016년 10월 28일부터 11월 3일까지 스티븐 서턴과 주고받은 이메일에서 얻은 내용이다. 서턴은 해당 내용이 담긴 문단을 교열해주었다. 새의 날개 형태를 생체역학적으로 설명한 내용은 Swaddle & Lockwood(2003)의 논문을 참고했다. 찌르레기의 날개 형태 진화에 관한 부분은 Bitton & Graham(2015)의 논문을 참고하여 썼다. 삼색제비에 관한 내용은 Brown & Bomberger-Brown(2013)의 자료를 참고했다. 삼색제비와 관련된 부분은 메리 봄버거 브라운이 읽고 교열해주었다. 피에르 폴 비튼은 2016년 12월 12일에 보낸 이메일에서 애완동물보다 교통이 찌르레기의 날개 형태 진화에 더 큰 영향을 준 것 같다는 뜻을 전했다(그는 자신의 연구 내용에 관하여 내가 쓴 글을 점검해주기도 했다). 몽펠리에에 서식하는 크레피스 상크타 연구는 Cheptou et al.(2008)의 논문을 참고하였으며 Cody & Overton(1996)의 자료에서도 섬에서 진행된 비슷한 진화에 관한 내용을 확인할 수 있다. 피에르 올리비에 셉투의 연구에 관한 부분은 셉투가 직접 읽고 교열해주었다. 카리브해 지역의 아놀도마뱀이 빠르게 진화 중이라고 설명한 부분은 Losos et al.(1997), Marnocha et al.(2011), Tyler et al.(2016), Winchell et al.(2016)의 논문을 토대로 썼다. 아놀도마뱀속의 전체적인 생물학적 특징은 Losos(2009)의 논문을 참고했다. 경험 법칙으로 다윈 단위를 계산하는 방법은 Gingerich(1993)의 논문에 나온 내용을 참고했다. 아놀도마뱀에 관한 부분은 크리스틴 윈첼이 모두 읽고 유용한 조언을 제공해주었다.

10. 시골 쥐와 도시 쥐

내가 파리에서 목도리앵무를 관찰한 시기는 2016년 12월 15~17일이다. 지미 헨드릭스가 런던에 앵무새를 풀어주었다는 이야기는 Brennan(2016)의 자료에서 확인할 수 있다. 인간의 계통생물지리학에 관한 전반적인 내용은 Harcourt(2016)의 자료를 참고했다. 아리안 르 그호가 언급한 부분은 2016년 12월 14일과 2017년 5월 17일에 이메일로 받은 내용이다. 침입 역사, 동고비와의 경쟁을 비롯해 목도리앵무에 관하여 내가 언급한 전반적인 내용은 Strubbe & Matthysen(2009), Strubbe et al.(2010), le Gros et al.(2016)의 논문과 IUCN 레드 리스트(http://www.iucnredlist.org/details/22685441/0) 위키피디아 관련 페이지(https://en.wikipedia.org/wiki/Rose-ringed_parakeet), 패럿넷의 자료(https://www.kent.ac.uk/parrotnet/)를 바탕으로 썼다. 아리안 르 그호가 이와 관련된 부분을 모두 읽고 확인해주었다. 보브캣에 관한 정보는 Serieys et al.(2015)와 Rileyet al.(2007)의 논문을 참고하였으며 로렐 세리에이스가 해당 부분을 읽고 확인했다. 전 세계적으로 생물 서식지가 도로로 인해 분화되었다는 내용은 Ibisch et al.(2016)의 논문을 참고했다. 제이슨 문시사우스와의 인터뷰는 2016년 12월 10일에 실시하였으며 그가 TED 강연에서 했던 말도 일부 발췌했다(http://ed.ted.com/lessons/evolution-in-a-bigcity) 문시사우스가 발표한 흰발붉은쥐 관련 논문 중 내가 참고한 자료는 다음과 같다: Munshi-South & Kharchenko(2010), Munshi-South & Nagy(2013), Harris & Munshi-South(2013, 2016), Harris et al.(2016). 제이슨 문시사우스의 연구결과에 관한 부분은 그가 직접 읽고 확인해주었다. 거미에 관한 내용은 Schäfer et al.(2001)의 논문을 참고했다. 브리즈번 도시 공원들에서 나타난 도마뱀의 단편화와 적응은 다음 자료에 나타나 있다: Littleford-Colquhoun et al.,(2017).

11. 비둘기가 중금속에 대처하는 법

오염 내성이 생긴 대서양 송사리에 관한 내용은 Whitehead et al.(2010, 2011, 2016)과 Reid et al.(2016)의 자료를 참고했다. Kaplan(2016), Carson(1962)의 자료도 함께 활용했다. PCB와 PAH가 AHR에 끼치는 영향은 우즈홀 해양학 연구소의 한Hahn 랩 웹 사이트(http://www.whoi.edu/science/B/people/mhahn/)에 게시된 내용을 토대

로 썼다. 대서양 송사리 연구에 관한 부분은 앤드류 화이트헤드가 교정을 맡아주었다. 관련 부분의 마지막에 나오는 인용구는 2017년 5월 25일에 이메일로 받은 내용이다. 결빙 방지용 소금과 관련된 내용은 Coldsnow et al.(2017)와 Houska(2016)의 논문을 참고하였으며 소금 스트레스의 원리는 Mäser et al.(2002)의 논문을 토대로 썼다. 케일라 콜드스노우의 연구에 관한 문단은 케일라가 읽고 내용을 확인해주었다. 노랑 미물루스의 구리 내성에 관한 내용은 내 저서인 『개구리, 파리, 민들레: 종의 형성』(Schilthuizen, 2001) 160~163쪽과 Wright et al.(2015)의 자료를 참고해서 썼다. 아연 내성이 생긴 풀에 관한 부분은 Al-Hiyali et al.(1990)의 논문을 참고하였으며 도시 비둘기의 흑색화 현상에 관한 연구 결과는 Obhukova(2007), Chatelain et al.(2014, 2016)의 논문을 참고했다. 마리옹 샤틀랭의 연구에 관한 부분은 마리옹이 직접 읽고 교열해주었다.

12. 화려한 불빛에 홀리다

9·11 추모 행사에 사용되는 조명이 새들을 유인한다는 사실은 2016년 8월 27일, 네덜란드 하렌에서 실시된 카미엘 스풀스트라의 강연에 포함된 내용이다. 이와 함께 http://www.audubon.org/news/making-911-memorial-lights-bird-safe와 https://www.sott.net/article/266370-Thousands-of-migrating-birds-attract-edto-9-11-memorial-lights에 게시된 정보도 함께 참고했다. 마이클 에이헌Michael Ahern의 말로 인용한 부분은 비디오 자료에서 발췌했다(https://www.youtube.com/watch?v=LKPkJ08CBdc). 2016년 유럽 축구

선수권대회와 은색 Y 나방의 서식지 이동에 관한 내용은 www.uefa.com, Moeliker(2016), Chapmanet al.(2012, 2013)의 자료를 참고했다. 빛 오염에 관한 전반적인 정보는 리서치게이트(ResearchGate)에서 찾은 '나방이 왜 인공조명에 이끌리는지 명확하게 설명할 수 있을까'라는 제목의 글과 Longcore & Rich(2004), Gaston et al.(2014)의 논문, 그리고 케빈 개스턴이 2016년 6월 30일에 레이던 대학교에서 실시한 강연 내용을 토대로 썼다. 이 부분은 케빈 개스턴이 읽고 교열해주었다. 빛 때문에 새가 목숨을 잃은 사례는 Guynup(2003)의 논문을 참고하였으며 곤충의 경우 Eisenbeis(2006)의 논문에서 그와 같은 영향을 확인할 수 있다. 등대로 인한 새의 폐사 사례는 Jones & Francis(2003)의 논문에 나와 있다. http://darksky.org/idsp/parks/에 밤하늘이 어두운 전 세계 공원 목록이 나와 있다. 나방과 거미의 빛 적응은 각각 Altermatt & Ebert(2016)와 Heiling(1999)의 논문을 참고했다. 2017년 2월에 플로리안 알터맷Florian Altermatt이 보낸 이메일에 담긴 정보도 활용하였으며 그의 연구에 관한 부분은 플로리안이 읽고 교열했다.

13. 그런데 이게 정말 진화입니까?

여기서 언급된 천지창조론자의 블로그 포스트는 http://darwins-god.blogspot.nl/2017/01/evolutionist-evolution-is-happening.html.에서 확인할 수 있다. 연성 선택과 강성 선택의 차이는 Wright(2015), Hermisson & Pennings(2017) 등의 자료에 나와 있다. 대서양 송사리와 회색가지나방의 선택과 관련된 상세한 내용은 각각 이 책 11장과 8장의 참고 자료에 나와 있다. 학습과 후생유전학에 관한 전반적인 내용은 Skinner(2011), Azzi et al.(2014), Arney(2017)의 자료를 참고로 썼다. 모메뚜기의 몸 색깔에서 나타나는 가소성은 Hochkirch et al.(2008)의 자료를 참고하였으며 케빈 개스턴의 말로 인용된 부분은 Evans et al.(2010)에 나온 내용을 발췌했다. 이 책의 최종적으로 편집한 시점에 도시와 시골에 사는 다윈의 핀치가 후생유전학적으로 크게 다르다고 밝힌 논문은 다음과 같다: McNew et al., 2017

14. 특별한 접촉, 밀착 만남

비둘기를 잡아먹는 메기의 행동에 관한 연구는 Cucherousset et al.(2012)의 논문에 에 나와 있으며 Yong(2012)의 논문에서도 논의되었다. 2017년 3월에 쿠세루세, 상툴과 주고받은 이메일 내용도 참고했다. 프레데릭 상툴은 메기에 관한 부분을 읽고 교열해주었다. 도토리개미에 관한 논문은 Diamond et al.(2017)의 자료를 참고하였으며 그 밖에 앤드류 헨드리Andrew Hendry의 블로그 포스트 중 '2천 개 도시의 이야기'라는 제목의 글도 참고했다(ecoevoevoeco.blogspot.com). 파리의 목도리앵무가 먹는 음식에 관한 부분은 Clergeau et al.(2009)의 자료를 참고했다. 비둘기가 히비스커스 꽃봉오리를 먹는 모습은 내가 코타키나발루에서 직접 관찰했다. 무환자나무벌레에 관한 연구 자료로는 Carroll et al.(2001, 2005) 등을 참고했다. 스캇 캐럴은 본문에 포함된 그의 연구에 관한 부분을 읽고 점검해주었다. 사과과실파리에 관한 이야기는 내 저서인 『Frogs, Flies and Dandelions』에 나와 있다. 조명충나방에 관한 연구 결과는 Calcagno et al.(2010)의 논문을 참고하기 바란다. 세로티나 벚나무로 서식지를 옮긴 딱정벌레에 관한 이야기는 Schilthuizen et al.(2016)에 나와 있다. Daehler & Strong(1997)의 자료에는 끈풀의 확산을 막기 위한 조치와 관련된 내용이 담겨 있다. 커티스 댈러(Curtis Daehler)는 이 부분을 읽고 프로켈리시아 마지나타 Prokelisia marginata라는 멸굿과 곤충이 윌라파만에 나타난 것은 자신들의 연구가 완료된 후라고 알려 주었다. 둥지를 지을 때 담배꽁초를 재료로 사용하는 새들에 관한 이야기는 Suárez-Rodriguez et al.(2013)의 논문에 나와 있으며 http://www.cigwaste.org에 게시된 정보도 참고했다. 이 부분은 이사벨 로페즈 룰(Isabel López-Rull)이 확인해주었다.

15. 절대 멈출 수 없다

센다이 시에서 목격된 까마귀의 독특한 행동이 맨 처음 보고된 자료는 Nihei(1995)와 Nihei & Higuchi(2001)다. 2017년 5월과 6월에 일본 센다이에서 까마귀의 이 특별한 행동을 직접 보려고 시도했을 때(비록 실패했지만) 도움을 준 사토시 치바와 오사무 미카미, 미노루 치바, 야와라 다케다, 그리고 우리 동네 견과류 판매점에 감사 인사를 드린다. 까마귀가 견과류를 깨는 행동은 데이비드 아텐버러의 1998년 BBC TV 시리즈 〈새들의 생활〉 중 10화에 영상으로 기록됐다(https://www.youtube.com/watch?v=BGPGknpq3e0). 우유병 뚜껑을 여는 박새에 관한 이야기는 Fisher & Hinde(1949, 1951)와 Lefebvre(1995)의 자료를 참고했다. 한 학교에서 우유 57병의 뚜껑이 열린 사례는 Cramp et al.(1960)의 논문에 나와 있다. 박새의 문제 해결 능력과 사회적 정보 전달 능력에 관한 연구는 Aplin et al.(2013, 2015)의 자료를 참고했으며 비디오 자료도 함께 참고했다(http://www.dailymail.co.uk/sciencetech/

article-2868613/Great-tits-pass-traditions-adapt-fit-locals.html). 바베이도스 피리새에 관한 부분은 Audet et al.(2016)의 논문과 2016년 11월 9일에 해당 저자가 블로그에 게시한 글(http://ecoevoevoeco.blogspot.com/2016/11/street-smarts.html), 2017년 4월 29일에 이메일로 전달받은 내용을 토대로 썼다. 장 니콜라스 오데의 연구에 관한 부분은 그가 직접 읽고 확인해주었다. 폴란드 도시에서 나타난, 새로운 것에 끌리는 동물의 행동에 관한 연구는 Tryjanowski et al.(2016)의 논문을 참고했으며 표트르 트리야노스키가 이 부분을 읽고 점검해주었다. 북미박새, 까마귀, 찌르레기를 대상으로 그와 같은 행동이 나타난 사례는 Williams(2009), Greggor(2016), Sol et al.(2011)의 논문에서 각각 확인할 수 있다. 사람과의 근접성을 얼마나 견딜 수 있는가에 관한 연구는 Symonds et al.(2016)의 논문을 참고하였으며 맷 시몬스가 그의 연구가 언급된 부분을 읽고 확인해주었다.

16. 도시의 소리

여기서 설명한 '도시 음향생태학' 수업은 2016년 9월 9일에 실시됐다. 음향생태학에 관한 전반적인 내용은 Warren et al.(2006), Swaddle et al.(2015)의 논문을 참고했다. 박새를 대상으로 한 슬라베쿠른의 연구 결과가 맨 처음 발표된 자료는 Slabbekoorn & Peet(2003)이다. 자연환경에서 실시된 그와 비슷한 연구 결과는 Hunter & Krebs(1979)에 나와 있다. 도시에 서식하는 다른 새들의 노랫소리가 바뀐 사례는 Slabbekoorn(2013)에서 확인할 수 있으며 청개구리의 사례는 Parris et al.(2009)의 자료를 참고했다. 메뚜기를 대상으로 한 관련 연구는

Lampe et al., 검은다리솔새에 관한 연구는 Verzijden et al.(2010)의 자료를 참고했다. 명금과 명금이 아닌 새들이 서로를 호출하는 소리와 노랫소리에 관한 연구는 Hu & Cardoso(2010)와 Potvin et al.(2011)의 논문에 나와 있다. 라이벌 관계인 수컷이나 암컷 박새의 노랫소리가 바뀌고 그에 따라 어떤 영향이 발생했는지 연구한 결과는 Mockford & Marshall(2009), Halfwerk et al.(2011)의 논문에서 각각 확인할 수 있다. 밀리 목포드와 바우터 하프베르크는 자신들의 연구에 관한 부분을 직접 읽고 교열해주었다. 도시 음향생태학의 또 다른 '유형'이 궁금하다면 동박새의 '다급한' 노래(Potvin et al., 2011)와 심야에 노래하는 울새(Fuller et al., 2007), 공항 근처에 살면서 노래 방식이 발전한 새들(Gil et al., 2015)에 관한 연구 결과를 참고하기 바란다.

17. 섹스 앤 더 시티

검은눈방울새에 관한 내용은 Yeh(2004), Shochat et al.(2006), McGlothlin et al.(2008), Hill et al.(1999)의 자료를 주로 참고하여 썼다. 2017년 5월에 파멜라 예와 주고받은 이메일 내용도 함께 참고했다. 파멜라 예는 자신의 연구에 관한 부분을 직접 읽고 교열해주었다. 바르셀로나에 서식하는 박새에 관한 내용은 Galván & Alonso-Alvarez(2008), Senar et al.(2014), Bjørklund et al.(2010)의 논문을 참고했다. 후안 카를로스 세나르도 자신의 연구 내용에 관한 부분을 읽고 점검해주었다. 실잠자리에 관한 연구는 Tüzün et al.(2017)의 자료를 참고하였으며 이 부분은 네딤 튀진과 린 옵드빅이 읽고 확인해주었다. 다람쥐 로봇 관련 연구는 Partan et al.(2010), 인도 저빌에 관한 정보는 Hutton & McGraw(2016)의 논문을 참고했고 호르몬과 유사한 작용을 하는 화학물질 관련 정보는 Zala & Penn(2004)의 논문을 토대로 썼다. 호주에서 관찰된 '진화적 덫'의 두 가지 사례는 Gwynne & Rentz(1983)의 자료를 참고하였으며 브론웬 스캇을 통해 캣 데이비슨Cat Davidson이 보내온 이메일 답변의 내용도 함께 참고했다. 바우어새에 관한 정보는 https://www.zoo.org.au/news/feeling-blue에 게시된 내용을 참고했다. 데이비드 렌츠David Rentz는 맥주병에 매달린 딱정벌레에 관한 부분을 읽고 교열해주었다.

18. 도시에 살기 위해 진화 중입니다

갈라파고스에서 이루어진 진화는 Parent et al.(2008)의 자료에 요약되어 있다. 다윈의 핀치에 관한 보다 자세한 내용은 내 저서 『개구리, 파리, 민들레: 종의 형성』을 참고하기 바란다. 다윈의 핀치에서 계속 진행 중인 진화에 관한 연구는 Weiner(1995), Hendry(2017)의 자료에 전반적인 내용이 잘 정리되어 있다. 산타크루즈섬에서 중간땅핀치의 분화가 막 시작된 현상에 관한 연구는(그리고 도시 주변에서의 분화 현상) Hendry et al.(2006), De Léon et al.(2011, 2017)의 논문과 이 자료에 인용된 논문들에서 확인할 수 있다. 도시에 서식하는 검은지빠귀가 최초로 언급된 자료는 Bonaparte(1827)다. 이 책에서 내가 정리한 검은지빠귀의 도시화 역사는 Evans et al.(2010), Møller et al.(2014)의 자료를 토대로 썼다. 몸 형태의 차이에 관한 정보는 Grégoire(2003), Lippens & Van Hengel(1962), Evans et al.(2009a)에 나와 있으며 노래의 높낮이와 타이밍은 각각 Ripmeester et al.(2010)와 Nordt & Klenke(2013)

의 자료에서 확인할 수 있다. 번식 시기에 관한 연구는 Partecke et al.(2004), 거주지 이주에 관한 연구는 Partecke & Gwinner(2007), 스트레스 호르몬 관련 연구는 Partecke et al.(2006)과 Müller et al.(2013)를 참고하기 바란다. 제스코 파테케는 자신의 연구에 관한 부분을 직접 읽고 확인해주었다. 비행 시작 거리의 차이에 관한 연구는 Symonds et al.(2016), DNA 지문분석 연구 내용은 Evans et al.(2009b)의 자료에서 확인할 수 있다. 나는 바바라 와프Barbara Waugh를 통해 다윈의 핀치에서 나타난 도시화 현상을 맨 처음 알게 됐다. 루이 페르난도 드레온(2011, 2017)의 연구 결과에 관한 부분은 해당 저자가 직접 읽고 교열해주었다.

19. 너와 나의 연결 고리

폰 지볼트와 호장근의 역사에 관한 부분은 위키피디아의 관련 페이지(2017년 6월 7일자)와 Christenhusz(2002), Christenhusz & van Uffelen(2001), Peeters(2015)의 자료를 주로 참고했다. 노버트 피터스Norbert Peeters가 폰 지볼트에 관한 부분을 교열해주었다. 전 세계로 퍼져 나간 다른 몇 가지 생물에 관한 정보는 Thompson(2014), Schmidt et al.(2017)의 자료를 참고했다. '인위적인 종(supertramp species)'이라는 표현이 맨 처음 등장한 자료는 Diamond(1974)다. 미생물과 조류, 거리에서 자라는 식물의 균질화 현상에 관현 연구 내용은 Schmidt et al.(2017), Murthy et al.(2016), Wittig & Becker(2010)의 자료를 참고했다. 스카이프 인터뷰로 들은 마리나 앨버티의 생각과 본문에서 인용한 앨버티의 말은 2016년 9월 8일에 통화한 내용이며, Alberti(2015), Alberti et al.(2003, 2017)도 함께 참고했다. 관련 연구와 생각에 관한 부분은 마리나 앨버티가 직접 읽고 교열해주었다. 카미엘 스풀스트라의 연구 내용은 https://nioo.knaw.nl/nl/employees/kamiel-spoelstra에 나와 있다. 도시 간 연결성에 관하여 인용한 부분은 Khanna(2016)에서 확인할 수 있다. 내가 실시한 유전체 염기서열분석 프로젝트의 결과는 내 블로그와 2015년 네덜란드 과학 라디오 쇼 〈De Kennis van Nu〉에서 발표했다(https://dekennisvannu.nl/site/special/De-code-van-Menno/8). 인간에서 최근에 이루어진 진화에 관한 연구는 Field et al.(2016), Barnes et al.(2011)를 참고하기 바란다. 나는 그 밖에도 Bolhuis et al.(2011), Pennisi(2016), Hassell et al.(2016)의 자료도 함께 참고했다.

20. 다윈의 조언이 담긴 도시 설계 가이드라인

우리가 롯폰기 힐스를 방문한 때는 2017년 5월 29일이다. 모리 빌딩 컴퍼니의 홍보 담당 부서에 해당 업체의 친환경 지붕 활용정책에 관한 추가 정보를 이메일로 요청하였으나 답변을 받지 못했다. 일본의 옥상정원에 관한 정보는 https://resources.realestate.co.jp/living/japan-green-roof-buildings/와 모리 빌딩 컴퍼니 및 에밀리오 암바즈 앤 어소시에이트Emilio Ambasz & Associates 회사 홈페이지를 참고했다. 싱가포르 친환경 벽에 관한 정보는 http://inhabitat.com/tag/green-skyscrapers/에 나와 있다. 옥상정원에 관한 정보는 Hui et al.(2011)도 참고했다. 뉴욕 로우라인 랩에 관한 정보는 http://thelowline.org, 베를린의 '친환경 산'에 관한 정보는 http://www.

hilldegarden.org에서 확인할 수 있다. 도쿄시의 친환경 옥상 관리에 관한 조례와 관련하여 본문에 언급한 부분은 http://www.c40.org/case_studies/nature-conservationordinance-is-greening-tokyo-s-buildings에 나온 내용을 토대로 쓴 것이다. 해당 내용과 관련하여 언급한 책은 Vink et al.(2017), Gunnell et al.(2013), Dunnet & Kingsbury(2004)이다. 네덜란드 업체 헤빌트흐루이에서 하는 일은 https://vimeo.com/175805142의 영어 자막이 포함된 영상으로 확인할 수 있다. 토종 생물과 비토종 생물을 둘러싼 논쟁은 2015년 11월 5일자 글로벌 라운드테이블 논의 내용을 참고하기 바란다(http://www.thenatureofcities.com). 나는 그 밖에도 Davis et al.(2011), Foster & Sandberg(2004) and Johnston et al.(2011) 자료도 참고했다. 도시환경 사이에 원형의 숲이 끼인 것처럼 남아 있는 사례에 관한 정보는 Tan & Jim(2017), Diogo et al.(2014)의 자료에 나와 있다. 통로를 만드는 것에 관한 논의 내용은 2014년 10월 5일자 글로벌 라운드테이블 자료에서 확인할 수 있다(http://www.thenatureofcities.com). 내가 도쿄 수도 대학교를 방문한 때는 2017년 5월 26일이다. 사토야마라는 개념은 Kobori & Primack(2003), Kohsaka et al.(2013) and Puntigam et al.(2010)의 자료와 함께 http://satoyama-initiative.org.에 게시된 자료를 참고하여 썼다. 스네일스냅에 관한 정보는 http://snailsnap.nl에 나와 있으며 시민 과학을 활용한 소리 풍경 정보에 관한 기초 자료는 Farina et al.(2014), https://naturesmartcities.com/에서 확인할 수 있다. 펑키 네스트 콘테스트에 관한 정보는 http://nestwatch.org에 나와 있다. '펑키'한 도심 새둥지와 관련된 향후 연구 주제 세 가지는 Wang et al.(2015), Sergio et al.(2011), Suárez-Rodríguez et al.(2013)를 참고하여 떠올린 것이다.

슈퍼 핵심종의 임무

보르네오섬의 탐험에 관한 정보는 http://www.taxonexpeditions.com에 나와 있다. '초 핵심종'이라는 표현은 Worm & Paine(2016)의 자료에 등장한다. 사빈 리트케르크로부터 답변을 받은 날짜는 2017년 6월 27일이다.

감사의 말

먼저 이 책의 가능성을 믿고 세상에 나올 수 있는 바탕을 마련해준 피터 탤랙Peter Tallack과 루이자 프리처드Louisa Pritchard, 티스 타카기Tisse Takagi 외 사이언스 팩토리의 많은 분들, 그리고 집필 과정에서 나를 잘 이끌어준 쿼커스 출판사의 편집자 리처드 밀너Richard Milner, 피카도르 출판사의 제임스 미더James Meader에게 감사 인사를 드린다.

내 친구이자 동료인 사토시 치바Satoshi Chiba가 일본 센다이시의 토호쿠 대학교에서 내가 두 달간 글을 쓸 수 있도록 방법을 마련해준 덕분에 조용하고 아름다운 환경에서 이 책의 마지막 3분의 1을 잘 마무리할 수 있었다(이 책에서 일본의 풍취가 느껴진다면 아마 그 때문일 것이다). 반갑게 맞이해준 사토시와 그의 가족들, 학생들, 그리고 내가 글 쓰는 일에만 빠져 있지 않도록 주변 동굴 탐험이며 그 밖에 현장 조사를 준비해준 나이토 히로코Naito Hiroko에게도 감사드린다. 수잔 윌리엄스Suzanne Williams와 엘리노어 미셸Ellinor Michel, 존 애블릿Jon Ablett의 배려로 런던 자연사박물관에서 일주일간 글을 쓰는 행복한 시간을 보낼 수 있었다. 그곳 연체류 동물 전시실과 더불어 NHM 레스토랑, 빅토리아 앨버트 박물관의 음식점, 영국 국립도서관, 리 밴웰 호스텔, 사우스 켄싱턴에 위치한 프레타망제에서도 집필 활동을 이어갔다. 그 밖에 원래 그렇게 만들어진 곳이건, 그렇지 않은 곳이건 내가 편안하게 이 책을 쓸 수 있었던 장소들을 무작위로 나열하자면 말레이시아 보르네오의 말리아우 분지 연구센터와 뒤셀도르프 공항, 프라하 커니시 호텔, 그리고 파리와 암스테르담을 오가는 위버스, 다르코 제식Darko Jesic의 파리 아파트, 스히르모니코흐섬에 위치한 흐로닝언 대학교의 현장 연구센터 'De Herdershut', 도쿄와 센다이를 잇는 윌러 고속버스, 싱가포르 항공의 SQ323기, 말레이시아 수카우의 아흐밤 홈스테이, 그리고 코타키나발루의 카람부나이 호텔 로비가 떠오른다.

수많은 과학자들과 박식한 분들이 내가 제시한 질문에 답변해주고, 내가 쓴 내용이 맞는지 확인해주고 사진 등 연구 자료를 제공해주었다. 모두 감사드린다.

이 책을 쓰는 동안, 여러 친구들과 동료들이 도시 진화에 관한 기사와 소셜미디어에 게시된 글, 학술 논문을 주기적으로 내게 보내주었다. 특히 아글라이아 부마Aglaia Bouma와 브론웬 스캇, 러트거 보스Rutger Vos가 적극적으로 도와주었고 타이먼 브리스호튼Thijmen Breeschoten, 톰 반 두렌Tom Van Dooren, 바바라 그라벤딜Barbara Gravendeel, 마르코 루스Marco Roos, 마틴 뤽클린Martin Rücklin에게도 귀중한 팁을 얻었다. 그 밖에도 자료 조사에 도움이 된 레이던시의 나투랄리스 생물다양성센터 도서관과 위키피디아, 그리고 위키피디아를 작성해주신 모든 분들, 《뉴욕타임스》에 실린 내 글을 읽고 연락해준 분들(특히 마이클 맥과이어와 바바라 와프), 로테르담 자연사박물관, 레이던 대학교 생물다양성 · 생물보존 석사과정 오리엔테이션 수업을 들은 제자들에게도 고마움을 전한다.

미노루 치바와 야와라 다케다는 센다이에서 호두 깨는 까마귀를 볼 수 있도록 현장 조사를 준비해주었고 내 딸 페나 스힐트하위전Fenna Schilthuizen이 들들 볶은 덕분에 도쿄 롯폰기 힐스까지 갈 수 있었다. 챈 소우얀은 싱가포르 도시 자연을 탐험할 수 있도록 가이드 역할을 해주었고 사빈 리트케르크는 혹반홀란트에 서식하는 집까마귀의 위치와 운명에 관한 내 질문에 답변을 보내주었다. 아우케 플로리안 하임스트라Auke-Florian Hiemstra는 이 책 마지막 쪽까지 내가 마무리할 수 있도록 계속해서 격려해주었다.

나와 절친한 세 사람, 아글라이아 부마와 이바 눈주, 프랭크 반 루이즈Frank van Rooij는 원고 전체를 기꺼이 읽고 조언을 해주었다. 많은 시간을 들여 읽어보고, 이해하고, 현명한 조언을 건넨 세 사람에게 마음 깊이 감사드린다.

마지막으로, 많은 분들이 교정하고 오류를 바로잡도록 도와주셨지만 이 책의 최종적인 내용과 연구 결과의 해석에 관한 책임은 모두 필자에게 있음을 밝혀둔다.

참고 문헌

- Alberti, M., 2015. Eco-evolutionary dynamics in an urbanizing planet. Trends in Ecology and Evolution, 30: 114–126.
- Alberti, M., J.M. Marzluff, E. Shulenberger, G. Bradley, C. Ryan & C. Zumbrunnen, 2003. Integrating humans into ecology: opportunities and challenges for studying urban ecosystems. BioScience, 53: 1169–1179.
- Alberti, M., C. Correa, J.M. Marzluff, A.P. Hendry, E.P. Palkovacs, K.M. Gotanda, V.M. Hunt, T.M. Apgar & Y. Zhou, 2017. Global urban signatures of phenotypic change in animal and plant populations. Proceedings of the National Academy of Sciences, 201606034.
- Al-Hiyaly, S.A.K., T. McNeilly & A.D. Bradshaw, 1990. The effect of zinc contamination from electricity pylons. Contrasting patterns of evolution in five grass species. New Phytologist, 114: 183–190.
- Altermatt, F. & D. Ebert, 2016. Reduced flight-to-light behaviour of moth populations exposed to long-term urban light pollution. Biology Letters, 12: 20160111.
- Anderson, T.R., 2006. Biology of the Ubiquitous House-Sparrow: From Genes to Populations. Oxford: Oxford University Press, xi: 547.
- Aplin, L.M., D.R. Farine, J. Morand-Ferron, A. Cockburn, A. Thornton & B.C. Sheldon, 2015. Experimentally induced innovations lead to persistent culture via conformity in wild birds. Nature, 518: 538–541.
- Aplin, L.M., B.C. Sheldon & J. Morand-Ferron, 2013. Milk bottles revisited: social learning and individual variation in the blue tit, Cyanistes caeruleus. Animal Behaviour, 85: 1225–1232.
- Arney, K., 2017. What is epigenetics? Little Atoms, 2. Audet, J.N., S. Ducatez & L. Lefebvre, 2015. The town bird and the country bird: problem solving and immunocompetence vary with urbanization. Behavioral Ecology, 27:

637–644.

- Azzi, A., R. Dallmann, A. Casserly, H. Rehrauer, A. Patrignani, B. Maier, A. Kramer & S.A. Brown, 2014. Circadian behavior is light-reprogrammed by plastic DNA methylation. Nature Neuroscience, 17: 377–382.
- Baerdemaeker, A. de & O. Klaassen, 2012. Huiskraaien in Hoek van Holland: is de groei eruit? Straatgras, 24: 78–79.
- Baggaley, K., 2014. Cities are brimming with wildlife worth studying. ScienceNews, 29 December 2014.
- Baker, G.M., N. Duncan, T. Gostomski, M.A. Horner & D. Manski, 2014. The bioblitz: good science, good outreach, good fun. Park Science, 31: 39–45.
- Barnes, I., A. Duda, O.G. Pybus & M.G. Thomas, 2011. Ancient urbanization predicts genetic resistance to tuberculosis. Evolution, 65: 842–848.
- Bateman, P.W. & P.A. Fleming, 2012. Big city life: carnivores in urban environments. Journal of Zoology, 287: 1–23.
- Bean, W.T. & E.W. Sanderson, 2008. Using a spatially explicit ecological model to test scenarios of fire use by Native Americans: An example from the Harlem Plains, New York, NY. Ecological Modelling, 211: 301–308.
- Bertone, M.A., M. Leong, K.M. Bayless, T.L. Malow, R.R. Dunn & M.D. Trautwein, 2016. Arthropods of the great indoors: characterizing diversity inside urban and suburban homes. PeerJ, 4: e1582.
- Bitton, P.-P. & B.A. Graham, 2015. Change in wing morphology of the European starling during and after colonization of North America. Journal of Zoology, 295: 254–260.
- Bjorklund, M., I. Ruiz & J.C. Senar, 2010. Genetic differentiation in the urban habitat: the great tits (Parus major) of the parks of Barcelona city. Biological Journal of the Linnean Society, 99: 9–19.
- Bolhuis, J.J., G.R. Brown, R.C. Richardson & K.N. Laland, 2011. Darwin in mind: New opportunities for evolutionary psychology. PLoS Biology, 9: e1001109.
- Bonaparte, C.L., 1827. Specchio Comparative delle Ornitologie di Roma e de Filadelfia. Pisa, 80.
- Bonhommeau, S., L. Dubroca, O. Le Pape, J. Barde, D.M. Kaplan, E.

Chassot & A.E. Nieblas, 2013. Eating up the world's food web and the human trophic level. Proceedings of the National Academy of Sciences, 110: 20617–20620.
- Brennan, A., 2016. Is Jimi Hendrix responsible for London's parakeet population? GQ Magazine, 10 February 2016. http://www.gq-magazine.co.uk/article/jimi-hendrix-parakeets-hampsteadheath-kingston-primrose-hill.
- Brook, B.W., N.S. Sodhi & P.K.L. Ng, 2003. Catastrophic extinctions follow deforestation in Singapore. Nature, 424: 420–423.
- Brown, C.R. & M. Bomberger-Brown, 2013. Where has all the road kill gone? Current Biology, 23: R233–R234.
- Byrne, K. & R.A. Nichols, 1999. Culex pipiens in London Underground tunnels: differentiation between surface and subterranean populations. Heredity, 82: 7–15.
- Calcagno, V., V. Bonhomme, Y. Thomas, M.C. Singer & D. Bourguet, 2010. Divergence in behaviour between the European corn borer, Ostrinia nubilalis, and its sibling species Ostrinia scapulalis: adaptation to human harvesting? Proceedings of the Royal Society of London B: Biological Sciences, rspb20100433.
- Cammaerts, R., 1995. Regurgitation behaviour of the Lasius flavus worker (Formicidae) towards the myrmecophilous beetle Claviger testaceus (Pselaphidae) and other recipients. Behavioural Processes, 34: 241–264.
- Cammaerts, R., 1999. Transport location patterns of the guest beetle Claviger testaceus (Pselaphidae) and other objects moved by workers of the ant, Lasius flavus (Formicidae). Sociobiology, 34: 433–475.
- Carroll, S.P., H. Dingle, T.R. Famula & C.W. Fox, 2001. Genetic architecture of adaptive differentiation in evolving host races of the soapberry bug, Jadera haematoloma. Genetica, 112: 257–272.
- Carroll, S.P., J.E. Loye, H. Dingle, M. Mathieson, T.R. Famula & M. Zalucki, 2005. And the beak shall inherit – evolution in response to invasion. Ecology Letters, 8: 944–951.
- Carson, R., 1962. Silent Spring. New York: Houghton Mifflin.
- Chapman, J.W., J.R. Bell, L.E. Burgin, D.R. Reynolds, L.B. Pettersson, J.K. Hill, M.B. Bonsall & J.A. Thomas, 2012. Seasonal migration to high lati-

tudes results in major reproductive benefits in an insect. Proceedings of the National Academy of Sciences, 109: 14924–14929.

- Chapman, J.W., K.S. Lim & D.R. Reynolds, 2013. The significance of mid-summer movements of Autographa gamma: Implications for a mechanistic understanding of orientation behavior in a migrant moth. Current Zoology, 59: 360–370.
- Chatelain, M., J. Gasparini & A. Frantz, 2016. Do trace metals select for darker birds in urban areas? An experimental exposure to lead and zinc. Global Change Biology, 22: 2380–2391.
- Chatelain, M., J. Gasparini, L. Jacquin & A. Frantz, 2014. The adaptive function of melanin-based plumage coloration to trace metals. Biology Letters, 10: 20140164.
- Cheptou, P.-O., O. Carrue, S. Rouifed & A. Cantarel, 2008. Rapid evolution of seed dispersal in an urban environment in the weed Crepis sancta. Proceedings of the National Academy of Science USA, 105: 3796–3799.
- Chocholouškova, Z. & P. Pyšek, 2003. Changes in composition and structure of urban flora over 120 years: a case study of the city of Plzen. Flora, 198: 366–376.
- Chong, K.Y., S. Teo, B. Kurukulasuriya, Y.F. Chung, S. Rajathurai, H.C. Lim & H.T.W. Tan, 2012. Decadal changes in urban bird abundance in Singapore. Raffles Bulletin of Zoology, S25: 189–196.
- Chow, W.T.L. & M. Roth, 2006. Temporal dynamics of the urban heat island of Singapore. International Journal of Climatology, 26: 2243–2260.
- Christenhusz, M.J.M., 2002. Planthunter Von Siebold. Dirk van der Werffs Plants, 7 (1): 36–38.
- Christenhusz, M.J.M. & G.A. van Uffelen, 2001. Verwilderde Japanse planten in Nederland, ingevoerd door Von Siebold. Gorteria, 27: 97–108.
- Clements, R., L.P. Koh, T.M. Lee, R. Meyer & D. Li, 2005. Importance of reservoirs for the conservation of freshwater molluscs in a tropical urban landscape. Biological Conservation, 128: 136–146.
- Clergeau, P., A. Vergnes & R. deLanque, 2009. La perruche a collier Psittacula krameri introduite en Île-De-France: distribution et régime alimentaire. Alauda 77: 121–132.

- Cody, M.L. & J.M. Overton, 1996. Short-term evolution of reduced dispersal in island plant populations. Journal of Ecology, 84: 53–61.
- Cohen, A.N. & J.T. Carlton, 1998. Accelerated invasion rate in a highly invaded estuary. Science, 279: 555–558.
- Coldsnow, K.D., B.M. Mattes, W.D. Hintz & R.A. Relyea, 2017. Rapid evolution of tolerance to road salt in zooplankton. Environmental Pollution, 222: 367–373.
- Cook, L.M., 2003. The rise and fall of the carbonaria form of the peppered moth. The Quarterly Review of Biology, 78: 399–417.
- Cook, L.M., R.R. Askew & J.A. Bishop, 1970. Increased frequency of the typical form of the peppered moth in Manchester. Nature, 227: 1155.
- Cook, L.M., B.S. Grant, I.J. Saccheri & J. Mallet, 2012. Selective bird predation on the peppered moth: the last experiment of Michael Majerus. Biology Letters, 8: 609–612.
- Cook, L.M., G.S. Mani & M.E. Varley, 1986. Postindustrial melanism in the peppered moth. Science, 231: 611–613.
- Cook, L.M. & I.J. Saccheri, 2013. The peppered moth and industrial melanism: evolution of a natural selection case study. Heredity, 110: 207–212.
- Coyne, J. A., 1998. Not black and white. Review of 'melanism: evolution in action' by Michael E.N. Majerus. Nature, 396: 35–36.
- Cramp, S., A. Pettet & J.T.R. Sharrock, 1960. The irruption of tits in autumn 1957. British Birds, 53: 49–77.
- Cucherousset, J., S. Bouletreau, F. Azemar, A. Compin, M. Guillaume & F. Santoul, 2012. 'Freshwater Killer Whales': Beaching behavior of an alien fish to hunt land birds. PLoS ONE, 7: e50840.
- Daehler, C.C. & D.R. Strong, 1997. Reduced herbivore resistance in introduced smooth cordgrass (Spartina alterniflora) after a century of herbivore-free growth. Oecologia, 110: 99-108.
- Darwin Correspondence Project, 2017. 'Letter no. 11747,' accessed on 9 June 2017, http://www.darwinproject.ac.uk/DCP-LETT-11747.
- Davis, M.A., M.K. Chew, R.J. Hobbs, A.E. Lugo, J.J. Ewel, G.J. Vermeij, J.H. Brown, M.L. Rosenzweig, M.R. Gardner, S.P. Carroll, K. Thompson, S.T.A. Pickett, J.C. Stromberg, P. Del Tredici, K.N. Suding, J.G. Ehrenfeld, J.P.

Grime, J. Mascaro & J.C. Briggs, 2011. Don't judge species on their origins. Nature, 474: 153–154.

- Davison, G.W.H., 2007. Urban forest rehabilitation – a case study from Singapore. 171–181 in: (D.K. Lee, ed.) Keep Asia Green; Vol. 1: 'Southeast Asia'. IUFRO, Vienna, Austria.
- Davison, G.W.H., P.K.L. Ng & H.C. Ho, 2008. The Singapore Red Data Book: Threatened Plants and Animals of Singapore. 2nd edition. Singapore: Nature Society (Singapore), 285.
- Decker, P. & T. Tertilt, 2012. First records of two introduced millipedes Anoplodesmus saussurii and Chondromorpha xanthotricha (Diplopoda: Polydesmida: Paradoxosomatidae) in Singapore. Nature in Singapore, 5: 141–149.
- De Leon, L.F., J.A. Raeymaekers, E. Bermingham, J. Podos, A. Herrel & A.P. Hendry, 2011. Exploring possible human influences on the evolution of Darwin's finches. Evolution, 65: 2258–2272.
- De Leon, L.F., D.M.T. Sharpe, K.M. Gotanda, J.A.M. Raeymaekers, J.A. Chaves, A.P. Hendry & J. Podos, 2017. Human foods erode niche segregation in Darwin's finches. Evolutionary Applications (in press).
- Diamond, J.M., 1974. Colonization of exploded volcanic islands by birds: the supertramp strategy. Science, 184: 803–806.
- Diamond, S.E., L. Chick, A. Perez, S.A. Strickler & R.A. Martin, 2017. Rapid evolution of ant thermal tolerance across an urban-rural temperature cline. Biological Journal of the Linnean Society doi: 10.1093/biolinnean/blw047.
- Diogo, I.J.S., A.E.R. Holanda, A.L. de Oliveira Filho & C.L.F. Bezerra, 2014. Floristic composition and structure of an urban forest remnant of Fortaleza, Ceara. Gaia Scientia, 8: 266–278.
- Donihue, C.M. & M.R. Lambert, 2015. Adaptive evolution in urban ecosystems. AMBIO, 3: 194–203.
- Dooren, T. van, 2016. The unwelcome crows. Angelaki, 21: 193-212.
- Dunnett, N. & N. Kingsbury, 2004. Planting green roofs and living walls. Portland, OR: Timber Press.
- Eisenbeis, G., 2006. Artificial night lighting and insects: Attraction of insects

to streetlamps in a rural setting in Germany. 281–304 in: Ecological Consequences of Artificial Night Lighting (C. Rich & T. Longcore, eds.). Washington, D.C.: Island Press.

- Elfferich, C., 2011. Natuur Dichtbij; Gewone en Ongewone Natuur in Pijnacker. Caroline Elferrich, Pijnacker, the Netherlands. 84.
- Evans, K.L., K.J. Gaston, A.C. Frantz, M. Simeoni, S.P. Sharp, A. McGowan, D.A. Dawson, K. Walasz, J. Partecke, T. Burke & B.J. Hatchwell, 2009b. Independent colonization of multiple urban centres by a formerly forest specialist bird species. Proceedings of the Royal Society of London B: rspb.2008.1712.
- Evans, K.L., K.J. Gaston, S.P. Sharp, A. McGowan & B.J. Hatchwell, 2009a. The effect of urbanisation on avian morphology and latitudinal gradients in body size. Oikos, 118: 251-259.
- Evans, K.L., B.J. Hatchwell, M. Parnell & K.J. Gaston, 2010. A conceptual framework for the colonisation of urban areas: the blackbird Turdus merula as a case study. Biological Reviews, 85: 643–667.
- Farina, A., P. James, C. Bobryk, N. Pieretti, E. Lattanzi & J. McWilliam, 2014. Low cost (audio) recording (LCR) for advancing soundscape ecology towards the conservation of complexity and biodiversity in natural and urban landscapes. Urban ecosystems, 17: 923–944.
- Feinberg, J.A., C.E. Newman, G.J. Watkins-Colwell, M.D. Schlesinger, B. Zarate, et al., 2014. Cryptic diversity in metropolis: Confirmation of a new leopard frog species (Anura: Ranidae) from New York City and surrounding Atlantic coast regions. PLoS ONE, 9: e108213.
- Field, Y., E.A. Boyle, N. Telis, Z. Gao, K.J. Gaulton, D. Golan, L. Yengo, G. Rocheleau, P. Froguel, M.I. McCarthy & J.K. Pritchard, 2016. Detection of human adaptation during the past 2000 years. Science, 354: 760–764.
- Fisher, J. & R.A. Hinde, 1949. The opening of milk bottles by birds. British Birds, 42: 347–357.
- Fonseca, D.M., N. Keyghobadi, C.A. Malcolm, C. Mehmet, F. Schaffner, M. Mogi, R.C. Fleischer & R.C. Wilkerson, 2004. Emerging vectors in the Culex pipiens complex. Science, 303: 1535–1538.
- Foster, J. & L.A. Sandberg, 2004. Friends or foe? Invasive species and pub-

lic green space in Toronto. Geographical Review, 94: 178–198.
- Francis, C.D., C.P. Ortega & A. Cruz, 2011. Noise pollution filters bird communities based on vocal frequency. PLoS ONE, 6: e27052.
- Fuller, R.A., P.H. Warren & K.J. Gaston, 2007. Daytime noise predicts nocturnal singing in urban robins. Biology Letters, 3: 368–370.
- Galvan, I. & C. Alonso-Alvarez, 2008. An intracellular antioxidant determines the expression of a melanin-based signal in a bird. PLoS ONE, 3: e3335.
- Gaston, K.J., J.P. Duffy, S. Gaston, J. Bennie & T.W. Davies, 2014. Human alteration of natural light cycles: causes and ecological consequences. Oecologia, 176: 917–931.
- Gaston, K.J., P.H. Warren, K. Thompson & R.M. Smith, 2005. Urban domestic gardens (IV): the extent of the resource and its associated features. Biodiversity and Conservation, 14: 3327–3349.
- Gehrt, S.D., 2007. Ecology of coyotes in urban landscapes. Wildlife Damage Management Conferences – Proceedings: Paper 63.
- Gil, D., M. Honarmand, J. Pascual, E. Perez-Mena & C. Macias Garcia, 2015. Birds living near airports advance their dawn chorus and reduce overlap with aircraft noise. Behavioral Ecology, 26: 435–443.
- Gingerich, P.D., 1993. Quantification and comparison of evolutionary rates. American Journal of Science, 293A: 453–478.
- Godefroid, S., 2001. Temporal analysis of the Brussels flora as indicator for changing environmental quality. Landscape and Urban Planning, 52: 203–224.
- Greggor, A.L., N.S. Clayton, A.J. Fulford & A. Thornton, 2016. Street smart: faster approach towards litter in urban areas by highly neophobic corvids and less fearful birds. Animal Behaviour, 117: 123–133.
- Gregoire, A., 2003. Demographie et differenciation chez le Merle noir Turdus merula: liens avec l'habitat et les relations hotesparasites. Doctoral dissertation, Dijon. Gross, M., 2016. The urbanisation of our species. Current Biology, 26: R1205-R1208.
- Gunnell, K., C. Williams & B. Murphy, 2013. Designing for Biodiversity: A Technical Guide for New and Existing Buildings. London: RIBA Publish-

ing.
- Guynup, S., 2003. Light pollution taking toll on wildlife, ecogroups say. National Geographic Today, 17 April 2003.
- Gwynne, D.T. & D.C.F. Rentz, 1983. Beetles on the bottle: male uprestids mistake stubbies for females (Coleoptera). Journal of the Australian Entomological Society, 22: 79–80.
- Haberl, H., K.H. Erb, F. Krausmann, V. Gaube, A. Bondeau, C. Plutzar, S. Gingrich, W. Lucht & M. Fischer-Kowalski, 2007. Quantifying and mapping the human appropriation of net primary production in earth's terrestrial ecosystems. Proceedings of the National Academy of Sciences of the USA, 104: 12942–12947.
- Haldane, J.B.S., 1924. A mathematical theory of natural and artificial selection. Transactions of the Cambridge Philosophical Society, 23: 19–41.
- Halfwerk, W., S. Bot, J. Buikx, M. van der Velde, J. Komdeur, C. ten Cate & H. Slabbekoorn, 2011. Low-frequency songs lose their potency in noisy urban conditions. Proceedings of the National Academy of Sciences USA, 108: 14549–14554.
- Harcourt, A.H., 2016. Human phylogeography and diversity. Proceedings of the National Academy of Sciences of the USA, 113: 8072–8078.
- Harper, M.A., D.G. Mann & J.E. Patterson, 2009. Two unusual diatoms from New Zealand: Tabularia variostriata a new species and Eunophora berggrenii. Diatom Research, 24: 291–306.
- Hart, A.G., R. Stafford, A.L. Smith & A.E. Goodenough, 2010. Evidence for contemporary evolution during Darwin's lifetime. Current Biology, 20: R95.
- Hassell, J.M., M. Begon, M.J. Ward & E.M. Fevre, 2017. Urbanization and disease emergence: dynamics at the wildlife–livestock–human interface. Trends in Ecology & Evolution, 32: 55–67.
- Heiling, A.M., 1999. Why do nocturnal orb-web spiders (Araneidae) search for light? Behavioral Ecology and Sociobiology, 46: 43–49.
- Helden, A.J. & S.R. Leather, 2004. Biodiversity on urban roundabouts– Hemiptera, management and the species-area relationship. Basic and Applied Ecology, 5: 367–377.

- Hendriks, D., 2014. Woede in Hoek van Holland om afschieten huiskraaien. Algemeen Dagblad, 6 March 2014.
- Hendry, A.P., 2017. Eco-Evolutionary Dynamics. Princeton: Princeton University Press, 416.
- Hendry, A.P., P.R. Grant, B.R. Grant, H.A. Ford, M.J. Brewer & J. Podos, 2006. Possible human impacts on adaptive radiation: beak size bimodality in Darwin's finches. Proceedings of the Royal Society of London B, 273: 1887–1894.
- Hermisson, J. & P.S. Pennings, 2017. Soft sweeps and beyond: Understanding the patterns and probabilities of selection footprints under rapid adaptation. BioRxiv, doi: http://dx.doi.org/10.1101/114587.
- Hill, J.A., D.A. Enstrom, E.D. Ketterson, V. Nolan & C. Ziegenfus, 1999. Mate choice based on static versus dynamic secondary sexual traits in the dark-eyed junco. Behavioral Ecology, 10: 91–96.
- Hinde, R.A. & J. Fisher, 1951. Further observations on the opening of milk bottles by birds. British Birds, 44: 393–396.
- Hochkirch, A., J. Deppermann & J. Groning, 2008. Phenotypic plasticity in insects: the effects of substrate color on the coloration of two ground-hopper species. Evolution & Development, 10: 350–359.
- Hof, A.E. van 't, P. Campagne, D.J. Rigden, C.J. Yung, J. Lingley, M.A. Quail, N. Hall, A.C. Darby & I.J. Saccheri, 2016. The industrial melanism mutation in British peppered moths is a transposable element. Nature, 534: 102–105.
- Hoh, A., 2016. Brush turkeys invading suburban Sydney backyards. ABC News, 31 March 2016. Holldobler, B. & E.O. Wilson, 1990. The Ants. Cambridge, Massachussetts, USA: Belknap Press.
- Hooper, J., 2002. Of Moths and Men. Intrigue, Tragedy and the Peppered Moth. New York: Fourth Estate, 400.
- Hope, D., C. Gries, W. Zhu, W.F. Fagan, C.L. Redman, N.B. Grimm, A.L. Nelson, C. Martin & A. Kinzig, 2003. Socioeconomics drive urban plant diversity. Proceedings of the National Academy of Sciences USA, 10: 8788–8792.
- Houska, C., 2016. Deicing salt – recognizing the corrosion threat. http://

www.imoa.info/download_files/stainless-steel/DeicingSalt.pdf
- Hu, Y. & G.C. Cardoso, 2010. Which birds adjust the frequency of vocalizations in urban noise? Animal Behaviour, 79: 863–867.
- Hui, S.C.M., 2011. Green roof urban farming for buildings in high-density urban cities. The 2011 Hainan China World Green Roof Conference, 18–21 March 2011, 9.
- Huisman, J. & M. Schilthuizen, 2010. Vinex-merel is andere vogel dan z'n voorvader. De Volkskrant, 15 November 2010.
- Hunter, L.M. & J.R. Krebs, 1979. Geographical variation in the song of the great tit (Parus major) in relation to ecological factors. Journal of Animal Ecology, 48: 759–785.
- Hutton, P. & K.J. McGraw, 2016. Urban impacts on oxidative balance and animal signals. Frontiers in Ecology and Evolution, 4: 54.
- Ibisch, P.L., M.T. Hoffmann, S. Kreft, G. Pe'er, V. Kati, L. Biber-Freudenberger, D.A. DellaSala, M.M. Vale, P.R. Hobson & N. Selva, 2016. A global map of roadless areas and their conservation status. Science, 354: 1423–1427.
- Imhoff, M.L., L. Bounoua, T. Ricketts, C. Loucks, R. Harriss & W.T. Lawrence, 2004. Global patterns in human consumption of net primary production. Nature, 429: 870–873.
- Jaganmohan, M., L.S. Vailshery & H. Nagendra, 2013. Patterns f insect abundance and distribution in urban domestic gardens in Bangalore, India. Diversity, 5: 767–778.
- Jeevanandam, N. & R.T. Corlett, 2013. Fig wasp dispersal in urban Singapore. Raffles Bulletin of Zoology, 61: 343–347.
- Jenkinson, F., 1922. Obituary. The Entomologist's Monthly Magazine, 58: 20–22.
- Johnson, M.T.J., K.A. Thompson & H.S. Saini, 2015. Plant evolution in the urban jungle. American Journal of Botany, 102: 1951–1953.
- Johnston, M., S. Nail & S. James, 2011. 'Natives versus aliens': the relevance of the debate to urban forest management in Britain. Proceedings of the conference 'Trees, People and the Built Environment', Birmingham, UK.
- Jones, C.G., J.H. Lawton & M. Shachak, 1994. Organisms as ecosystem en-

gineers. Oikos, 69: 373–386.
- Jones, D., 2009. Tough start builds urban survivors. Wildlife Australia, 46 (3): 43.
- Jones, J. & C.M. Francis, 2003. The effects of light characteristics on avian mortality at lighthouses. Journal of Avian Biology, 34: 328–333.
- Kaplan, S., 2016. These fish evolved to survive the most poisoned places in America. Washington Post, 8 December 2016.
- Kettlewell, H.B.D., 1955. Selection experiments on industrial melanism in the Lepidoptera. Heredity, 9: 323–342.
- Kettlewell, H.B.D., 1956. Further selection experiments on industrial melanism in the Lepidoptera. Heredity, 10: 287–301.
- Kettlewell, H.B.D., 1973. The Evolution of Melanism. Oxford: Clarendon Press, 423.
- Khanna, P., 2016. Connectography: Mapping the Future of Global Civilization. Random House, 496.
- Kobori, H. & R.B. Primack, 2003. Conservation for Satoyama, the traditional landscape of Japan. Arnoldia, 62 (4): 3–10.
- Kohsaka, R., W. Shih, O. Saito & S. Sadohara, 2013. Local assessment of Tokyo: Satoyama and Satoumi – traditional landscapes and management practices in a contemporary urban environment. 93–105 in: Urbanization, biodiversity and ecosystem services: Challenges and opportunities. Springer, the Netherlands.
- Kowarik, I., 2011. Novel urban ecosystems, biodiversity, and conservation. Environmental Pollution, 159: 1974–1983.
- Lampe, U., K. Reinhold & T. Schmoll, 2014. How grasshoppers respond to road noise: developmental plasticity and population differentiation in acoustic signalling. Functional Ecology, 28: 660–668.
- Lampe, U., T. Schmoll, A. Franzke & K. Reinhold, 2012. Staying tuned: grasshoppers from noisy roadside habitats produce courtship signals with elevated frequency components. Functional Ecology, 26: 1348–1354.
- Lefebvre, L., 1995. The opening of milk bottles by birds: evidence for accelerating learning rates, but against the wave-of-advance model of cultural transmission. Behavioural Processes, 34: 43–53.

- Lippens P. & H. van Hengel, 1962. De merel de laatste 150 jaar. Campina.
  Le Gros, A., S. Samadi, D. Zuccon, R. Cornette, M.P. Braun, J.C. Senar & P. Clergeau, 2016. Rapid morphological changes, admixture and invasive success in populations of Ring-necked parakeets (Psittacula krameri) established in Europe. Biological Invasions, 18: 1581–1598.
- Littleford-Colquhoun, B.L., C. Clemente, M.J. Whiting, D. Ortiz-Barrientos & C.H. Frere, 2017. Archipelagos of the Anthropocene: rapid and extensive differentiation of native terrestrial vertebrates in a single metropolis. Molecular Ecology, 26: 2466–2481.
- Lok, A.F.S.L., W.F. Ang, B.Y.Q. Ng, T.M. Leong, C.K. Yeo & H.T.W. Tan, 2013. Native fig species as a keystone resource for the Singapore urban environment. Raffles Museum of Biodiversity Research, Singapore, 55.
- Lok, A.F.S.L. & T.K. Lee, 2009. Barbets of Singapore Part 2: Megalaima haemacephala indica Latham (Coppersmith barbet), Singapore's only native, urban barbet. Nature in Singapore, 1: 47–54.
- Longcore, T. & C. Rich, 2004. Ecological light pollution. Frontiers in Ecology and the Environment, 2: 191–198.
- Losos, J.B., 2009. Lizards in an Evolutionary Tree: Ecology and Adaptive Radiation of Anoles. Berkeley: University of California Press, 528.
- Losos, J.B., K.I. Warheit & T.W. Schoener, 1997. Adaptive differentiation following experimental island colonization in Anolis lizards. Nature, 387: 70–73.
- MacArthur, R.A. & E.O. Wilson, 1967. The Theory of Island Biogeography. Princeton: Princeton University Press, 224.
- Mahoney, J., 2012. Why wild animals are moving into cities, and what to do about it. Popular Science, 19 December 2012.
- Majerus, M.E.N., 1998. Melanism: Evolution in Action. Oxford: Oxford University Press, 338.
- Majerus, M.E.N., 2009. Industrial melanism in the peppered moth, Biston betularia: an excellent teaching example of Darwinian evolution in action. Evo Edu Outreach, 2: 63–74.
- Marlowe, F.W., 2005. Hunter-gatherers and human evolution. Evolutionary Anthropology, 14: 54–67.

- Marnocha, E., J. Pollinger & T.B. Smith, 2011. Human-induced morphological shifts in an island lizard. Evolutionary Applications, 4: 388–396.
- Marris, E., 2011. The Rambunctious Garden: Saving Nature in a Post-Wild World. New York: Bloomsbury USA, 224.
- Martins, C.M. & L.R.L. Simone, 2014. A new species of Adelopoma from Sao Paolo urban park, Brazil (Caenogastropoda, Diplommatinidae). Journal of Conchology, 41: 767–773.
- Maser, P., B. Eckelman, R. Vaidyanathan, T. Horie, D.J. Fairbairn, M. Kubo, M. Yamagami, K. Yamaguchi, M. Nishimura, N. Uozumi, W. Robertson, M.R. Sussman & J.I. Schroeder, 2002. Altered shoot/root Na+ distribution and bifurcating salt sensitivity in Arabidopsis by genetic disruption of the Na+ transporter AtHKT1. FEBS letters, 531: 157–161.
- Mayr, E. & W.B. Provine, 1980. The Evolutionary Synthesis: Perspectives in the Unification of Biology. Cambridge, MA: Harvard University Press.
- McDonnell, M.J. & I. MacGregor-Fors, 2016. The ecological future of cities. Science, 352: 936–938.
- McGlothlin, J.W., J.M. Jawor, T.J. Greives, J.M. Casto, J.L. Phillips & E.D. Ketterson, 2008. Hormones and honest signals: males with larger ornaments elevate testosterone more when challenged. Journal of Evolutionary Biology, 21: 39–48.
- McKinney, M.L., 2008. Effects of urbanization on species richness: A review of plants and animals. Urban Ecosystems, 11: 161–176.
- McNew, S.M., D. Beck, I. Sadler-Riggleman, S.A. Knutie, J.A.H. Koop, D.H. Clayton & M.K. Skinner, 2017. Epigenetic variation between urban and rural populations of Darwin's finches. BMC Evolutionary Biology, 17: 183.
- Merritt, R.W. & H.D. Newson, 1978. Ecology and management of arthropod populations in recreational lands. 125–162 in (G.W. Frankie & C.S. Koehler, eds.) Perspectives in Urban Entomology. New York: Academic Press.
- Miller, P., 2009. Before New York – When Henry Hudson first looked on Manhattan in 1609, what did he see? National Geographic Magazine, September 2009 issue.
- Misra, T., 2015. East Asia's Massive Urban Growth, in 5 Infographics. (www.

citylab.com)

- Misra, T., 2016. Mapping 6,000 Years of Urban Settlements. (www.citylab.com)
- Mockford, E.J. & R.C. Marshall, 2009. Effects of urban noise on song and response behaviour in great tits. Proceedings of the Royal Society of London B, 276: 2979–2985.
- Moeliker, K., 2015. Rotterdamse Natuurvorsers. Essay Roterodamum, 2: 1–60.
- Moeliker, K., 2016. De Kloten van de Mus. Amsterdam: Nieuw Amsterdam.
- Moller, A.P., J. Jokimaki, P. Skorka & P. Tryjanowski, 2014. Loss of migration and urbanization in birds: a case study of the blackbird (Turdus merula). Oecologia, 175: 1019–1027.
- Muller, J.C., J. Partecke, B.J. Hatchwell, K.J. Gaston & K.L. Evans, 2013. Candidate gene polymorphisms for behavioural adaptations during urbanization in blackbirds. Molecular Ecology, 22: 3629–3637.
- Murthy, A.C., T.S. Fristoe & J.R. Burger, 2016. Homogenizing effects of cities on North American winter bird diversity. Ecosphere, 7: e01216.
- Newitz, A., 2013. Scatter, Adapt, and Remember; How Humans Will Survive a Mass Extinction. New York: Doubleday, 305.
- Ng, H.H. & H.H. Tan, 2010. An annotated checklist of the nonnative freshwater fish species in the reservoirs of Singapore. Cosmos, 6: 95–116.
- Nielsen, M., 2012. Reinventing Discovery: The New Era of Networked Science. Princeton: Princeton University Press, 264.
- Nihei, Y., 1995. Variations of behaviour of Carrion Crows Corvus corone using automobiles as nutcrackers. Japanese Journal of Ornithology, 44: 21–35.
- Nihei, Y. & H. Higuchi, 2002. When and where did crows learn to use automobiles as nutcrackers? Tohoku Psychologica Folia, 60: 93–97.
- Nonnekens, A.C, 1961. De Coleoptera van het Amsterdamse bos. Entomologische Berichten, 21: 116–128.
- Nonnekens, A.C., 1965. De Coleoptera van het Amsterdamse Bos II. Entomologische Berichten, 25: 231–233.
- Nordt, A. & R. Klenke, 2013. Sleepless in town – drivers of the temporal shift in dawn song in urban European blackbirds. PLoS One, 8: e71476.

- Nyári, A., C. Ryall & A.T. Peterson, 2006. Global invasive potential of the house crow Corvus splendens based on ecological niche modeling. Journal of Avian Biology, 37: 306–311.
- Obukhova, N., 2007. Polymorphism and phene geography of the blue rock pigeon in Europe. Russian Journal of Genetics, 43: 492–501.
- Owen, D.F., 1978. Insect diversity in an English suburban garden. 13–29 in (G.W. Frankie & C.S. Koehler, eds.) Perspectives in Urban Entomology. New York: Academic Press.
- Parent, C.E., A. Caccone & K. Petren, 2008. Colonization and diversification of Galapagos terrestrial fauna: a phylogenetic and biogeographical synthesis. Philosophical Transactions of the Royal Society B, 363: 3347–3361.
- Parker, J., 2016. Myrmecophily in beetles (Coleoptera): evolutionary patterns and biological mechanisms. Myrmecological News, 22: 65–108.
- Parker, J. & D.A. Grimaldi, 2014. Specialised myrmecophily at the ecological dawn of modern ants. Current Biology, 24: 2428–2434.
- Parris, K., M. Velik-Lord & J. North, 2009. Frogs call at a higher pitch in traffic noise. Ecology and Society, 14: 25.
- Partan, S.R., A.G. Fulmer, M.A.M. Gounard & J.E. Redmond, 2010. Multimodal alarm behavior in urban and rural gray squirrels studied by means of observation and a mechanical robot. Current Zoology, 56: 313–326.
- Partecke, J. & E. Gwinner, 2007. Increased sedentariness in European Blackbirds following urbanization: a consequence of local adaptation? Ecology, 88: 882–890.
- Partecke, J., I. Schwabl & E. Gwinner, 2006. Stress and the city: urbanization and its effects on the stress physiology in European blackbirds. Ecology, 87: 1945–1952.
- Partecke, J., T. van 't Hof & E. Gwinner, 2004. Differences in the timing of reproduction between urban and forest European blackbirds (Turdus merula): result of phenotypic flexibility or genetic differences? Proceedings of the Royal Society of London B: 1995–2001.
- Paumgarten, M., 2007. The Mannahatta Project – What did New York look like before we arrived? The New Yorker, 1 October 2007 issue.
- Peeters, N., 2015. Een botanische misdadiger met een Leidse twist. De

Groene Vinger (degroenevinger.net), 25 February 2015.
- Pennisi, E., 2016. Humans are still evolving – and we can watch it happen. Science. https://doi.org/10.1126/science.aaf5727.
- Postel, S.L., G.C. Daily & P.R. Ehrlich, 1996. Human appropriation of renewable fresh water. Science, 271: 785–788.
- Potvin, D.A., K.M. Parris & R.A. Mulder, 2011. Geographically pervasive effects of urban noise on frequency and syllable rate of songs and calls in silvereyes (Zosterops lateralis). Proceedings of the Royal Society of London B, 278: 2464–2469.
- Puntigam, M., J. Braiterman & M. Suzuki, 2010. Biodiversity and new urbanism in Tokyo: The role of the Kanda River. Paper delivered at the International Federation of Landscape Architects World Congress in Suzhou, China.
- Reba, M., F. Reitsma & K.C. Seto, 2016. Spatializing 6,000 years of global urbanization from 3700 BC to AD 2000. Scientific Data, 3: 160034.
- Reid, N.M., D.A. Proestou, B.W. Clark, W.C. Warren, J.K. Colbourne, J.R. Shaw, S.I. Karchner, M.E. Hahn, D. Nacci, M.F. Oleksiak, D.L. Crawford & A. Whitehead, 2016. The genomic landscape of rapid repeated evolutionary adaptation to toxic pollution in wild fish. Science, 354: 1305–1308.
- Reumer, J., 2014. Wildlife in Rotterdam; Nature in the City. Rotterdam Natural History Museum, 158.
- Riley, S.P., C. Bromley, R.H. Poppenga, F.A. Uzal, L. Whited & R.M. Sauvajot, 2007. Anticoagulant exposure and notoedric mange in bobcats and mountain lions in urban southern California. Journal of Wildlife Management, 71: 1874–1884.
- Ripmeester, E.A., M. Mulder & H. Slabbekoorn, 2010. Habitatdependent acoustic divergence affects playback response in urban and forest populations of the European blackbird. Behavioral Ecology, 21: 876–883.
- Roth, M. & W.T.L. Chow, 2012. A historical review and assessment of urban heat island research in Singapore. Singapore Journal of Tropical Geography, 33: 381–397.
- Rothwell, J. & W.A. Lee, 2010. Riverine sediment-associated metal concentrations in the urban tropics: a case study from Singapore. Geophysical

Research Abstracts, 12: EGU2010–2496.

- Rudge, D.W., 2005. Did Kettlewell commit fraud? Re-examining the evidence. Public Understanding of Science, 14: 249–268.
- Salmon, M.A., P. Marren & B. Harley, 2000. The Aurelian Legacy: British Butterflies and Their Collectors. Colchester: Harley Books, 432.
- Sanderson, E.W., 2009. Mannahatta: A Natural History of New York City. New York: Abrams, 352.
- Sanderson, E.W. & M. Brown, 2007. Mannahatta: An ecological first look at the Manhattan landscape prior to Henry Hudson. Northeastern Naturalist, 14: 545–570.
- Schafer, M.A., A. Hille & G.B. Uhl, 2001. Geographical patterns of genetic subdivision in the cellar spider Pholcus phalangioides (Araneae). Heredity, 86: 94–102.
- Schilthuizen, M., 2001. Frogs, Flies, and Dandelions: The Making of Species. Oxford: Oxford University Press, 245.
- Schilthuizen, M., 2008. The Loom of Life. Unravelling Ecosystems. Springer, Berlin, 184.
- Schilthuizen, M., 2016a. Evolution is happening faster than we thought. New York Times, 23 July 2016.
- Schilthuizen, M., 2016b. De evolutie ligt op straat. Bionieuws, 13 February 2016: 8–9.
- Schilthuizen, M., L.P. Santos Pimenta, Y. Lammers, P.J. Steenbergen, M. Flohil, N.G.P. Beveridge, P.T. van Duijn, M.M. Meulblok, N. Sosef, R. van de Ven, R. Werring, K.K. Beentjes, K. Meijer, R.A. Vos, K. Vrieling, B. Gravendeel, Y. Choi, R. Verpoorte, C. Smit & L.W. Beukeboom, 2016. Incorporation of an invasive plant into a native insect herbivore food web. PeerJ, 4: e1954.
- Schmid, J.A., 1978. Foreword. The urban habitat. ix-xiii in (G.W. Frankie & C.S. Koehler, eds.) Perspectives in Urban Entomology. New York: Academic Press.
- Schmidt, D.J.E., R. Pouyat, K. Szlavecz, H. Setala, D.J. Kotze, I. Yesilonis, S. Cilliers, E. Hornung, M. Dombos & S.A. Yarwood, 2017. Urbanization erodes ectomycorrhizal fungal diversity and may cause microbial communi-

ties to converge. Nature Ecology & Evolution, 1: 0123.
- Schouw, J.F., 1823. Grundtraek til en almindelig Plantegeographie. Copenhagen: Gyldendalske Boghandels Forlag, 463.
- Secretariat of the Convention on Biological Diversity, 2012. Cities and Biodiversity Outlook. Montreal, Canada, 64.
- Senar, J.C., M.J. Conroy, J. Quesada & F. Mateos-Gonzalez, 2014. Selection based on the size of the black tie of the great tit may be reversed in urban habitats. Ecology and Evolution, 4: 2625–2632.
- Serieys, L.E.K., A. Lea, J.P. Pollinger, S.P. Riley & R.K. Wayne, 2015. Disease and freeways drive genetic change in urban bobcat populations. Evolutionary Applications, 8: 75–92.
- Seto, K.C., B. Guneralp & L.R. Hutyra, 2012. Global forecasts of urban expansion to 2030 and direct impacts on biodiversity and carbon pools. Proceedings of the National Academy of Sciences, 109: 16083–16088.
- Shapiro, A.M., 2013. Rambunctious Garden: Saving Nature in a Post-Wild World [book review]. The Quarterly Review of Biology, 88: 45.
- Shochat, E., P.S. Warren, S.H. Faeth, N.E. McIntyre & D. Hope, 2006. From patterns to emerging processes in mechanistic urban ecology. Trends in Ecology and Evolution, 21: 186–191.
- Shute, P.G., 1951. Culex molestus. Transactions of the Royal Entomological Society of London, 102: 380–382.
- Silva, C.P., R.D. Sepulveda & O. Barbosa, 2016. Nonrandom filtering effect on birds: species and guilds response to urbanization. Ecology and evolution, 6: 3711–3720.
- Silver, K., 2016. The unique mosquito that lives in the London Underground. BBC Earth, 24 March 2016: http://www.bbc.co.uk/earth/story/20160323-the-unique-mosquito-that-lives-inthe-london-underground.
- Sin, T.M., H.P. Ang, J. Buurman, A.C. Lee, Y.L. Leong, S.K. Ooia, P. Steinberg & S.L.-M. Teo, 2016. The urban marine environment of Singapore. Regional Studies in Marine Science, 8: 331–339.
- Sipman, H.J.M., 2009. Tropical urban lichens: observations from Singapore. Blumea, 54: 297–299.
- Skinner, M.K., 2011. Environmental epigenetic transgenerational inheri-

tance and somatic epigenetic mitotic stability. Epigenetics, 6: 838–842.

- Slabbekoorn, H., 2013. Songs of the city: noise-dependent spectral plasticity in the acoustic phenotype of urban birds. Animal Behaviour, 85: 1089e1099.
- Slabbekoorn, H. & M. Peet, 2003. Birds sing at a higher pitch in urban noise. Nature, 424: 267.
- Smith, B.D., 2007. The ultimate ecosystem engineers. Science, 315: 1797–1798. Smith, R.M., K.J. Gaston, P.H. Warren & K. Thompson, 2006a. Urban domestic gardens (IX): Composition and richness of the vascular plant flora, and implications for native biodiversity. Biological Conservation, 129: 312–322.
- Smith, R.M., P.H. Warren, K. Thompson & K.J. Gaston, 2006b. Urban domestic gardens (VI): environmental correlates of invertebrate species richness. Biodiversity and Conservation, 15: 2415–2438.
- Soh, M.C.K., N.S. Sodhi, R.K.H. Seoh & B.W. Brook, 2002. Nest site selection of the house crow (Corvus splendens), an urban invasive bird species in Singapore and implications for its management. Landscape and Urban Planning, 59: 217–226.
- Sol, D., A.S. Griffin, I. Bartomeus & H. Boyce, 2011. Exploring or avoiding novel food resources? The novelty conflict in an invasive bird. PLoS ONE, 6: e19535.
- Soniak, M., 2014. City-dwellers, expect your neighbors to get wilder. Next City, 9 October 2014.
- SOVON Vogelonderzoek Nederland, 2012. Atlas van de Nederlandse Broedvogels 1998–2000 – Nederlandse Fauna 5. Nationaal Natuurhistorisch Museum Naturalis, KNNV Uitgeverij & European Invertebrate Survey-Nederland, Leiden, 584.
- Strubbe, D. & E. Matthysen, 2009. Predicting the potential distribution of invasive ring-necked parakeets Psittacula krameri in northern Belgium using an ecological niche modelling approach. Biological Invasions, 11: 497–513.
- Strubbe, D., E. Matthysen & C.H. Graham, 2010. Assessing the potential impact of invasive ring-necked parakeets Psittacula krameri on native nuthatches Sitta europeae in Belgium. Journal of Applied Ecology, 47: 549–557.
- Suarez-Rodriguez, M., I. Lopez-Rull & C. Macias Garcia, 2013. Incorpo-

ration of cigarette butts into nests reduces nest ectoparasite load in urban birds: new ingredients for an old recipe? Biology Letters, 9: 20120931.
- Sukopp, H., 2008. On the early history of urban ecology in Europe. 79–97 in (J. Marzluff et al., eds.) Urban Ecology: An International Perspective on the Interactions Between Humans and Nature. Springer, Berlin, 808.
- Swaddle, J.P., C.D. Francis, J.R. Barber, C.B. Cooper, C.C.M. Kyba, D.M. Dominoni, G. Shannon, E. Aschehoug, S.E. Goodwin, A.Y. Kawahara, D. Luther, K. Spoelstra, M. Voss & T. Longcore, 2015. A framework to assess evolutionary responses to anthropogenic light and sound. Trends in Ecology and Evolution, 30: 550–560.
- Swaddle, J.P. & R. Lockwood, 2003. Wingtip shape and flight performance in the European Starling Sturnus vulgaris. Ibis, 145: 457-464.
- Symonds, M.R.E., M.A. Weston, W.F.D. van Dongen, A. Lill, R.W. Robinson & P.-J. Guay, 2016. Time since urbanization but not encephalisation is associated with increased tolerance of human proximity in birds. Frontiers in Ecology and Evolution, 4: 117.
- Tan, B.C., A. Ng-Chua L.S, A. Chong, C. Lao, M. Tan-Takako, N. Shih-Tung, A. Tay, Y. V. Bing, 2014. The urban pteridophyte flora of Singapore. Journal of Tropical Biology and Conservation, 11: 13–26.
- Tan, P.Y. & C.Y. Jim, 2017. Greening Cities: Forms and Functions. Springer, Singapore, 372. Tan, H.T.W. & C.K. Yeo, 2009. The potential of native woody plants for enhancing the urban waterways and water bodies environment in Singapore. Raffles Museum of Biodiversity Research, Singapore, 28.
- Taylor, L.R., R.A. French & I.P. Woiwod, 1978. The Rothamsted insect survey and the urbanization of land in Great Britain. 31–65 in (G.W. Frankie & C.S. Koehler, eds.) Perspectives in Urban Entomology. New York: Academic Press.
- Teo, S., K.Y. Chong, Y.F. Chung, B.R. Kurukulasuriya & H.T.W. Tan, 2011. Casual establishment of some cultivated urban plants in Singapore. Nature in Singapore, 4: 127–133.
- The Data Team, 2016. Bright lights, big cities. Urbanisation and the rise of the megacity. The Economist, 4 February 2015.
- Thompson, K., 2014. Where Do Camels Belong? The story and science of

invasive species. London: Profile Books, 272.

- Tryjanowski, P., A.P. Moller, F. Morelli, W. Biadun"L, T. Brauzc, M. Ciach, P. Czechowski, S. Czyz "E , B. Dulisz, A. Goławski, T. Hetman"Lski, P. Indykiewicz, C. Mitrus, Ł. Myczko, J.J. Nowakowski, M. Polakowski, V. Takacs, D. Wysocki & P. Zduniak, 2016. Urbanization affects neophilia and risk-taking at birdfeeders. Scientific Reports, 6: 28575.
- Tutt, J.W., 1896. British Moths. London: Routledge.
- Tuzun, N., L. Op de Beeck & R. Stoks, 2017. Sexual selection reinforces a higher flight endurance in urban damselflies. Evolutionary Applications, doi: 10.1111/eva.12485.
- Tyler, R.K., K.M. Winchell & L.J. Revell, 2016. Tails of the city: Caudal autotomy in the tropical lizard, Anolis cristatellus, in urban and natural areas of Puerto Rico. Journal of Herpetology, 50: 435–441.
- Ueno, S.-I., 1995. New phreatobiontic beetles (Coleoptera, Phreatodytidae and Dytiscidae from Japan). Journal of the Speleological Society of Japan, 21: 1–50. van Wyhe, J., 2002. The Complete Work of Charles Darwin Online (http://darwin-online.org.uk/)
- Velguth, P.H. & D.B. White, 1998. Documentation of genetic differences in a volunteer grass, Poa annua (annual meadowgrass) under different conditions of golf course turf, and implications for urban landscape plant selection and management. 613–617 in (J. Breuste, H. Feldmann & O. Uhlmann, eds.) Urban Ecology, Springer, Berlin.
- Vermeij, G.J., 2012. The limits of adaptation: humans and the predator–prey arms race. Evolution, 66: 2007–2014.
- Verzijden, M.N., E.A.P. Ripmeester, V.R. Ohms, P. Snelderwaard & H. Slabbekoorn, 2010. Immediate spectral flexibility in singing chiffchaffs during experimental exposure to highway noise. Journal of Experimental Biology, 213: 2575–2581.
- Vink, J., P. Vollaard & N. de Zwarte, 2017. Making Urban Nature / Stadsnatuur Maken. NAI010 Publishers, 320.
- Vyas, R., 2012. Current status of Marsh Crocodiles Crocodylus palustris (Reptilia: Crocodylidae) in Vishwamitri River, Vadodara City. Journal of Threatened Taxa, 4: 3333-3341.

- Wang, Y., Q. Huang, S. Lan, Q. Zhang & S. Chen, 2015. Common blackbirds Turdus merula use anthropogenic structures as nesting sites in an urbanized landscape. Current Zoology, 61: 435–443.
- Ward, P., 1968. Origin of the avifauna of urban and suburban Singapore. The Ibis, 110: 239–255.
- Warren, P.S., M. Katti, M. Erdmann & A. Brazel, 2006. Urban acoustics: it's not just noise. Animal Behaviour, 71: 491–502.
- Weiner, J., 1995. The Beak of the Finch: A Story of Evolution in Our Time. New York: Vintage, 332.
- Werf, H. van der, 1982. De bodemfauna van ANS (I). Natura, March 1982: 26–30.
- White, F.B., 1877. Melanochroism, &c., in Lepidoptera. Entomologist, 10: 126–129.
- Whitehead, A., B.W. Clark, N.M. Reid, M.E. Hahn & D. Nacci, 2017. When evolution is the solution to pollution: Key principles, and lessons from rapid repeated adaptation of killifish (Fundulus heteroclitus) populations. Evolutionary Applications, doi:10.1111/eva.12470.
- Whitehead, A., W. Pilcher, D. Champlin & D. Nacci, 2011. Common mechanism underlies repeated evolution of extreme pollution tolerance. Proceedings of the Royal Society of London B: rspb20110847.
- Whitehead, A., D.A. Triant, D. Champlin & D. Nacci, 2010. Comparative transcriptomics implicates mechanisms of evolved pollution tolerance in a killifish population. Molecular Ecology, 19: 5186–5203.
- Williams, E.H., 2009. Associations of behavioral profiles with social and vocal behavior in the Carolina chickadee (Poecile carolinensis). Doctoral Dissertation, University of Tennessee, 193.
- Winchell, K.M., R.G. Reynolds, S.R. Prado-Irwin, A.R. Puente-Rolon & L.J. Revell, 2016. Phenotypic shifts in urban areas in the tropical lizard Anolis cristatellus. Evolution, 70: 1009–1022.
- Wittig, R. & U. Becker, 2010. The spontaneous flora around street trees in cities – A striking example for the worldwide homogenization of the flora of urban habitats. Flora-Morphology, Distribution, Functional Ecology of Plants, 205: 704–709.

- Woodsen, M., 2011. Bad vibrations: the problem of noise pollution. The Cornell Lab of Ornithology, https://www.allaboutbirds.org/bad-vibrations-the-problem-of-noise-pollution/
- Worm, B. & R.T. Paine, 2016. Humans as a hyperkeystone species. Trends in Ecology and Evolution, 31: 600–607.
- Wright, J.P., C.G. Jones & A.S. Flecker, 2002. An ecosystem engineer, the beaver, increases species richness at the landscape scale. Oecologia, 132: 96–101.
- Wright, K.M., U. Hellsten, C. Xu, A.L. Jeong, A. Sreedasyam, J.A. Chapman, J. Schmutz, G. Coop, D.S. Rokhsar & J.H. Willis, 2015. Adaptation to heavy-metal contaminated environments proceeds via selection on pre-existing genetic variation. bioRxiv, 029900.
- Xu, Y., F. Luo, A. Pal, K. Yew-Hoong Gin & M. Reinhard, 2011. Occurrence of emerging organic contaminants in a tropical urban catchment in Singapore. Chemosphere, 83: 963–969.
- Yang, S. & G. Mountrakis, 2017. Forest dynamics in the U.S. indicate disproportionate attrition in western forests, rural areas and public lands. PLoS ONE, 12: e0171383.
- Yeh, P.J., 2004. Rapid evolution of a sexually selected trait following population establishment in a novel habitat. Evolution, 58: 166–174.
- Yong, E., 2012. The catfish that strands itself to kill pigeons. Online at 'Not Exactly Rocket Science': http://blogs.discovermagazine.com/notrocketscience/2012/12/05/the-catfish-thatstrands-itself-to-kill-pigeons.
- Zala, S.M. & D.J. Penn, 2004. Abnormal behaviours induced by chemical pollution: a review of the evidence and new challenges. Animal Behaviour, 68: 649–664.
- Zerbe, S., U. Maurer, S. Schmitz & H. Sukopp, 2003. Biodiversity in Berlin and its potential for nature conservation. Landscape and Urban Planning, 62: 139–148.

옮긴이 제효영

성균관대학교 유전공학과 전공 후 동 대학교 번역대학원을 졸업하였다. 현재 번역 에이전시 엔터스코리아에서 전문 번역가로 활동하고 있다.
역서로는 『암의 진실』, 『괴짜 과학자들의 별난 실험 100』, 『디 엔드』, 『설탕 디톡스 21일』, 『몸은 기억한다』, 『메치니코프와 면역』, 『알레르기 솔루션』, 『밥상의 미래』, 『세뇌』, 『브레인 바이블』, 『콜레스테롤 수치에 속지 마라』, 『약 없이 스스로 낫는 법』, 『독성프리』, 『100세 인생도 건강해야 축복이다』, 『신종 플루의 진실』, 『내 몸을 지키는 기술』, 『파이만큼 맛있는 숫자 이야기』, 『우리가 지구를 착한별로 만들 거야』, 『잔혹한 세계사』, 『러시안룰렛에서 이기는 법』, 『아웃사이더』, 『IQ 148을 위한 멘사 수학 퍼즐 프리미어』, 『잡동사니 정리의 기술』, 『아이가 내게 가르쳐준 것들』, 『인류의 가장 위대한 모험 아폴로 8』 등이 있다.